GUIDE DES

minéraux et des roches
À L'INTENTION DES DÉBUTANTS

GUIDE DES

minéraux et des roches

À L'INTENTION DES DÉBUTANTS

Joel Grice, Ph.D.
Photographies d'Ole Johnsen

Fitzhenry & Whiteside

Guide des minéraux et des roches à l'intention des débutants

Texte et photograghies par R.A. Gault copyright © 2010 Musée canadien de la Nature

Photographies d'Ole Johnsen copyright © 2010 Ole Johnsen

Tous droits réservés. Aucune portion de ce livre ne peut être reproduite sans l'autorisation écrite de la maison d'édition, sauf dans le cas de critiques et d'articles de presse

Addresser toute requête à :
Fitzhenry & Whiteside Ltd.
195 Allstate Parkway,
Markham, ON L3R 4T8
Aux États-Unis:
311 Washington Street, Brighton, Massachusetts 02135
www.fitzhenry.ca godwit@fitzhenry.ca

Fitzhenry & Whiteside tient à remercier le Conseil des Arts du Canada et le Conseil des Arts de l'Ontario de leur soutien à notre programme d'édition.La publication de nos ouvrages a été rendue possible grâce à la participation financière du Gouvernement du Canada par le biais du Programme d'aide au développement de l'industrie de l'édition (PADIÉ).

 Conseil des Arts du Canada / Canada Council for the Arts

 CONSEIL DES ARTS DE L'ONTARIO ONTARIO ARTS COUNCIL

Catalogage avant publication de Bibliothèque et Archives Canada
Grice, Joel
Guide des minéraux et des roches à l'intention des débutants / Joel Grice ;
photographies d'Ole Johnsen.

Traduction de: Beginner's Guide to Minerals & Rocks.
Comprend des références bibliographiqes et un index.
ISBN 978-1-55455-185-9

1. Roches. 2. Minéraux. I. Johnsen, Ole II. Titre.
QE432.G7514 2011   552   C2010-906728-2

Conception de la page couverture et mise en page du texte : Kerry Designs
Imprimé et relié à Hong Kong, en Chine

1 3 5 7 9 10 8 6 4 2

Merci à Dahlia Tanasoiu qui, avec Wendy McPeake, a contribué aux étapes préliminaires de ce livre, alors que nous en concevions l'organisation et les grandes lignes. Merci également à mes ami(e)s et collègues : Dorrit Johnsen, qui a révisé toutes les photographies numériques; Bob Gault, qui a réalisé plusieurs des photographies de minéraux et de roches; Donna Naughton, qui a aussi pris des photographies sur le terrain et qui, avec l'aide d'Alan McDonald, a réalisé la carte des Régions géologiques; Nancy Boase et Michel Picard, qui ont organisé les spécimens devant servir et qui ont recueilli toute l'information portant sur les emplacements. Enfin, Lorraine Brown a apporté une aide précieuse en révisant la première ébauche des descriptions des minéraux et des roches.

Table des matières

Introduction

Collectionner les minéraux et les roches	1
Minéral ou roche?	1
Origines des minéraux et des roches	1
Équipement requis sur le terrain	2
Endroits où collectionner	4
Équipement requis chez soi	4
Le catalogage de votre collection	5
Le rangement de votre collection	6

Comment utiliser ce livre

Classification des minéraux	6
Minéraux métalliques	6
Minéraux non métalliques	6
Caractéristiques ou propriétés des minéraux	7
Apparence	7
Propriétés physiques des minéraux	10
Comment identifier un minéral	11
Clé d'identification des minéraux métalliques	11
Clé d'identification des minéraux non métalliques	12
Comment identifier une roche	13
Régions géologiques du Canada	14

Minéraux métalliques — 17
- Éléments natifs — 18
- Sulfures et arséniures — 34
- Oxydes — 68

Minéraux non métalliques — 85
- Éléments natifs — 86
- Sulfures — 92
- Halogénures — 100
- Groupes des oxydes — 110
- Silicates — 164

Roches

 Roches ignées 246
 Roches sédimentaires 268
 Roches métamorphiques 284

Glossaire 301

Tableau des éléments chimiques terrestres 304

Index 307

Introduction

Collectionner les minéraux et les roches

La plupart d'entre nous sommes portés naturellement à collectionner les choses; les humains sont, de par leur nature, des cueilleurs. Nous tirons une grande satisfaction à collectionner des spécimens du milieu naturel qui nous entoure, qu'il s'agisse d'insectes (zoologie), de feuilles (botanique), de roches (pétrologie) ou de minéraux (minéralogie). Nous sommes tous certainement attirés par la flore et la faune mais leur collection entraîne des problèmes; en effet, elle exige dans un premier temps de les faire mourir et, dans un deuxième temps, d'assurer leur préservation. De tels problèmes ne se posent pas dans le cas des minéraux et des roches. Les minéraux exercent une attraction toute particulière en raison de leur beauté et de la variété de leurs formes et couleurs. Leur découverte prend l'allure d'une fouille au trésor, une aventure à laquelle il nous est difficile de résister. L'acte de collectionner se fait au sein même de la nature et nous permet d'observer, sans intervention de notre part, les processus biologiques à l'œuvre. Il permet, en outre, d'apprendre à mieux apprécier, non seulement le monde qui nous entoure, mais aussi tout ce que ce dernier peut nous offrir. Un autre avantage digne de considération provient du fait que collectionner les minéraux contribue à une vie saine et active au grand air.

Minéral ou roche?

Au dire des minéralogistes, un minéral se définit comme étant constitué d'un ou de plusieurs éléments chimiques, doté d'une structure cristalline et formé suite à un processus géologique.

Mais il va de soi que, chaque fois que nous tentons de définir un élément de la nature, des exceptions ou des complications surgissent. Il ne s'agit pas ici de débattre de ces questions. Il faut remarquer, cependant, l'usage non scientifique, voire même fautif, du terme « minéral » lorsqu'il est utilisé dans les expressions « eau minérale » ou « vitamines et minéraux ». L'utilisation générale des noms de minéraux, tels que « diamant », « quartz » et « grenat », est tout aussi abusive lorsqu'on les applique à des substances obtenues par synthèse en laboratoire. Il faudrait toujours, dans ces cas, indiquer qu'il s'agit d'un diamant synthétique, de quartz synthétique ou de grenat synthétique afin d'éviter toute confusion.

Une roche, quant à elle, consiste habituellement d'un agrégat de deux minéraux ou plus qui se trouvent cimentés ou fondus ensemble. Quelques roches, comme le calcaire ou le quartzite, peuvent être composées d'une seule espèce minérale, mais il s'agit toujours d'un agrégat de plusieurs grains ou cristaux, tous cimentés les uns aux autres.

Origines des minéraux et des roches

La croissance des minéraux se fait sous forme de cristaux à partir de matériel apporté sur la surface minérale. Ce matériel doit contenir les éléments chimiques qu'il faut et ces derniers doivent être susceptibles d'occuper librement la place requise dans la structure atomique.

Les roches constituent un élément essentiel de notre système solaire et sont regroupées en fonction de leur genèse.

Les roches ignées proviennent des profondeurs de la Terre, là ou les températures sont suffisamment élevées pour causer la formation d'un liquide ou magma. Au cours de son ascension vers la surface, le magma se

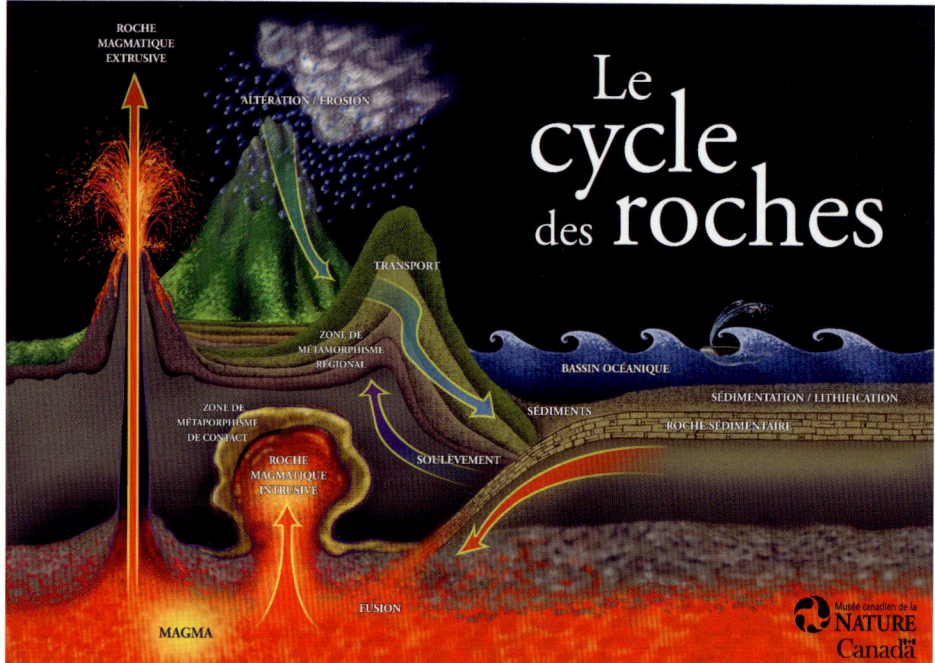

refroidit et se sépare en différentes fractions. Les fractions de nature plus mafique, soit celles riches en minéraux plus foncés tels le fer et le magnésium, sont les premières à former des cristaux, alors que dans les fractions de nature felsique, caractérisées par la présence de minéraux de couleur plus pâle tels le silicium et l'aluminium, la cristallisation se produit plus près de la surface, là où la température est moins élevée. Ainsi, les roches ignées peuvent être soit intrusives, lorsque la cristallisation a lieu en profondeur, soit effusives, si elles remontent jusqu'à la surface de la Terre, entraînées par l'éruption d'un volcan. Un exemple de roche intrusive est le granite, alors qu'un exemple de roche effusive pourrait être du basalte.

   Les roches sédimentaires proviennent des particules lâches créées par l'abrasion ou l'érosion d'autres roches; ces particules s'amalgament et sont par la suite compactées et cimentées ensembles (processus de lithification). Des exemples de roches sédimentaires sont le grès et le calcaire.

   Les roches métamorphiques sont formées lorsque les conditions sont telles que les roches ignées ou sédimentaires sont soumises à des augmentations de la température et de la pression ou que les fluides qui les traversent altèrent leur composition chimique. On dit qu'il y a métamorphisme de contact lorsque des changements se manifestent à proximité d'une source de chaleur telle une chambre magmatique (par exemple, le calcaire ainsi chauffé se transforme en marbre). Lorsque l'altération des roches est causée par l'action combinée de la température et de la pression qui se produit sur une grande échelle, il s'agit de métamorphisme régional; par exemple, lorsque l'édification d'une chaîne de montagnes produit du micaschiste à partir de roches sédimentaires antérieures. La formation des roches est donc un processus cyclique qui se poursuit sans arrêt.

Équipement requis sur le terrain

Bien qu'un équipement simple soit de rigueur, il faut néanmoins s'assurer qu'il soit de bonne qualité. J'indique ci-dessous les articles que j'utilise sur le terrain lorsque je m'adonne à la collection de minéraux. Les outils sont disponibles dans la plupart des bonnes quincailleries.

Des lunettes de sécurité ou des lunettes-masque sont sans doute la pièce d'équipement la plus importante. Lorsqu'on frappe des roches ou des minéraux, ils ont tendance à volets en éclats dans toutes les directions. Si vous vous trouvez à proximité de l'emplacement de cueillette d'un autre collectionneur, il faut prendre doublement garde, car les éclats perçants provenant de ses efforts risquent aussi d'endommager vos yeux.

Marteau : Je préfère utiliser une masse d'un demi ou d'un kilogramme. Le marteau à pointe de géologue, d'apparence très professionnelle, sert parfaitement à briser un morceau de roche, mais la cueillette de spécimens minéraux plus délicats exige le recours à un marteau et un ciseau afin de vous permettre d'exercer plus de contrôle.

Ciseau : Si vous pouvez vous le permettre, procurez-vous en deux : un plus petit (au tranchant long de 1cm) et un plus gros (au tranchant long de 2 à 3 cm). Il est recommandé d'acheter des ciseaux en acier trempé, car ils s'usent rapidement. Les roches sont vraiment très dures.

Lentille grossissante : Elles sont assez dispendieuses, mais vous pouvez commencer avec une lentille de qualité moyenne, surtout si vous avez une bonne vue.

Un calepin et un crayon afin de noter l'endroit ou vous avez recueilli vos spécimens ainsi que leur description si vous êtes en mesure de les identifier sur place. Les renseignements liés à l'endroit de la trouvaille sont les détails les plus importants. Il est toujours possible d'identifier un minéral plus tard, mais ne pas se souvenir de l'endroit où il a été trouvé équivaut à perdre le renseignement le plus important.

De vieux journaux pour envelopper les spécimens.

Un sac à dos ou un sac à provision afin de vous permettre d'avoir les mains libres.

Des gants et des bottes : Choisissez des modèles robustes afin d'éviter les blessures et les meurtrissures causées par les éclats de roche. Je connais des géologues qui se sont retrouvés avec des orteils cassés et des blessures aux pieds causés par la chute de roches et le mauvais choix de chaussures.

Une boussole et des cartes ou, pour les plus aventureux, un appareil GPS (système de positionnement global).

Un canif peut servir à déterminer la dureté ou à préparer votre goûter.

Endroits où collectionner

Le monde est si grand, où devrait-on commencer notre collection? Il arrive souvent que ce problème se règle avant même que l'on ait réalisé ce dans quoi l'on s'embarque. Les roches, ainsi que les minéraux qu'elles contiennent, affleurent partout, que se soit le long des tranchées de route et des rives de cours d'eau, sur les falaises et les crêtes ou dans les carrières et les excavations. On peut aussi découvrir des emplacements dans des livres et sur l'Internet.

Prenez garde à la chute de roches.
Respectez les droits de propriété.

Équipement requis chez soi

Vous avez besoin de peu de chose d'autre comme équipement à la maison. Pour que votre collection prenne de l'ampleur, il faut que vous y consacriez un peu de réflexion. Bien qu'il soit facile de collectionner autant de spécimens qu'il vous plaira, cela est tout à fait inutile. Non seulement cela exige-t-il beaucoup d'espace, mais c'est aussi assez salissant et ça ne sert à rien. L'image ci-dessous illustre ce dont je me servais pour identifier les spécimens de ma collection à la maison. Il est préférable de ne pas transporter d'acide, d'objets pointus ou d'outils dispendieux sur le terrain. Vous risquez de les perdre ou de les endommager. Il n'est pas toujours possible, ni nécessaire, d'identifier tous les spécimens sur place.

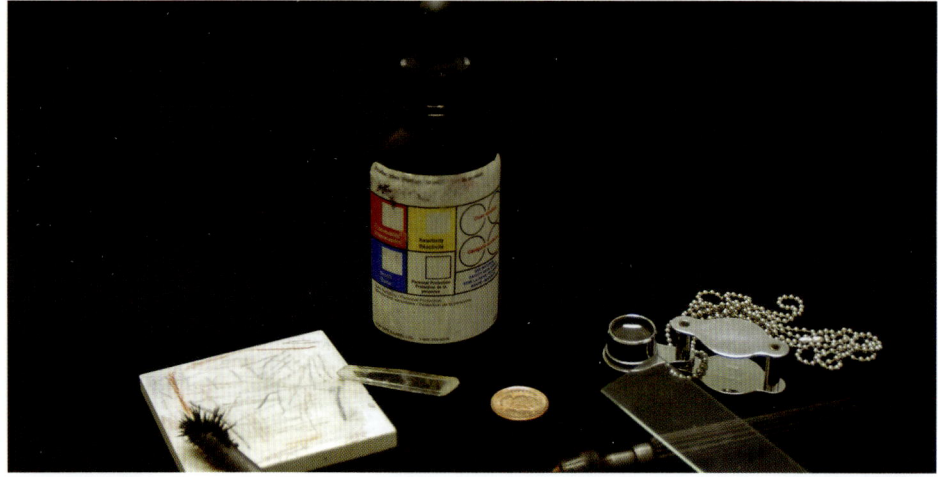

Acide : une solution diluée d'acide chlorhydrique (HCl) faite de 4 parties d'eau pour une partie d'HCl. Si de l'acide n'est pas disponible, utiliser du vinaigre. Une ou deux gouttes de cette solution versées sur un spécimen de minéral ou de roche produira une effervescence (libération de gaz carbonique) si sa composition chimique renferme du carbonate, comme dans le cas de la calcite, de la dolomite et de l'aragonite chez les minéraux, ou du calcaire, de la dolomie et du marbre chez les roches.

Plaque de porcelaine : Utiliser un morceau de porcelaine non vernie comme le dos d'une tuile de salle de bains ou de cuisine. Ce test exige seulement que l'on note la couleur de la poudre; il suffit donc de broyer un tout petit morceau de minéral.

Dureté (échelle de dureté de Mohs) : Pour procéder à cette vérification, on peut utiliser son ongle (dureté 2½),

une pièce d'un cent (dureté 3), un couteau ou une aiguille (dureté 5½), un morceau de verre (dureté 6) ou un morceau de quartz (dureté 7).
Loupe simple : Une loupe qui a une puissance de grossissement x10 suffit.

Le catalogage de votre collection

En tant que futur collectionneur, vous devez réfléchir avant de commencer et être en mesure d'expliquer pourquoi vous désirez constituer une collection et quel caractère vous entendez donner à votre collection. Il se peut que ce qui vous intéresse soit la beauté des spécimens et, dans ce cas, il importe de prévoir la façon dont vous pourrez exhiber vos échantillons. Pour ceux d'entre nous qui collectionnent aux fins d'étude, un peu plus d'organisation s'impose. Cet effort d'organisation exige que l'on se penche sur deux éléments critiques de la question : le catalogue et le rangement.

Tout musée considère que son catalogue représente l'élément d'information le plus important qu'il ait à offrir. Dans le cas d'une collection privée, le même soin et respect devraient lui être prodigués. Vous devriez donc inscrire sur une fiche, dans un carnet ou sur votre ordinateur les renseignements indiqués ci-dessous. Si elle n'est pas accompagnée d'un catalogue, une collection peut perdre beaucoup de sa valeur.

Le catalogue sert à consigner des renseignements importants ainsi que toute note que vous voudriez ajouter :

Numéro de catalogue : Utilisez un système de numérotage consécutif correspondant à l'ordre dans lequel les spécimens auront été recueillis. Ce numéro est inscrit sur le spécimen en question.

Nom du minéral ou de la roche : Faites de votre mieux pour identifier votre spécimen en ayant recours à l'information contenue dans la section intitulée « Comment se servir de ce livre ». Même si vous faites une erreur d'identification, ce n'est pas très sérieux, car il est toujours possible de la corriger et de reclasser votre spécimen au sein de votre collection.

Emplacement : Il s'agit ici du plus important élément d'information à consigner. Dans la plupart des cas, si ce n'est pas fait immédiatement, il est presqu'impossible de le déterminer par après. Soyez aussi précis que possible. Si c'est vous qui avez recueilli le spécimen, prenez note de l'endroit avec suffisamment de détails pour permettre à vous-même ou à quelqu'un d'autre de le retrouver.

Mode d'obtention ou provenance : Le spécimen a-t-il été recueilli, échangé, reçu en cadeau, acheté (indiquez le prix)? Notez autant d'information que vous le pouvez.

Autre : L'information moins importante est consignée ici; ainsi, vous pouvez noter quels minéraux vous avez trouvés associés au spécimen, le cadre géologique dans lequel il a été trouvé, le prix si vous l'avez acheté ou le nombre d'échantillons que vous possédez, si vous détenez plus qu'un spécimen portant le même numéro.

Le rangement de votre collection

La façon dont une collection est organisée détermine sa valeur. Vos spécimens les plus attrayants seront mis en valeur et exposés, mais la majorité de votre collection sera conservée dans des cabinets à tiroirs.

- Chaque spécimen reçoit un numéro d'identification correspondant au numéro indiqué dans le catalogue.
- Chaque échantillon est déposé dans une cuvette légèrement plus grande que l'échantillon lui-même. Si nécessaire, vous pouvez doubler la cuvette pour mieux protéger l'échantillon.
- Placez dans chaque cuvette une étiquette indiquant le numéro de catalogue, le nom et l'emplacement où il a été recueilli.
- Placez la cuvette dans le tiroir approprié de votre cabinet.

Comment utiliser ce livre

Classification des minéraux

À moins d'avoir une bonne connaissance de la chimie et de la cristallographie, le système de classification auquel ont recours les manuels d'enseignement classiques ne vous est pas très utile. Dans les manuels plus récents, les auteurs suivent le même système de classification chimique et se basent sur la structure cristalline pour identifier les subdivisions. Aux fins du présent livre, j'ai opté d'organiser les minéraux sans tenir compte de façon aussi évidente des systèmes de classification basés sur la chimie et la cristallographie, bien que ce principe sous-tende toute l'œuvre.

Les éléments partagent cette propriété fondamentale d'avoir tendance à vouloir adopter un style de liaison, soit métallique ou non métallique, et, selon le type de liaison adopté, certaines propriétés physiques se manifestent de façon inhérente. Les minéraux présentés dans ce livre ont été partagés en deux grandes catégories : les minéraux métalliques et les minéraux non métalliques. En outre, chaque catégorie a également été divisée en fonction de groupes chimiques aux propriétés semblables.

Minéraux métalliques (25 espèces)

Éléments natifs : Des minéraux constitués d'un seul élément : l'or, le cuivre, l'argent, le platine, le bismuth et le graphite font partie de cette subdivision.

Sulfures et arséniures : Minéraux qui contiennent du soufre ou de l'arsenic et un ion de métal. La chalcocite, la bornite, la chalcopyrite, la covellite, la pyrite, la marcasite, la pyrrhotite, la pentlandite, la stibine, la cobaltite, l'arsenopyrite, la molybdénite, la galène font partie de ces subdivisions.

Oxydes : Minéraux qui contiennent de l'oxygène et un ion de métal, souvent dotés d'un éclat semi-métallique. La goethite, l'hématite, la magnétite, la pyrolusite, l'ilménite et la chromite font partie de cette subdivision.

Minéraux non métalliques (51 espèces)

Éléments natifs : Minéraux composés de un ou de deux éléments et ne possédant pas de propriétés métalliques. Deux des exemples présentés dans ce livre sont le diamant et le soufre.

Sulfures : Minéraux contenant du soufre et un ion métallique ou semi-métallique; malgré le fait qu'ils ne possèdent pas de propriétés métalliques, il est préférable de les désigner comme étant « submétalliques ». La sphalérite et le cinabre en sont des exemples.

Halogénures : Minéraux renfermant des éléments halogènes (le plus souvent du fluor et du chlore). Des minéraux que l'on rencontre fréquemment, comme la halite, la sylvite et la fluorite, en sont des exemples.

Groupes des oxydes : Minéraux dont les atomes d'oxygène sont étroitement liés en groupe autour d'un ion non métallique central. Il s'agit des groupes des oxydes, des carbonates, des borates et des phosphates Cette catégorie comprend les espèces suivantes : le corindon, le spinelle, la cuprite, le rutile, la cassitérite, la calcite, l'aragonite, la dolomite, la sidérite, la rhodochrosite, la malachite, l'azurite, le gypse, l'anhydrite, la barytine, l'apatite, la turquoise, le borax et l'ulexite.

Silicates : Minéraux dont les atomes d'oxygène sont étroitement liés en groupe autour d'un atome de silicium central. Les exemples présentés ici sont l'olivine, le grenat, l'épidote, la vésuvianite, la kyanite, la topaze, la titanite, le zircon, l'amphibole, le pyroxène, la rhodonite, le béryl, la tourmaline, le mica, la chlorite, le talc, l'argile, le chrysotile, la chrysocolle, le quartz, le feldspath, la néphéline, le zéolite, le sodalite et la lazurite.

Caractéristiques ou propriétés des minéraux

Apparence

Couleur : prenez garde

Les couleurs des minéraux peuvent être très trompeuses. La couleur des minéraux métalliques est plus fiable que celle des minéraux non métalliques. Dans le cas d'un minéral métallique, la couleur qui caractérise une surface fraîche restera toujours environ la même. Il suffit alors d'être en mesure de pouvoir établir si la surface est fraîche ou ternie (tout comme une pièce d'un cent peut être brillante ou foncée). La ternissure peut vous aider à identifier un minéral, mais si on la confond avec la couleur véritable du minéral, l'identification peut être erronée. Dans le cas des minéraux non métalliques, transparents ou translucides, la couleur peut induire en erreur, puisque de petits changements au niveau de la chimie ou de l'origine du minéral peuvent entraîner un changement considérable au niveau de leur couleur comme, par exemple, chez la tourmaline, le grenat, la topaze et le quartz.

Trait : couleur de la poudre

Le trait correspond à la couleur de la poudre du minéral et constitue un indice beaucoup plus fiable que la couleur du spécimen comme tel. De façon générale, on examine le trait laissé par le minéral que l'on frotte sur un morceau de porcelaine non vernie, ou « plaque de porcelaine ». De subtiles variations dans la couleur du trait peuvent se manifester et il s'agit d'apprendre à les reconnaître en se pratiquant avec des échantillons de minéraux dont on connaît le trait. Par exemple, l'hématite de couleur gris acier laisse un trait brun rouge alors que la molybdénite de couleur gris acier laisse, elle, un trait gris.

Éclat : réflexion de la surface

L'éclat décrit l'apparence de la surface d'un minéral, ou la façon que ce dernier réfléchit la lumière. Les minéralogistes ont adopté toute une série de termes dans le but de décrire cet aspect des minéraux qui joue un rôle important dans leur identification. Dans le présent livre, la première étape dans le processus d'identification consiste à déterminer s'il s'agit d'un minéral métallique ou non métallique.

Un minéral métallique est opaque et luisant comme du métal, par exemple du cuivre, de l'argent ou de l'or.

Un minéral non métallique est transparent ou translucide et présente une apparence luisante, terne ou grasse, comme, par exemple, le quartz, la sidérite, le diamant ou le gypse.

La liste ci-dessous fait état des autres termes utilisés pour décrire les types d'éclat propres aux minéraux non métalliques. La plupart sont évidents en soi, mais les définitions qui les accompagnent peuvent néanmoins s'avérer utiles. Ayez soin de prendre note des exemples proposés. Lorsqu'une définition n'est pas aussi précise qu'elle pourrait l'être, on a recours au préfixe « sub », par exemple « submétallique » dans le cas du graphite.

Adamantin : brillant, dur, durable (par ex., le diamant)
Gras ou huileux : ni luisant, ni éclatant (par ex., la sphalérite)
Mât ou terreux : ni luisant, ni brillant (par ex., l'hématite, l'argile)
Nacré ou opalescent : la lumière réfléchie a une certaine profondeur (par ex., l'aragonite, la calcite)
Résineux : semblable à la résine secrétée par les arbres (par ex., la sphalérite)

Soyeux : d'une douceur et d'une finesse semblables à la soie (par ex., le gypse)
Vitreux : comme du verre (par ex., le quartz, le feldspath)

Transparence : passage de la lumière
La transparence est cette propriété de la lumière qui se manifeste lorsque cette dernière est projetée à travers un spécimen. Ainsi, un spécimen transparent laisse passer la lumière et paraître avec netteté tout objet qui se trouve derrière. Un spécimen opaque, peu importe son épaisseur, ne permet pas à la lumière de passer. Enfin, dans le cas d'un spécimen translucide, même si la lumière peut le traverser, tout objet qui se trouverait derrière ne peut être vu nettement.

Il est à noter qu'un minéral transparent peu aussi bien être coloré qu'incolore. Le terme « transparent » n'implique pas nécessairement que le minéral est dénué de couleur.

Habitus
« Tout est trouvé! » s'est exclamé l'abbé René Just-Haüy après de nombreuses années passées à étudier les cristaux et les caractéristiques propres à leur croissance. Son observation des lois de la nature lui ont permis de démontrer que les cristaux étaient formés de blocs ou de cellules identiques empilés en trois dimensions. Il aura fallu attendre encore deux cent ans avant que la cristallographie aux rayons X ne vienne prouver ses assertions.

Une des caractéristiques repères des minéraux est leur habitus. Ce dernier combine deux concepts fondamentaux : l'habitus comme tel, à savoir l'apparence que sa croissance confère au cristal, et la forme, à savoir la morphologie d'un cristal individuel.

L'habitus peut aussi bien décrire l'apparence caractéristique du cristal que d'un agrégat de cristaux, c'est-à-dire la façon dont leur croissance s'est déroulée. Parmi les termes utilisés par les minéralogistes pour décrire les habitus des cristaux, on note les suivants :

À croissance parallèle : cristaux qui se forment parallèlement les uns aux autres, mais qui ne sont pas symétriquement reliés (voir « maclé »)
Aciculaire : en forme d'aiguille
Botryoïde : de forme arrondie ou globulaire (comme une grappe de raisins)
Dendritique : qui ressemble à un arbre ou une fougère
Lamellaire : plaque longue et mince comme la lame d'un couteau
Maclé : les cristaux dont la croissance s'est faite en même temps et symétriquement reliés les uns aux autres comme, par exemple, un plan-miroir.
Massif : compact, aucune forme cristalline
Prismatique : qui possède trois facettes ou plus dont les intersections sont parallèles, tel un prisme

La forme cristalline ou la morphologie d'un cristal individuel est l'aspect le plus important de la minéralogie, mais j'ai opté d'éviter autant que possible de m'y référer. Cette décision tient du fait que ces concepts sont difficiles à comprendre. Au cours de sa croissance, un cristal obéit à certaines lois physiques qui exigent de ses atomes qu'ils se lient d'une façon bien définie. Sept systèmes cristallins de base résultent de ce phénomène, chaque système étant régi par des éléments de symétrie spécifiques. Le concept de la forme cristalline est important au collectionneur de minéraux expérimenté, car il lui permet de reconnaître des espèces minérales dont l'identification est plus difficile (voir le tableau portant sur les formes cristallines à la p. 9).

Formes cristallines

Forme cristalline : cube {a}.

Forme cristalline : octaèdre {o}.

Forme cristalline : dodécaèdre rhombique {d}.

Forme cristalline : trapézoèdre {n}.

Forme cristalline : pyritoèdre ou dodécaèdre pentagonal {e}.

Forme cristalline : tétraèdre {t}.

Formes cristallines : prisme hexagonal {m} et pinacoïde {c}.

Formes cristallines : prisme hexagonal {m}, bipyramide hexagonale {p}.

Formes cristallines : prisme trigonal {m} et pinacoïde {c}.

Forme cristalline : rhomboèdre {r}.

Formes cristallines : prisme trigonal {m}, pyramide trigonale {p} sur un pinacoïde de base {c}.

Formes cristallines : prisme tétragonal {m} et pinacoïde {c}.

Formes cristallines : prisme rhombique {m} et trois pinacoïdes {a}, {b} et {c}.

Guide des minéraux et des roches à l'intention des débutants

Propriétés physiques des minéraux

Dureté

Une des caractéristiques les plus utiles à l'identification d'un minéral est sa dureté. Le degré de difficulté que l'on éprouve à rayer un minéral est fonction de la propriété physique fondamentale qui fait que les atomes au sein d'une structure cristalline sont plus ou moins liés entre eux. Des techniques expérimentales complexes permettent de quantifier de façon précise cette propriété, mais pour nos besoins, il suffit d'avoir recours à l'échelle de dureté relative plus simple mise au point par Friedrich Mohs en 1822. Il a choisi dix minéraux, chacun un peu plus dur que le minéral qui le précède, et a pu ainsi établir une échelle relative.

L'échelle de dureté de Mohs (ou 1 équivaut au degré le plus tendre) est la suivante : 1 talc, 2 gypse, 3 calcite, 4 fluorite, 5 apatite, 6 feldspath, 7 quartz, 8 topaze, 9 corindon, 10 diamant.

Pour identifier des minéraux sur le terrain, il suffit de déterminer de façon générale la dureté en fonction de trois groupes établis selon que le spécimen soit plus tendre qu'un ongle (2), plus dur qu'un ongle, mais plus tendre qu'une lame de couteau (5) et, enfin, plus dur qu'une lame de couteau.

Dans la mesure du possible, vérifiez la dureté du spécimen sur une partie de l'échantillon qui ne paraît pas trop, car ce test abime l'apparence de votre spécimen.

Il est intéressant de noter que, sur une échelle absolue de dureté, le corindon s'avère en fait deux mille fois plus difficile à rayer que le talc, alors que sur l'échelle relative de Mohs, il semble n'être que neuf fois plus difficile à rayer.

Densité : mesure de la lourdeur

Avant même de soulever un objet, une personne peut se faire une idée de son poids. Cette « lourdeur » est une mesure approximative de la densité : la masse d'un volume spécifique d'un corps. Avec de l'expérience, on en vient à pouvoir établir la différence entre des minéraux de densité plus ou moins élevée que le quartz ou le feldspath ($2,6$ g/cm^3). La barytine et la fluorite sont toutes deux plus lourdes, leurs densités se situant à $4,5$ g/cm^3 et $3,2$ g/cm^3, respectivement. L'or est le minéral à la densité la plus élevée, soit 19 g/cm^3, alors que celle de la glace, $0,9$ g/cm^3, est la plus faible. Il est utile de se souvenir de la densité de l'eau qui, étant de $1,0$ g/cm^3, fait que la glace flotte.

Cassure : incident à éviter

Il est inacceptable de briser intentionnellement un échantillon de minéral dans le seul but d'observer comment la cassure se produit. En inspectant attentivement l'échantillon, on peut souvent observer certains indices qui peuvent nous le révéler. Cette cassure peut vous aider à identifier le minéral. Vous voulez savoir s'il se brise facilement et quelle forme prend la cassure.

La force électrique de l'attraction fait que les atomes à l'intérieur d'un cristal sont liés les uns aux autres. Le minéral a tendance à se briser, ou à se cliver, le long des plans où cette liaison est la plus faible. Ces plans de séparation portent le nom de « clivages ». Le clivage peut se produire selon un seul ou selon plusieurs plans. Par exemple, le mica, la chlorite et la topaze n'ont qu'un seul plan, l'amphibole et le pyroxène en ont deux et la fluorite et la calcite, trois. Si le minéral n'a pas de clivage, la surface rugueuse à l'endroit où il se brise porte le nom de « cassure ». Les cassures sont soit conchoïdales (arrondies), soit inégales (dentelées), ou soit esquilleuses (en éclats).

Comment identifier un minéral

L'identification des minéraux n'est pas chose facile. Il s'agit d'un talent et, comme tout talent, cela requiert de

Clé des minéraux métalliques

Couleur du trait	Degré de dureté		
	Tendre (1-2½)	**Moyen** (2½-5½)	**Dur** (supérieur à 5½)
Noir	covellite (bleu foncé, noir), p. 36 pyrolusite (gris acier avec teinte bleuâtre), p. 82 graphite (gris acier, noir), p. 30 stibine (gris plomb), p. 62	chalcopyrite (jaune cuivre), p. 42 bornite (bronze), p. 38 pyrrhotite (jaune bronze), p. 50 chalcocite (gris foncé), p. 34	magnétite (noire), p. 74 pyrite (jaune laiton pâle), p. 46 arsénopyrite (gris argent), p. 54
Gris	galène (gris argent, plomb mat), p. 56 molybdénite (gris plomb avec teinte bleuâtre), p. 60 stibine (gris plomb), p. 62	platine (blanc argenté), p. 26 chalcocite (gris foncé), p. 34	cobaltite (gris argent), p. 64 marcasite (jaune laiton pâle), p. 48
Blanc argenté	bismuth (blanc argenté rougeâtre), p. 28	argent (blanc argenté), p. 22	
Blanc		argent (blanc argenté), p. 22 platine (blanc argenté), p. 26	titanite (brun à noir), p. 176
Brun rouge		cuivre (rougeâtre à brun), p. 20 cuprite (rouge foncé, noir), p. 116 chromite (noir), p. 80	hématite (gris acier à rouge), p. 68 ilménite (noir brunâtre, noir), p. 78 rutile (brun, brun rouge foncé), p. 118 chromite, p. 80
Jaune		or (jaune or), p. 18 pentlandite (jaune bronze très pâle), p. 52 goethite (jaune, rouge), p. 72	

la pratique. Les collectionneurs expérimentés peuvent instantanément identifier des spécimens sans même avoir à les toucher. Dans de nombreux cas, ils peuvent même vous dire d'où ces spécimens proviennent. Atteindre un tel niveau de compétence exige des années de pratique. Même un minéralogiste professionnel doit admettre que dans de nombreux cas, seul le recours à des méthodes perfectionnées, comme la diffraction des rayons X et les analyses chimiques, permet d'établir l'identité d'un spécimen parmi les 4000 espèces de minéraux possibles. Le présent livre porte sur les minéraux les plus courants. La méthode présentée ci-dessous vous aidera à identifier vos spécimens.

Méthode d'identification

Il s'agit d'établir, en premier lieu, si le spécimen est de nature métallique ou non métallique (voir p. 6). Cette détermination vous indiquera s'il faut consulter la clé d'identification des minéraux métalliques (p. 11) ou la clé des minéraux non métalliques (p. 12).

Ensuite, utilisez votre plaque de porcelaine (voir p. 5) afin d'établir la couleur du trait et identifiez cette couleur sur l'une ou l'autre des clés d'identification.

La prochaine étape consiste à déterminer la dureté. Si votre ongle parvient à rayer votre spécimen, il est tendre (1-2 sur l'échelle de Mohs). S'il vous faut une lame de couteau pour le rayer, votre spécimen est considéré moyennement dur (2½-5½ sur l'échelle de Mohs). Si vous ne parvenez pas à le rayer à l'aide d'une lame de couteau, votre spécimen est dur (supérieur à 5 sur l'échelle de Mohs).

La clé d'identification vous aidera à trouver plusieurs choix s'appliquant à votre spécimen. Les numéros de page vous réfèrent aux descriptions et aux photographies présentées dans le livre (chaque spécimen il-

Clé des minéraux non métalliques

Couleur du trait	Degré de dureté		
	Tendre (1-2½)	Moyen (2½-5½)	Dur (supérieur à 5½)
Noir	graphite (noir), p. 30 pyrolusite (gris à noir), p. 82		
Blanc grisâtre			amphibole (vert à presque noir), p. 196 cassitérite (brun rougeâtre foncé, noir), p. 120 épidote (vert), p. 180
Blanc	borax (incolore, blanc), p. 160 chlorite (vert pâle), p. 208 argile (blanc, brunâtre), p. 212 gypse (blanc), p. 124 halite (blanc), p. 100 soufre (jaune), p. 90 sylvite (incolore, blanc, rougeâtre), p. 104 talc (blanc, vert pâle), p. 210 ulexite (incolore, blanc), p. 162	anhydrite (blanc ou gris), p. 122 aragonite (blanc, variable), p. 46 calcite (blanc, variable), p. 138 dolomite (gris, rose), p. 142 barytine (blanc, bleu pâle), p. 132 chrysotile (vert, blanc, jaune), p. 214 apatite (vert, brun rougeâtre), p. 128 fluorite (incolore, bleu, vert), p. 106 kyanite (bleu), p. 170 mica (blanc, brun, noir), p. 204 rhodochrosite (rouge, rose), p. 152 rhodonite (rouge, rouge brun), p.202 sidérite (brun), p. 150 titanite (brun noir), p. 176 zéolite (incolore, blanc, jaune), p. 238	béryl (blanc, variable), p. 184 cassitérite (brun rougeâtre foncé, noir), p. 120 corindon (gris, bleu), p. 112 diamant (incolore), p. 86 feldspath (blanc, variable), p. 226 grenat (rouge, orange, vert), p. 166 néphéline (blanc, gris), p. 232 olivine (vert, jaunâtre), p. 164 pyroxène (vert à noir), p. 192 quartz (incolore, blanc, variable), p.218 spinelle (rouge, brun, noir), p. 110 titanite (brun noir), p. 176 topaze (bleu, blanc, jaune), p. 172 tourmaline (noir, brun, variable), p. 180 vésuvianite (brun, vert), p. 182
Bleu		azurite (bleu foncé), p. 156 chrysocolle (vert bleu), p. 216	lazurite (bleu), p. 236 sodalite (bleu), p. 234
Vert	chlorite (vert pâle), p. 208	malachite (vert), p. 158	turquoise (bleu verdâtre), p. 136
Rouge, brun rouge	cinabre (rouge), p. 96	cuprite (rouge à presque noir), p. 116 sphalérite (brun, jaune), p. 92 goethite (jaune, rouge), p. 72	hématite (rouge, noir), p. 68 ilménite (rouge à noir brunâtre), p. 78 rutile (brun rougeâtre), p. 118

lustré est également identifié au moyen de son numéro de collection). Il suffit de vérifier chaque page suggérée jusqu'à ce que vous trouviez celle qui correspond le mieux à votre spécimen.

La couleur est une des propriétés les plus trompeuses des minéraux. Puisqu'un grand nombre d'espèces ont plusieurs couleurs très différentes, il faut prendre soin de bien vérifier chaque inscription.

Comment identifier une roche

Quelques unes des roches les plus importantes seulement sont présentées dans ce livre et elles sont regroupées dans une seule clé d'identification (ci-dessous). Il s'agit des roches les plus courantes d'origines très différentes. Une détermination plus précise de types de roches particuliers exige le recours à un microscope pétrographique.

Méthode d'identification

Commencez par établir lequel des trois types de roche vous avez:

Les roches ignées ne renferment pas de fossiles ni de couches de litage (sédimentaire) ou de plis (métamorphique). Les laves peuvent être criblées de trous ou remplies de plages vitreuses. Leurs cristaux sont répartis de façon aléatoire.

Les roches sédimentaires ont des grains individuels ou sont constituées de fragments mal consolidés. Elles peuvent contenir des fossiles ainsi que du quartz et de la calcite, qui sont des minéraux communs associés à ces roches.

Les roches métamorphiques présentent typiquement des rubanements visibles de minéraux qui sont souvent soit onduleux, soit foliés. Les minéraux individuels sont fusionnés les uns aux autres.

Ensuite, déterminez si la granulométrie de votre roche est grossière ou fine.

Enfin, déterminez le degré relatif de la couleur de votre roche. S'agit-il d'un spécimen de couleur claire, moyenne ou foncée?

Vérifiez l'information fournie dans la clé des roches à la droite et, à l'aide des numéros de page, retrouvez votre spécimen.

Clé des roches

Roches ignées

Couleur	Granulométrie	
	Grain grossier	Grain fin
Pâle	granite (p. 246) syénite (p. 254)	rhyolite (p. 256)
Moyenne	diorite (p. 250)	andésite (p. 260)
Foncée	gabbro (p. 252)	basalte (p. 262) obsidienne (p. 266)

Roches sédimentaires

Couleur	Granulométrie	
	Grain grossier	Grain fin
Pâle	conglomérat (p. 268) brèche (p. 270) grès (p. 272)	calcaire (p. 276) siltstone (p. 274)
Moyenne	conglomérat (p. 268) grès (p. 272)	dolomie (p. 280)
Foncée	brèche (p. 270) conglomérat (p. 268)	shale (p. 282)

Roches métamorphiques

Couleur	Granulométrie	
	Grain grossier	Grain fin
Pâle	marbre (p. 294) gneiss granitique (p. 290) quartzite (p. 296)	quartzite (p. 296)
Moyenne	quartzite (p. 296) schiste (p. 286)	quartzite (p. 296)
Foncée	gneiss à amphibole (p. 292)	ardoise (p. 284) serpentinite (p. 298)

Guide des minéraux et des roches à l'intention des débutants

Régions géologiques du Canada

Ces êtres fortunés qui ont eu l'occasion de visiter en tout ou en partie les six mille kilomètres sur lesquels s'étend le Canada de littoral en littoral auront remarqué les différences stupéfiantes que présente la topographie du paysage d'un bout à l'autre du pays. Ces caractéristiques servent à délimiter les régions physiographiques, et donc géologiques, du pays. De façon générale, le Canada se répartit en deux grandes zones : un noyau central de roches très anciennes résistantes à l'érosion que l'on nomme le Bouclier précambrien et un anneau de roches stratifiées plus récentes qui l'encercle. Le Canada compte huit régions physiographiques :

1 Le Bouclier canadien, cette région sauvage de roche dure et résistante que traversent un nombre infini de rivières et de lacs, constitue le noyau du continent.
2 La partie la plus méridionale du Canada est constituée par les basses-terres du Saint-Laurent.
3 Les Plaines intérieures sont caractérisées par de vastes étendues de prairie et la présence de roches sédimentaires.
4 Les basses-terres de l'Arctique s'étendent sous la région Innuitienne.
5 Les basses-terres de la baie d'Hudson gisent au sein du Bouclier.
6 Les monts et collines érodés des Appalaches se dressent le long de la marge orientale du Canada.
7 À la pointe la plus septentrionale du pays se dressent les montagnes plus anciennes de la région Innuitienne.
8 Les chaînes montagneuses rudes et spectaculaires de la région de la Cordillère bordent la partie occidentale du continent.

La nature de ces huit régions physiographiques est directement liée à la géologie sous-jacente. Une suite de roche distincte distingue chaque région, l'âge et l'origine des roches variant d'une région à l'autre.

Bouclier canadien

Le Bouclier canadien, ou précambrien, constitue le noyau stable du continent nord-américain. L'âge de ces roches anciennes varie d'un milliard à plus de quatre milliards d'années, et fait qu'il s'agit des roches les plus anciennes connues sur Terre. Elles se sont formées à de grandes profondeurs au sein de la croûte terrestre primitive et ce n'est que grâce à l'action de l'érosion par la pluie, la glace et le vent qu'elles ont été mises à jour après des milliards d'années. Les roches originales ont subi l'effet de changements marqués dans les conditions de température et de pression qui ont menés à la formation d'une série de roches à gros cristaux fortement métamorphisées.

Le Bouclier, ainsi appelé en raison de sa forme, ressemble en quelque sorte à une soucoupe dont les rebords sont plus élevés que le centre. Presque la moitié de la surface terrestre du Canada fait partie du Bouclier qui renferme une des régions minières les plus productives du monde. Ce sont ses riches gisements de cuivre, de nickel, de fer, de plomb, d'or, d'argent, de cobalt, d'uranium, de platine, de titane et de molybdène qui sous-tendent l'économie canadienne.

Régions des plates-formes

La Plate-forme se compose d'une série de roches sédimentaires horizontales qui forme un large anneau recouvrant les bordures sud, ouest et nord du Bouclier canadien. Cette caractéristique géologique est manifeste dans les **basses-terres du Saint-Laurent**, les Plaines intérieures du centre-ouest du pays, les **basses-terres de l'Arctique** au nord et les **basses-terres de la baie d'Hudson**, qui occupent le centre du Bouclier. Les sédiments provenant des régions du Bouclier, de la Cordillère ou des Appalaches ont été mis en place dans des mers qui autrefois recouvraient le Bouclier. Ces sédiments ont formé un mince placage sur la surface du Bouclier, sauf dans les Plaines intérieures où ils atteignent plusieurs kilomètres d'épaisseur. Les Plaines intérieures renferment la plupart des ressources canadiennes en pétrole et en gaz naturel, ainsi qu'en potasse, en sel, en gypse et en calcaire. Au cours de la période glaciaire, des sols du Bouclier arrachés par l'action des glaciers ont été mis en place sur la Plate-forme. Dans les régions de prairies situées plus au sud et dans la vallée du Saint-Laurent, cette couche fragile de sédiments est à l'origine des fertiles terres agricoles qu'on y trouve. Ces dernières sont aujourd'hui, hélas, en grande partie recouvertes par le mitage.

Région des Appalaches

En Amérique du Nord, les vieilles montagnes érodées des Appalaches s'étendent sur trois milles kilomètres, de Terre-Neuve jusqu'à l'Alabama. Elles forment le trait de côte oriental entre Terre-Neuve et New York. Plus au sud, une plaine de roches sédimentaires les sépare de l'océan Atlantique. Auparavant, la région des Appalaches consistait en un fossé submergé en bordure du Bouclier. Sur une période de centaines de millions d'années, les sédiments provenant du continent et de l'océan ont fini par le remplir. Il y a environ quatre cent millions d'années, ces sédiments ont été soulevés pour former une chaîne de montagnes dont il ne reste aujourd'hui que des vestiges érodés.

La région des Appalaches, notamment les provinces de l'Atlantique et le sud-est du Québec, est la source d'une partie considérable de la production mondiale d'amiante ainsi que de quantités considérables de cuivre et de zinc.

Région Innuitienne

Tout à fait au nord du Canada gît une région à topographie variée presqu'entièrement recouverte par des glaciers. Cette région se compose d'une large série de roches sédimentaires déformées et d'intrusions. La bordure septentrionale comprend les monts Grantland et Axel Heiberg, qui atteignent une altitude de 1700 mètres et dont les sommets percent au-dessus des inlandsis, formant ainsi des rangées de nunataks. Plus au sud et à l'est se trouve une ceinture intérieure de crêtes sauvages, presque parallèles, qui traverse toute la région. La partie la plus au sud de la région forme un plateau dont la surface est recouverte par de larges crêtes à sommets plats que découpent de profonds ravins ou fjords.

Région de la Cordillère

Les montagnes les plus récentes du Canada font partie de la région de la Cordillère qui s'étend sur une distance énorme, soit dix-huit mille kilomètres des îles Aléoutiennes jusqu'à la pointe sud de l'Amérique du Sud. Cette série de roches sédimentaires et volcaniques a été soulevée il y a environ cent millions d'années suite à la collision de deux immenses plaques continentales. La théorie de la dérive continentale explique le mouvement de ces plaques à la surface des couches supérieures fondues de l'intérieur de la Terre. Les effets de la collision ayant eu lieu entre la plaque américaine et la plaque du Pacifique se manifestent encore de nos jours et se traduisent par l'activité volcanique et séismique qui caractérise le pourtour de l'océan Pacifique. Au Canada, la région de la Cordillère se distingue grâce aux spectaculaires montagnes Rocheuses et à la chaîne Côtière qui se dressent en Colombie-Britannique.

Entre la chaîne ouest et la chaîne est s'étend un plateau central qui se prête quelque peu à l'agriculture. La persistance qu'on a mis à mener des levés géologiques dans la Cordillère a porté fruit puisqu'elle s'est avérée la source d'importants gîtes de plomb, de zinc, d'argent, de cuivre et d'or.

Régions physiographiques du Canada

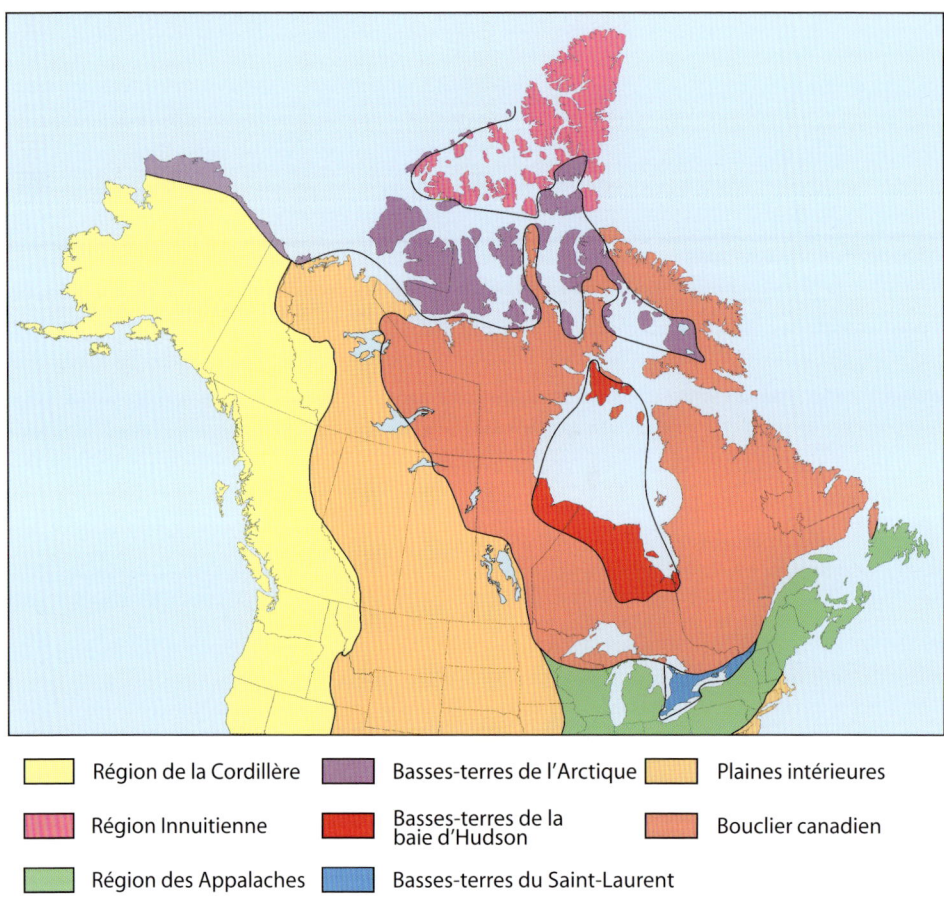

▨	Région de la Cordillère	▨	Basses-terres de l'Arctique	▨	Plaines intérieures
▨	Région Innuitienne	▨	Basses-terres de la baie d'Hudson	▨	Bouclier canadien
▨	Région des Appalaches	▨	Basses-terres du Saint-Laurent		

Minéraux métalliques

ÉLÉMENTS NATIFS

OR : AU

Les archéologues estiment qu'en raison de son scintillement, l'homme préhistorique aurait été attiré par l'or bien avant qu'il ne remarque les autres métaux natifs d'aspect plus ternes, tels le cuivre et l'argent. Les découvertes d'objets en or les plus anciennes, soit de 4000 av. J.-C., ont été faites en Mésopotamie et en Égypte. Malgré qu'il ne s'agisse ni du plus rare ni du plus précieux des métaux, l'or aurait été, selon Pline (79 ap. J.-C.), la « première folie de l'homme ».

Apparence

Couleur : S'il est pur, une couleur or jaune foncé, mais de teinte plus blanche si allié à de l'argent et de teinte plus rouge si allié à du cuivre.
Trait : Jaune.
Éclat et transparence : Éclat métallique luisant; opaque.
Habitus : Habituellement en masses bosselées, ou sous forme de grains ou d'écailles arrondis. Les rares cristaux sont octaédriques ou se présentent sous la forme d'agrégats dendritiques ou qui ressemblent à des fougères.

Propriétés physiques

Dureté : Moyenne (2½–3).
Densité : Élevée (19,3 g/cm^3).
Cassure : Malléable et ductile, donc difficile à briser, et sécable. La cassure inégale se traduit par une surface dentelée semblable à celle du fer brisé.
Test : La couleur et le fait qu'il soit sécable.

Or (41795) : Or natif massif dans du quartz. Mine McIntyre, Timmins, canton de Tisdale, district de Cochrane, Ontario. Largeur du spécimen : 10 cm

Minéraux semblables

La pyrite, ou l'« or des fous » (p. 46), est jaune laiton pâle, fragile et a un trait noir brunâtre à teinte verdâtre. La chalcopyrite (p. 42) est jaune laiton, fragile et a un trait noir verdâtre.

Venues

L'or est présent dans les placers mis en place par l'érosion. Dans la roche consolidée, on le trouve dans les dépôts hydrothermaux.

Meilleurs emplacements au Canada : Mine San Antonio, Bissett, Manitoba; mine McIntyre, Timmins, canton de Tisdale, district de Cochrane, Ontario; mine Darwin, canton de McMurray, district d'Algoma, Ontario. On trouve des pépites dans des placers au Yukon; la plus grosse trouvaille enregistrée à cet endroit pèse 2,64 kg.

Autres emplacements : La plus grosse pépite trouvée provient de Carson Hill, en Californie, É.-U., et pèse 72,78 kg. Aussi en Transylvanie et Romanie; Roraima, Brésil; Witwatersrand, Afrique du Sud; Ballarat, Australie.

Faits intéressants

La première instance de l'utilisation du mot anglo-saxon *gold* date de 475 CE. Le symbole chimique Au vient du latin *aurum*, signifiant « or ».

L'or étant le plus malléable des métaux, il peut être aplati avec un marteau en une feuille mille fois plus mince qu'une feuille de papier, une feuille si mince que la lumière peut la traverser. Il s'agit aussi d'un métal très ductile, puisqu'un morceau d'or à peine la grosseur du pouce d'un homme peut être étiré en un fil pouvant atteindre jusqu'à 550 km de longueur.

Puisqu'il réfléchi bien tant la lumière visible que la lumière infrarouge, l'or sert dans la fabrication des revêtements protecteurs utilisés sur les satellites et les visières des casques des spationautes afin d'éviter qu'ils ne soient aveuglés.

Plusieurs des pays de l'Ouest ont adopté l' « étalon-or » pour étayer les monnaies entre les années 1870 et 1914. On a dû abandonner cet étalon en 1968, laissant à l'or le soin de fixer sa propre valeur en fonction de la demande du marché. Le prix de l'or s'exprime en termes de dollars par once d'or, à savoir une once troy (31,10 g), qui est environ 10 % plus lourde qu'une once habituelle.

Le terme « carat » sert à indiquer la quantité d'or présente, où « 24 carats » correspond à de l'or pur et « 18 carats » correspond à une teneur de 75 % en or (18/24x100).

Or (53772) : Cette pépite d'or pesant 1450 grammes provient d'un placer en Colombie-Britannique. Largeur du champ de prise de vue : 14 cm

ÉLÉMENTS NATIFS

CUIVRE : Cu

Le cuivre est l'un des rares minéraux qui se manifeste dans la nature sous forme d'élément. On utilise parfois le terme « cuivre natif » pour le distinguer du cuivre produit au moyen d'un procédé industriel. Déjà au Néolithique (8000 av. J.-C.), l'homme utilisait le cuivre natif. Les observations concourent à montrer que les premières populations autochtones au Manitoba façonnaient déjà des pointes de lance en cuivre il y a sept mille ans. Elles s'approvisionnaient probablement en cuivre dans la région du lac Supérieur.

Apparence

Couleur : Rouge cuivre à brun lorsque terni.
Trait : Rouge cuivre.
Éclat et transparence : Éclat métallique luisant; opaque.
Habitus : Habituellement massif. Parfois sous forme de bosses contournées ou de fils. On appelle « dendritique » le faciès en forme de branches ou d'arbres.

Propriétés physiques

Dureté : Moyenne (2½–3).
Densité : Élevée (8,9 g/cm^3).
Cassure : Malléable et ductile, donc difficile à briser, et sécable. La cassure inégale se traduit par une surface dentelée semblable à celle du fer brisé.
Test : La couleur d'une surface fraîche et les propriétés de malléabilité permettent d'identifier ce minéral.

Cuivre (48728) : Habitus dendritique ou qui ressemble à un arbre. Mine Afton, division de Kamloops, district de Yale, Colombie-Britannique. Largeur du spécimen : 5 cm

Minéraux semblables

La chalcocite (p. 34) est plus fragile et a un trait noir.
La cuprite (p. 116) est plus fragile, de couleur rouge foncé à noir et laisse un trait rouge brunâtre.

Venues

Le cuivre natif cristallise à partir de solutions hydrothermales associées aux roches basaltiques.

Meilleurs emplacements au Canada : Les mines Craigmont et Afton, district de Kamloops, Colombie-Britannique; ruisseau Burwash, Territoire du Yukon; mine Coppercorp, district d'Algoma, Ontario; lac Seal, Labrador, Terre-Neuve; cap d'Or, comté de Cumberland, Nouvelle-Écosse.
Autres emplacements : Péninsule Keweenaw, comtés de Houton et d'Ontonagon, Michigan, É.-U.; Bisbee, comté de Cochise, Arizona, É.-U.; Ajo, comté de Pima, Arizona, É.-U.; Ray, comté de Pinal, Arizona, É.-U.; Santa Rita, Nouveau-Mexique, É.-U.; Rudabanya, Hongrie; Yekaterinburg Oblast', Russie; Broken Hill, Nouvelle-Galles du Sud, Australie; La Paz, Bolivie; Windhoek, Namibie.

Faits intéressants

À l'époque de l'Empire romain, le cuivre provenait de mines sur l'île de Chypre, d'où l'origine du nom du métal, soit *aes cyprium* ou « airain de Chypre », que l'on raccourcit plus tard à *cuprum*.

Sur la péninsule Keweenaw, au Michigan, des mines de cuivre sont en opération depuis les années 1850. Des rapports indiquent que des masses individuelles extraites pesaient plusieurs tonnes. Les propriétés physiques du minéral (à savoir sa malléabilité et sa sécabilité) se sont avérées une entrave aux méthodes d'exploitation minière conventionnelles, soit le forage et l'abattage à l'explosif, car elles rendaient difficiles la dislocation des zones de la mine où se trouvaient de fortes concentrations du minéral. La majorité du métal de cuivre provient maintenant de l'exploitation minière des minerais de sulfure de cuivre, comme ceux que l'on trouve à Thompson, au Manitoba, à Sudbury, en Ontario, et à la baie Voisey, à Terre-Neuve.

Les propriétés physiques du cuivre font qu'il est un excellent conducteur de la chaleur et de l'électricité, ce qui en fait un minéral utile au domaine de l'électronique, ainsi qu'à la fabrication de câblage et de batteries de cuisine. Puisqu'il résiste à la corrosion, il sert également comme matériau de toiture et au moulage de statues. Un alliage de cuivre et de nickel est utilisé aux fins de construction navale.

Cuivre (56727) : Cristaux bruts dans une brèche. Péninsule Keweenaw, comté de Houghton, Michigan. Largeur du champ de prise de vue : 7 cm

Puisque le cuivre est un minéral toxique, il peut prévenir efficacement la croissance des bactéries; c'est ainsi que les poignées de portes en cuivre dans les hôpitaux contribuent à empêcher la prolifération des maladies. Il est regrettable que la pièce d'un cent canadienne ne soit plus faite de cuivre; depuis 2000, les pièces d'un cent consistent surtout d'acier auquel seulement 4,5 % de cuivre ont été ajoutés afin de donner aux pièces cette couleur cuivrée.

Cuivre (31376) : Pépites roulées provenant de la plage. Cape d'Or, comté de Cumberland, Nouvelle-Écosse. Largeur du champ de prise de vue : 13 cm

ÉLÉMENTS NATIFS

ARGENT : Ag

L'argent fait partie des « métaux précieux » en raison de sa rareté et des propriétés physiques qui le rendent attrayant. On le retrouve dans la nature sous forme d'argent « natif » ou combiné à d'autres éléments, comme le soufre (S), le chlore (Cl), l'oxygène (O) et l'arsenic (As), qui entrent dans la composition de plus de deux cent différentes espèces minérales. Sa couleur blanche éclatante, sa malléabilité et sa résistance à la corrosion en font un minéral de choix depuis quelque 4000 ans pour la confection d'ornements et, depuis 800 av. J.-C., pour le monnayage dans tous les pays gisant entre l'Indus et le Nil. À l'air pur, l'argent ne ternit et ne noircit pas, mais comme il y a couramment du soufre dans l'air de nos jours, nous sommes habitués à voir l'argent noircir. Ce minéral est presque aussi tendre que l'or.

Apparence

Couleur : Blanc argent que le ternissement rend gris ou noir.
Trait : Blanc.
Éclat et transparence : Éclat métallique luisant; opaque.
Trait : Brun-noir avec une teinte verdâtre.
Habitus : Habituellement en masses bosselées, ou sous forme de grains ou d'écailles arrondis. Les rares cristaux sont octaédriques ou se présentent sous la forme d'agrégats dendritiques ou qui ressemblent à des fougères.

Propriétés physiques

Dureté : Moyenne (2½–3).
Densité : Élevée (10,1 g/cm^3).
Cassure : Malléable, donc difficile à briser. L'argent est un minéral sécable qui peut se couper au couteau. Il n'a pas de clivage et la cassure inégale se traduit par une surface dentelée semblable à celle du fer brisé.
Test : La couleur, la ternissure, la sécabilité et la cassure inégale sont les aspects physiques les plus utiles à l'identification.

Argent (30930) : Fils d'argent. Mine Highland Bell, Beaverdell, division de Similkameen, district de Yale, Colombie-Britannique. Largeur du champ de prise de vue : 9 cm

Minéraux semblables

La couleur et le trait de la galène (p. 56) sont de couleur plus grise et ce minéral est plus fragile.

La couleur et le trait de la molybdénite (p. 60) sont de couleur plus grise et son clivage est parfait.

Argent (32029) : Habitus dendritique ou ressemblant à des fougères. Cobalt, comté de Coleman, district de Timiskaming, Ontario. Largeur du spécimen : 8 cm

Argent (53663) : Argent massif appelé le « pavage d'argent » par les mineurs. Mine Wettlaufer, canton de South Lorrain, district de Timiskaming, Ontario. Largeur du spécimen : 15 cm.

La stibine (p. 62) n'est que légèrement sécable, possède un bon clivage et elle est de couleur plus grise. L'arsénopyrite (p. 54) et la cobaltite (p. 64) sont toutes deux beaucoup plus dures et plus fragiles que l'argent.

Venues

L'argent se manifeste aux phases tardives de la cristallisation d'un magma en présence d'eaux chaudes (dépôts hydrothermaux).

Meilleurs emplacements au Canada : Cobalt, comté de Timiskaming, en Ontario, a produit de grandes feuilles, connues sous le nom de « pavage d'argent », et des fils pouvant atteindre 6 cm de longueur; rivière Camsell, district de MacKenzie, Territoires du Nord-Ouest; mine Highland Bell, district de Yale, Colombie-Britannique.

Autres emplacements : Kongsberg Buskerud, en Norvège, est l'endroit le plus réputé pour la production d' « argent corné » et d'argent filiforme; péninsule Keweenaw, comté de Houghton, Michigan, É.-U.; Chihuahua, district de Batopilas, Mexique.

Faits intéressants

Le nom anglais du minéral vient du terme *seolfor* en vieil anglais (env. 450–1100). Le symbole chimique Ag vient du latin *argentum*, ce qui signifie « monnaie d'argent ». La racine proto-indo-européenne du terme latin, soit argent, signifie « métal blanc brillant ». L'argent affiné est souvent vendu sous forme d'argent sterling constitué de 92,5 % d'Ag (fin à 925 millièmes), le reste étant surtout du cuivre.

La majorité de l'argent provenant des exploitations minières aujourd'hui sert à l'industrie de la photographie, bien qu'avec la disparition progressive de l'utilisation du film photographique, cet usage est en déclin. L'argent possède les propriétés conductrices d'électricité et de chaleur les plus élevées de tous les minéraux, ce qui en fait le métal de choix pour la fabrication des circuits électriques imprimés.

Argent (40418) : Argent réticulé dans du quartz. Mine Terra, Camsell River, Territoires du Nord-Ouest.
Largeur du spécimen : 14 cm

Argent (39443) : Fils d'argent sur de la calcite. Silver Islet, canton de Sibley, district de Sudbury, Ontario. Largeur du champ de prise de vue : 4 cm

ÉLÉMENTS NATIFS

PLATINE : Pt

La première découverte du platine a eu lieu en Amérique du Sud au XVIe siècle. Le platine a acquis une réputation de métal indésirable, car il était mélangé à l'or trouvé dans les graviers érodés des placers de la rivière Pinto, dans la région de Chocó, en Colombie, en Amérique du Sud. Les grains de platine en étaient retirés, puis rejetés dans la rivière. Le platine est aujourd'hui notre métal le plus précieux et peut atteindre sur le marché environ deux fois la valeur de l'or. Il fait aussi partie des « métaux nobles », qui tiennent leur nom du fait qu'ils ne sont pas chimiquement réactifs.

Apparence

Couleur : Blanc argent à gris acier. Il ne ternit pas.
Trait : Gris blanchâtre.
Éclat et transparence : Éclat métallique luisant; opaque.
Habitus : Souvent trouvé sous forme de grains ou de pépites; les cristaux sont rares.

Propriétés physiques

Dureté : Dur pour un métal (4–4½).
Densité : Très élevée (21,5 g/cm^3).
Cassure : Malléable et ductile, sans clivage. La cassure est inégale.
Test : Couleur et malléabilité.

Minéraux semblables

L'argent (p. 22) est plus tendre (2½–3 sur l'échelle de Mohs), moins lourd (10,1 g/cm^3) et prend souvent une teinte grise ou noire lorsqu'il ternit.

Venues

Le platine est présent sous forme d'inclusions pœcilitiques ou arrondies dans des roches ignées basiques, ou sous forme de pépites dans les graviers des placers associés aux roches ignées.
Meilleur emplacement au Canada : Rivière Tulameen, district de Similkameen, Colombie-Britannique.
Autres emplacements : Rivière Salmon, Bethel, Alaska, É.-U.; rivière Pinto, Cauca, Colombie; Permskaya Oblast, Russie.

Faits intéressants

Le nom vient de l'espagnol *platina*, ce qui signifie « petit argent », à cause de sa ressemblance à l'argent.
   Les utilisations du platine sont directement liées à ce que le métal ne peut pas faire, c'est-à-dire aux usages qui dépendent du fait qu'il soit extrêmement non-réactif. Le platine résiste aux acides, ce qui en fait une substance idéale à la fabrication de l'acide nitrique, un ingrédient essentiel qui entre dans la composition des engrais. Sous forme de creuset, il peut facilement endurer les températures extrêmes (point de fusion 1769 ºC) requises dans la fabrication des baguettes lasers à rubis. La majorité du platine est utilisée dans la fabrication des convertisseurs catalytiques installés sur les voitures dans le but de convertir les gaz d'émission nocifs en gaz carbonique et eau inoffensifs. Deux atomes de chlore et deux molécules d'ammonium sont liés à un atome de platine pour créer le médicament « cisplatine » utilisé dans le traitement du cancer. Ce médicament attaque et détruit les cellules cancéreuses, mais l'on ne sait toujours pas la manière dont il y parvient.

Platine (OJ1261) : Pépite (91 g) provenant du Suchowisimsk, monts Oural, Russie. Longueur du spécimen : 4 cm

ÉLÉMENTS NATIFS

BISMUTH : Bi

Le bismuth est présent aussi bien à l'état natif, sous forme de métal, qu'en combinaison avec d'autres éléments, pour former des minéraux plus complexes. On le trouve rarement dans la nature, mais on peut facilement acheter des agrégats cristallins squelettiques d'origine synthétique. Bien qu'il fasse partie des métaux, le bismuth possède des propriétés uniques qui en font un métal peu caractéristique. Il prend de l'expansion lorsqu'il gèle, il est un mauvais conducteur de l'électricité et de la chaleur et il est fragile plutôt que malléable. Bien qu'il s'agisse d'un métal à densité élevée, il est moins toxique que des métaux tels que le plomb, le thallium et l'antimoine; en outre, son effet diamagnétique est le plus puissant de tous les métaux. Les aimants diamagnétiques sont repoussés par un champ magnétique et peuvent même causer la sustentation si cette force de répulsion est suffisamment élevée.

Apparence

Couleur : Blanc argent avec une teinte rougeâtre. Parfois décrit comme étant de la couleur de la chair de cheval, mais cette caractéristique n'est vraiment pas très utile à son identification. Le ternissement cause la couleur à devenir plus foncée et des teintes irisées apparaissent.
Trait : Blanc argent.
Éclat et transparence : Éclat métallique mat; opaque.
Habitus : Souvent granulaire et parfois à schéma de croissance en forme d'arbre.

Propriétés physiques

Dureté : Tendre (2– 2½).
Densité : Élevée (9,7 g/cm^3).
Cassure : Fragile, avec un clivage distinct qui donne une apparence en escalier; sécable.
Test : La couleur, la dureté, la sécabilité et le clivage en escalier aident tous à identifier le bismuth.

Minéraux semblables

L'argent (p. 22) est malléable et de couleur blanc argent, alors que le bismuth est sécable et de couleur blanc argent avec une teinte rougeâtre distincte.

La galène (p. 56) est gris argent, fragile et a un clivage parfait, alors que le bismuth est blanc argent, sécable et n'a pas de clivage.

Venues

Le bismuth est un métal rare. On en trouve dans les filons formés par des solutions thermales chaudes. Il est souvent associé à des minéraux métallifères comme l'argent, la cobaltite et la galène.

Meilleurs emplacements au Canada : Des masses grossières à bon clivage et pouvant atteindre une taille de quelques centimètres ont été trouvées dans la région de Cobalt, comté de Timiskaming, Ontario; mine Mount Pleasant, comté de Charlotte, Nouveau-Brunswick; rivière Camsell, district de MacKenzie, Territoires du Nord-Ouest.
Autres emplacements : Llallagua, département de Potosi, Bolivie; Saxe, Allemagne; Cornouailles, Angleterre.

Faits intéressants

L'alchimiste allemand Basile Valentin faisait état au XVe siècle d'un métal qu'il appelait *wisimut*, de l'allemand *wis mat*, qui signifie « métal blanc ». Georg Bauer, dit Agricola, un scientifique du XVe siècle considéré le père de la minéralogie, a donné au terme une tournure latine en l'appelant *bismutum*. Aux époques qui ont précédé les écrits d'Agricola, on ne faisait aucune distinction entre le bismuth et d'autres métaux, soit le plomb, l'antimoine ou l'étain. Plus tôt, au cours du Moyen Âge, on croyait que le bismuth représentait une phase précoce dans le processus de formation de l'argent.

Le bismuth possède deux propriétés spéciales qui font qu'il peut servir à plusieurs fins importantes : son point de fusion peu élevé et l'expansion de son volume lorsque la fonte se solidifie. Puisqu'il entre dans la composition des alliages à bas point de fusion, il sert à la confection d'équipement de détection d'incendie. Alors que la plupart des substances se contractent lorsqu'elles se solidifient, des exceptions notables sont l'eau qui se transforme en glace et le bismuth qui passe de la phase liquide à la phase solide. Cette propriété rend le bismuth utile dans la confection de moules aux formes définies et nettes. Dans le domaine de l'industrie chimique, le bismuth est un agent efficace utilisé dans la production de fibres acryliques, de peintures et de matières plastiques. Depuis des siècles, on utilise le bismuth pour traiter l'indigestion, la diarrhée et les blessures. Il sert aussi à remplacer le plomb auparavant utilisé dans les plombées pour la pêche et les grains de plomb pour arme à feu.

Bismuth (31564) : Clivage distinct qui donne une apparence en escalier. Mine Kerr Lake, canton de Coleman, district de Timiskaming, Ontario. Largeur du champ de prise de vue : 10 cm

ÉLÉMENTS NATIFS

GRAPHITE : Carbone : C

Le carbone adopte plusieurs formes minérales dont les structures cristallines varient – le graphite et le diamant en sont les plus remarquables. Ces deux polymorphes (minéraux à composition chimique semblable mais à structure cristalline différente) représentent un excellent exemple de la façon dont la liaison chimique peut avoir une incidence sur les propriétés physiques d'un composé. Le célèbre minéralogiste allemand Abraham Gottlob Werner, en voulant donner un nom à ce minéral, a créé en 1798 le mot allemand *graphit*, ce qui signifie « plomb noir ». Pour la plupart d'entre nous, le crayon à mine de plomb est notre première expérience du graphite mais, aujourd'hui, le carbone tiré du graphite est utilisé à des fins beaucoup plus exotiques.

Apparence

Couleur : Noir à gris acier.
Trait : Noir.
Éclat et transparence : Parfois un éclat métallique, mais plus souvent mat ou terreux; opaque.
Trait : Brun-noir avec une teinte verdâtre.
Habitus : Le plus souvent trouvé sous forme de masses foliées ou terreuses. Les rares cristaux que l'on trouve sont de forme tabulaire.

Propriétés physiques

Dureté : Très tendre (1–2).
Densité : Faible (2,2 g/cm^3).
Cassure: Fragile, flexible mais non élastique, se brise facilement et laisse une trace de clivage parfaite.
Test: Très tendre et gras au toucher.

Minéraux semblables

L'éclat de la molybdénite (p. 60) est plus brillant et son trait a une teinte verdâtre. La stibine (p. 62) est de couleur plus argentée que le graphite et son trait est de couleur gris plomb.

Venues

Le graphite se trouve dans des roches sédimentaires métamorphisées qui contiennent de la matière organique ou des carbonates. La roche métamorphique en question peut être de l'ardoise, du schiste ou du gneiss.

Meilleurs emplacements au Canada : Lac Castor, canton de Joly, comté de Labelle, Québec; Pointe-au-Chêne, canton de Grenville, comté d'Argenteuil, Québec; canton de Buckingham, comté de Papineau, Québec; mines Black Donald, canton de Broughton, comté de Renfrew, Ontario; Kimmirut, île de Baffin, Nunavut.
Autres emplacements : Mine Stirling Hill, comté de Sussex, New Jersey, É.-U.; Hunan, Chine.

Graphite (31436) : Folié et massif à éclat submétallique. Mines de Grenville et d'Augmentation, Pointe-au-Chêne, canton de Grenville, comté d'Argenteuil, Québec. Largeur du spécimen : 7 cm

Faits intéressants

Le nom du minéral vient du mot grec *graphein*, signifiant « écrire », choisi en raison de l'usage qu'on en fait dans les crayons.

Le clivage parfait du graphite en fait un élément utile à la fabrication de lubrifiants secs. Les formes synthétiques du graphite (carbone pyrolytique) sont très fortes et très résistantes à la chaleur (jusqu'à 3000 ºC); c'est la raison pour laquelle elles sont utilisées dans la fabrication des coiffes de missiles, des batteries, des creusets de fonderie, des balais pour moteurs électriques et des cœurs de réacteurs nucléaires. Le carbone synthétique (fibre de carbone) sert également à renforcer les matières plastiques utilisées dans la fabrication des cannes à pêche, des vélos de course, des raquettes de squash et des bâtons de golf. Il joue aussi un rôle intéressant dans le domaine médical, puisque le carbone pyrolytique prévient la coagulation du sang; c'est pourquoi on l'utilise dans la fabrication de cœurs artificiels et de valvules cardiaques. Il sert aussi à fabriquer des implants pour les phalanges et le dos.

Graphite (46671) : Fibreux.
Rivière Soper, Kimmirut, île de Baffin, Nunavut. Largeur du spécimen : 15 cm

Graphite (49682) : Cristaux en plaquettes sur du feldspath. Mine Old Graphite, Clemons, comté de Washington, New York. Largeur du spécimen : 15 cm

SULFURES ET ARSÉNIURES

CHALCOCITE : Sulphure de cuivre : Cu_2S

La chalcocite est un important minerai de cuivre et, puisqu'elle renferme une quantité de cuivre de 80 % définie par le poids, compte parmi un des plus riches. Elle ne fait malheureusement pas partie des minerais principaux, car elle est trop rare. Les cristaux fins de chalcocite sont également rares et donc très recherchés par les collectionneurs. En raison de sa forte teneur en métal, son degré de sécabilité s'apparente à celui d'un métal.

Apparence

Couleur : Gris foncé sur une surface fraîche, mais devenant noir sur une surface altérée.
Trait : Noir luisant à gris plomb.
Éclat et transparence : Éclat métallique; opaque.
Habitus : Le plus souvent massif, mais on trouve parfois des cristaux tabulaires en forme d'hexagone.

Propriétés physiques

Dureté : Moyenne (2½–3).
Densité : Élevée (5,7 g/cm³).
Cassure : Presque fragile, quelque peu sécable et dotée d'une cassure conchoïdale.
Test : La couleur, la dureté et la sécabilité sont des aspects importants.

Minéraux semblables

La covellite (p. 36) ternie a souvent une teinte pourpre; en outre, elle est plus fragile et a un clivage.

Chalcocite (31659) : Massive, à éclat métallique mat. Localité Old Borron, région du lac Chubb, canton de Gould, district d'Algoma, Ontario. Largeur du spécimen : 9 cm

Venues

On trouve la chalcocite dans des gisements de cuivre qui ont été enrichis par des solutions aqueuses chaudes (hydrothermales). Dans plusieurs cas, elle remplace d'autres minéraux (que l'on désigne de « secondaires ») comme la chalcopyrite et la covellite.

Meilleurs emplacements au Canada : Mount Pleasant, comté de Charlotte, Nouveau-Brunswick; mine Normandie, comté de Mégantic, Québec; mine Coppercorp, district d'Algoma, Ontario; mine Kidd Creek, près de Timmins, district de Cochrane, Ontario; Grand lac de l'Ours, Territoires du Nord-Ouest.
Autres emplacements : Butte, Montana, É.-U.; comté de Hartford, Connecticut, É.-U.; district de Messina, Transvaal, Afrique du Sud; Cornouailles, Angleterre.

Faits intéressants

Le nom du minéral vient du grec *chalkos*, signifiant « cuivre », terme qui fait ainsi allusion au composant principal du minéral. Agricola, un des premiers spécialistes de la minéralogie, utilisait le terme « redruthite » lorsqu'il en faisait état en 1546.

La chalcocite est un minéral de phase tardive, c'est-à-dire un pseudomorphe qui remplace d'autres minéraux.

Chalcocite (31625) : Cristaux complexes à habitus prismatique et tabulaire. Éclat métallique. Cornouailles, Angleterre. Longueur du spécimen : 11 cm

SULFURES ET ARSÉNIURES

COVELLITE: Sulfure de cuivre : CuS

La covellite, comme la chalcopyrite, est un minerai de cuivre, mais elle n'est pas aussi répandue que la chalcopyrite. Sa belle couleur bleu pourpre intense en fait un matériau de choix pour les joailliers. On trouve souvent la covellite associée à d'autres minéraux cuprifères. Les prospecteurs doivent apprendre à distinguer la covellite de la chalcopyrite, car il s'agit de deux minerais dont les teneurs en cuivre sont différentes.

Apparence

Couleur : Bleu foncé à noir, souvent avec une ternissure pourpre.
Trait : Noir avec une apparence luisante ou métallique discernable.
Éclat et transparence : Éclat métallique; opaque.
Habitus : Se manifeste rarement sous forme de cristaux. Ces derniers sont plats ou tabulaires, de forme parfois hexagonale, mais plus souvent tabulaires avec des stries hexagonales sur la face plane. La covellite est habituellement massive et, parfois, ne fait qu'enrober d'autres minéraux de sulfure de cuivre.

Propriétés physiques

Dureté : Tendre (1–1½).
Densité : Moyenne (4,7 g/cm^3).
Cassure : Fragile et à clivage distinct. Les fragments de clivage sont légèrement flexibles.
Test : La couleur, l'éclat et la dureté sont des aspects importants.

Minéraux semblables

Un spécimen de bornite (p. 38) frais tend à être de couleur plus bronzée. On peut facilement confondre un spécimen altéré de bornite avec la covellite.

La couleur de la chalcocite (p. 34) vire plus du gris au noir; le minéral est sécable et non fragile, et la couleur de la ternissure n'est ni pourpre ni bleue.

Venues

La covellite se présente dans les zones enrichies en cuivre des gisements de cuivre. Ces zones se trouvent enrichies lorsque les eaux chaudes en circulation enlèvent ou lixivient le soufre qu'elles contiennent. Elle est souvent associée à la chalcopyrite, la chalcocite, la bornite et la pyrite.

Meilleur emplacement au Canada : Il s'agit définitivement d'un minéral très rare au Canada, sauf pour la mine Afton, dans le district de Yale, en Colombie-Britannique.
Autres emplacements : Butte, comté de Silver Bow, Colorado, É.-U.; comté de Rio Grand, Colorado, É.-U.; Kennecotte, Alaska, É.-U.; Alghero, Sardaigne, Italie.

Faits intéressants

Le minéral porte ce nom en honneur du minéralogiste italien Niccolo Covelli (1790–1829), qui fut le premier à décrire le minéral à partir d'un échantillon provenant du Vésuve, en Italie. Les usages du cuivre sont répertoriés dans la section traitant de la chalcopyrite (p. 42).

Covellite (57362) : Cristaux hexagonaux en plaquettes. Mine Leonard, Butte, comté de Silver Bow, Montana.
Largeur du spécimen : 9 cm

Covellite (80341) : Massive avec une irisation pourpre. Mine East Grey Rock, Butte, comté de Silver Bow, Montana.
Largeur du spécimen : 8 cm

SULFURES ET ARSÉNIURES

BORNITE : Sulfure de fer et de cuivre : Cu_5FeS_4

La bornite est un important minerai de cuivre que l'on exploite depuis des centaines d'années. Ce n'est que vers la fin du XVIIIe siècle qu'il fut reconnu à titre de minéral. Une des propriétés les plus caractéristiques de la bornite est sa couleur.

Apparence

Couleur : Sur une surface fraîche, elle varie de rouge cuivre à bronze à brun doré. La bornite ternit rapidement et affiche alors une irisation bleue à pourpre avant de devenir noire.
Trait : Noir grisâtre.
Éclat et transparence : Éclat métallique mat ; opaque.
Habitus : La bornite est habituellement massive ou granulaire, sans faces cristallines. Très rarement, il est possible de trouver un cristal à apparence cubique.

Propriétés physiques

Dureté : Moyenne (3).
Densité : Élevée (5,1 g/cm^3).
Cassure : Fragile, sans surfaces de clivage égales.
Test : La couleur et le trait sont des propriétés importantes.

Minéraux semblables

La chalcopyrite (p. 42) est de couleur jaune laiton, n'est pas aussi brillante lorsque ternie et laisse un trait noir verdâtre.
La surface fraîche de la covellite (p. 36) est noire alors que celle de la bornite est bronze ou rouge cuivre. Les deux minéraux sont fragiles, mais seule la covellite a un clivage.
La chalcopyrite (p.34) fraîchement brisée est grise et a tendance à être plus sécable.

Venues

La bornite est relativement abondante dans les gisements de minerais cuprifères, mais elle l'est beaucoup moins que la chalcopyrite. Des échantillons massifs et lourds de minerai renferment souvent de la bornite avec de la chalcopyrite, de la pyrite et de la pyrrhotite.

Meilleurs emplacements au Canada : Mine Harvey Hill, comté de Mégantic, Québec; mine Cupra, comté de Wolfe, Québec; mine Kidd Creek, district de Cochrane, Ontario; Gowganda, district de Timiskaming, Ontario; mine Lornex, district de Kamloops, Colombie-Britannique.
Autres emplacements : Butte, Montana, É.-U.; comté de Pinal, Arizona, É.-U.; district de Messina, Transvaal, Afrique du Sud; mine Kipushi, Zaïre; Dzhezkazgan, Kazakhstan.

Bornite (45788) : Spécimen terni (« cuivre panaché » pourpre) avec bornite fraîche de couleur bronze. Région de Kirkland Lake, canton de Teck, district de Timiskaming, Ontario. Longueur du spécimen : 10 cm

Faits intéressants

Le célèbre minéralogiste autrichien Ignaz Edler von Born (1742–1791) a donné son nom à la bornite. Born a inventé un procédé d'amalgamation dont le but était de retirer l'or et l'argent des minerais de cuivre sans avoir recours à l'étape habituelle, et dispendieuse, de fonte du minerai.

Les mineurs et les prospecteurs donnent souvent le nom de « cuivre panaché » à la bornite en raison de sa couleur bleu pourpre qui caractérise le minerai terni. En Cornouailles (Angleterre), les mineurs utilisent le terme « horseflesh ore » (minerai « chair de cheval ») pour décrire la couleur de la bornite fraîchement brisée qu'ils apparentent à celle de la chair crue de cet animal. Un autre terme de couleur souvent utilisé dans les manuels d'enseignement est « pinchbeck », qui désigne un alliage de cuivre et de zinc utilisé pour imiter l'or dans la confection de bijoux à coût abordable.

Bornite (80354) : De rares cristaux. Mine Leonard, Butte, comté de Silver Bow, Montana.
Largeur du champ de prise de vue : 7 cm

Bornite et chalcopyrite (31676) : Bornite dendritique bleu foncé et chalcopyrite brun jaune dans de la calcite blanche. Région d'Elk Lake, canton de James, district de Timiskaming, Ontario. Longueur du spécimen : 7 cm

SULFURES ET ARSÉNIURES
CHALCOPYRITE : Sulfure de fer et de cuivre : $CuFeS_2$

La chalcopyrite est la plus répandue des minerais de cuivre, surtout au Canada. À l'instar de la pyrite, on la connaît sous le nom d' « or des fous », mais c'est la chalcopyrite qui, des deux, est la plus susceptible d'être confondue avec l'or en raison de sa couleur jaune vive. La chalcopyrite est souvent associée à la bornite. Les minéralogistes ont donné aux deux minéraux, lorsqu'ils sont ternis, le nom de « cuivre panaché » à cause de leurs teintes de vert, de bleu et de pourpre, qui font penser aux couleurs des plumes de la queue d'un paon. Des quatre principaux minéraux métallifères de cuivre, la quantité de cuivre défini par le poids de la chalcopyrite est la moindre (35 %), suivi de la bornite (63 %), puis de la covellite (66 %) et, enfin, de la chalcocite (80 %).

Apparence

Couleur : Jaune laiton, parfois de couleurs verdâtre et bleuâtre légèrement irisées lorsque ternie.
Trait : Noir verdâtre.
Éclat et transparence : Éclat métallique brillant; opaque.
Habitus : Habituellement massive, mais parfois on trouve des cristaux en forme de tétraèdre.

Propriétés physiques

Dureté : Moyenne (3½–4).
Densité : Moyenne (4,2 g/cm^3).
Cassure : Fragile, avec une cassure inégale et sans faces de clivage uniformes.
Test : Le trait est la propriété la plus utile.

Minéraux semblables

La pyrite (p. 46) est plus dure et moins jaune de couleur. La pyrite se présente souvent sous forme de cristaux cubiques, alors que la chalcopyrite se manifeste rarement sous forme de cristaux.
L'or (p. 18) est malléable, plus tendre, pas aussi fragile et laisse un trait jaune doré. L'or, de couleur plus jaune or, paraît moins jaune laiton que la chalcopyrite.
La bornite (p. 36) est de couleur bronze et a un trait noir grisâtre.

Venues

La chalcopyrite est le minéral de cuivre le plus répandu. On la trouve dans les roches volcaniques, où elle doit sa concentration à l'action de solutions hydrothermales. Elle est associée à un, ou plusieurs, des minéraux suivants : pyrite, pyrrhotite, pentlandite, sphalérite et magnétite.

Meilleurs emplacements au Canada : Mine Temagami, district de Nipissing, Ontario; mine Frood, district de Sudbury, Ontario; mine Bicroft, canton de Cardiff, comté de Haliburton, Ontario; Courtenay, district de Comox, Colombie-Britannique.
Autres emplacements : Comté de St. Lawrence, New York, É.-U.; Bisbee, comté de Cochise, Arizona, É.-U.; comté de Grant, Nouveau-Mexique, É.-U.; comté de Chester, Pennsylvanie, É.-U.; Zacatecas, Mexique; Cornouailles, Angleterre; Herja, Romanie; Ugo, Japon; péninsule Yorke, Australie-Méridionale, Australie.

Chalcopyrite et pentlandite (45786) : Massive, à éclat métallique; la chalcopyrite est jaune et la pentlandite est de couleur bronze. Canton de Denison, district de Sudbury, Ontario. Largeur du champ de prise de vue : 17 cm

Chalcopyrite (59382) : Tétraèdres arrondis sur de la calcite. Mines French Creek, Knauertown, comté de Chester, Pennsylvanie. Largeur du champ de prise de vue : 6 cm

Faits intéressants

Le nom du minéral a deux sources : il vient du terme grec *chalkos*, signifiant « cuivre », et du mot pyrite, à laquelle il ressemble d'ailleurs. Il semble que la chalcopyrite fut fondue pour la première fois au cours du Moyen Âge. Ce processus de chauffage et de fonte entraîne l'élimination du soufre, permettant l'extraction du fer à l'aide de sable sous forme de scorie, ou de silicate de fer vitreux, de façon à ne laisser que le métal de cuivre presque pur.

Le cuivre sert à de nombreux usages dans les domaines du câblage, de la plomberie, des matériaux de toitures et de la production d'alliages de bronze (du cuivre, de l'étain et, parfois, du plomb) et de laiton (du cuivre et du zinc). On compte parmi les alliages moins communs l'« argentan » (un mélange de cuivre, de zinc et d'argent), qui sert à fabriquer des instruments de musique, et le « bronze d'aluminium » (un mélange de cuivre et d'aluminium), qui sert à fabriquer des bijoux en raison de sa couleur dorée.

SULFURES ET ARSÉNIURES

PYRITE : Sulfure de fer : FeS$_2$

L'éclat métallique doré et séduisant de la pyrite en fait un minéral très attrayant. Malgré sa belle apparence, il s'agit d'un minéral assez commun, beaucoup moins précieux que l'or. À l'époque de la ruée vers l'or, la pyrite fut surnommée l'« or des fous ». Les cristaux de pyrite sont néanmoins d'un grand intérêt pour les collectionneurs, du moment qu'ils présentent de grandes faces cristallines caractérisées par des formes cristallines bien définies. Certains cristaux forment des cubes parfaits ou des pyramides inégales, tandis que d'autres s'assemblent en agrégats. Si certaines conditions spécifiques entrent en jeu lors du processus de fossilisation, la pyrite peut remplacer les coquilles marines et ainsi créer des fossiles dorés remarquables. Le recours aux tests du trait et de la dureté est recommandé aux fins d'identification.

Apparence

Couleur : Jaune laiton pâle, mais peut être brune lorsque ternie.
Trait : Noir-brun avec une teinte verdâtre.
Éclat et transparence : Éclat métallique luisant; opaque.
Habitus : La pyrite peut être massive, sans faces cristallines. Les cristaux de bonne qualité ont souvent la forme d'un cube, d'un octaèdre ou d'un dodécaèdre pentagonal.

Pyrite (46954) : Forme cubique dans de la néphéline blanche. Carrières Demix et Poudrette, Mont-Saint-Hilaire, comté de Rouville, Québec. Largeur du champ de prise de vue : 5 cm

Propriétés physiques

Dureté : Dure (6).
Densité : Élevée (5,0 g/cm^3).
Cassure : Fragile, sans faces de clivage égales.
Test : Produit des étincelles lorsqu'on la frappe avec de la pyrite ou un objet de fer.

Minéraux semblables

Pyrite (56682) : Cristaux octaédriques. Mine Santiago de la Libertad, Quiruvilca, province de Santiago de Chuco, Pérou. Largeur du champ de prise de vue : 8 cm

L'or (p. 18) est un minéral plus tendre, pas aussi fragile, et son trait est de couleur jaune doré. La pyrite a une teinte argentée plutôt qu'une couleur dorée réelle, et son trait est plus foncé.

La chalcopyrite (p. 42) peut ressembler à la pyrite lorsque cette dernière est ternie, mais la pyrite est plus dure.

La marcasite (p. 48) est très semblable à la pyrite, mais sa couleur est d'un jaune moins intense.

Venues

On trouve de la pyrite dans tous les types de roches; elle est aussi associée à des minéraux métallifères comme la magnétite. La pyrite est le type de minéral que l'on retrouve le plus souvent dans les sulfures, soit les minéraux contenant du soufre.

Meilleurs emplacements au Canada : Des cristaux pouvant atteindre la taille de 25 cm ont été trouvés à Snow Lake, au Manitoba. Des cubes de pyrite renfermant des inclusions de tourmaline (p. 188) proviennent de Marmora, comté de Hastings, Ontario; Nunavut.

Autres emplacements : On trouve des cristaux aux formes étranges et exceptionnelles aux endroits suivants : des cubes parfaits unis de Navajun, Logrono, Espagne; des cristaux octaédriques de Huanzala, Huanuco, Pérou; et des cristaux complexes de la forme d'un dodécaèdre pentagonal de Rio Marina, île d'Elbe.

Faits intéressants

Le nom du minéral vient du mot grec *pyr*, qui signifie « feu », par allusion au fait qu'il produit des étincelles lorsqu'on le frappe. Bien que du fer (Fe) fasse partie de sa composition chimique, la pyrite n'est pas souvent exploitée aux fins de production de fer; elle est plutôt une importante source de soufre (S), qui est utilisé dans la production de l'acide sulfurique. L'ironie du sort est que la pyrite, qui nous cause un tel désappointement lorsqu'on la confond avec de l'or, peut effectivement contenir de petites quantités d'or dans certains gisements. Cette source d'or se prête à la récupération, une opération qui peut s'avérer très profitable.

Pyrite (46449) : Coquille de brachiopode remplacée par de la pyrite dans du shale noir. Région du mont Saint-Bruno, comté de Chambly, Québec. Largeur du champ de prise de vue : 5 cm

Pyrite (83605) : Cristal complexe dont la forme cristalline dominante est celle d'un dodécaèdre pentagonal avec celle d'un cube (forme rectangulaire) sur certains cristaux. Mine Nanisivik, Nanisivik, île de Baffin, Nunavut. Largeur du champ de prise de vue : 9,5 cm

SULFURES ET ARSÉNIURES
MARCASITE : Sulfure de fer : FeS_2

La marcasite et la pyrite sont des minéraux polymorphes (plus d'une forme), ce qui signifie qu'ils ont la même composition chimique, mais que les atomes de leur structure atomique sont disposés différemment. Il s'agit, en effet, d'un des meilleurs exemples de polymorphisme, car ces deux minéraux sont très communs. La marcasite se forme dans des milieux à température plus basse que la pyrite et elle se présente sous forme de masses récemment mises en place dans des fonds de lacs.

Il n'est pas surprenant de voir que la marcasite et la pyrite se ressemblent mais, puisqu'elles n'ont pas la même structure cristalline, on peut également remarquer qu'elles présentent certaines différences bien distinctes au niveau de leurs faciès cristallins et quelques différences moins importantes au niveau de leurs propriétés physiques. La marcasite est connue pour sa propension à remplacer d'autres minéraux comme la pyrite, le gypse et la fluorite dans des pseudomorphes. Les atomes de fer et de soufre au sein de la structure atomique de la marcasite remplacent les atomes du minéral original, créant ainsi un pseudomorphe.

Apparence

Couleur : Jaune laiton pâle, mais la couleur devient légèrement plus foncée dans le cas d'un spécimen altéré.
Trait : Noir grisâtre.
Éclat et transparence : Éclat métallique; opaque.
Habitus : Souvent des cristaux de formes variées : les cristaux prismatiques et tabulaires sont assez communs et ont souvent des faces bombées; des agrégats maclés peuvent être lancéolés ou peuvent avoir une forme en crête-de-coq. La marcasite peut aussi être massive lorsqu'associée à des faciès stalactitiques ou arrondis.

Propriétés physiques

Dureté : Dure (6–6½).
Densité : Moyenne (4,9 g/cm^3).
Cassure : Fragile, avec un clivage distinct et une cassure conchoïdale sur les plans sans clivage.
Test : La couleur et la dureté sont des propriétés importantes. Une odeur de soufre accompagne la détérioration (oxydation à l'air) d'un spécimen à l'état de poudre blanche.

Minéraux semblables

La pyrite (p. 46) n'a pas de clivage et elle est habituellement d'un jaune plus intense que la marcasite.

La marcasite est plus sujette à la détérioration que la pyrite; il se peut donc qu'elle porte des croûtes de sulfates jaunâtres.

La chalcopyrite (p. 42) est plus tendre (3½–4 sur l'échelle de Mohs) que la marcasite.

Venues

La marcasite se manifeste le plus souvent dans des milieux sédimentaires sous forme de cristaux ou de masses dans du calcaire, du shale ou de l'argile. Dans les milieux ignés, on la trouve aux endroits où elle aura été mise en place avec la sphalérite et la galène par des solutions hydrothermales de basse température.

Meilleurs emplacements au Canada : Inuvik, Territoires du Nord-Ouest; mine McLeod, Wawa, canton de Chabanel, district d'Algoma, Ontario.

Autres emplacements : Shullsburg, Wisconsin, É.-U.; Rosiclare, comté de Hardin, Illinois, É.-U.; district de Joplin, Missouri, É.-U.; comté de Ross, Ohio, É.-U.; Picher, Oklahoma, É.-U.; Misburg, Saxonie, Allemagne; Vintirov, Bohême, République tchèque; Cavnic, Roumanie.

Faits intéressants

Le nom du minéral vient de *marcasita* et désigne tous les minéraux s'apparentant à la pyrite. Un point qui vient davantage troubler l'histoire de la marcasite et de la pyrite est le fait que les soi-disant « bijoux de marcasite » ne sont pas confectionnés à partir de marcasite, mais plutôt de pyrite. La marcasite finit par se détériorer jusqu'à l'état d'une fine poudre blanche jaunâtre, la rendant ainsi un spécimen de minéral que les collectionneurs ont de la difficulté à conserver pour de longues périodes de temps. La détérioration est encore plus prononcée chez les spécimens à grain fin ou dans des conditions d'humidité élevée. Cette oxydation, qui prend parfois le nom de « maladie de la pyrite », à pour effet de produire de l'acide sulfurique susceptible d'attaquer l'étiquette de l'échantillon ainsi que la cuvette qui le contient.

Marcasite (36329) : Habitus en forme de crête-de-coq. Mine Helen, Wawa, canton de Chabanel, district d'Algoma, Ontario. Largeur du champ de prise de vue : 7 cm.

SULFURES ET ARSÉNIURES

PYRRHOTITE : Sulfure de fer : $Fe_{1-x}S$

La pyrrhotite est un minéral commun que l'on retrouve dans les gisements de minerai de cuivre et de nickel. Elle fait partie d'une série de minéraux sulfurés de couleur jaune laiton qui comprend la pyrite, la marcasite, la pentlandite et la chalcopyrite. Sa formule chimique peut vous sembler étrange en raison de la présence d'une quantité variable de fer. Jusqu'à présent, on a pu établir que le minéral possède cinq variétés différentes de structure cristalline. La pyrrhotite à carence en fer est magnétique. Cela peut vous sembler contradictoire puisque, en général, ce sont les composés plus riches en fer qui ont des propriétés magnétiques plus prononcées. Cette carence en fer, caractérisée par la présence d'électrons libres qui transmettent le magnétisme, est à l'origine de ce phénomène. Les cristaux sont rares et donc recherchés par les collectionneurs.

Apparence

Couleur : Jaune bronze sur une surface fraîche, mais devient rapidement brun en ternissant; montre souvent une irisation.
Trait : Noir à gris foncé.
Éclat et transparence : Éclat métallique; opaque.
Habitus : Souvent massive, mais on peut aussi trouver des cristaux prismatiques hexagonaux.

Propriétés physiques

Dureté : Moyenne (4).
Densité : Élevée (4,6 g/cm^3).
Cassure : Fragile, sans clivage distinct et avec une cassure inégale.
Test : Habituellement magnétique, mais l'intensité peut varier. Il est préférable de mesurer cette propriété sur de petits fragments.

Pyrrhotite (30118) : Cristaux prismatiques hexagonaux et trapus sur des cristaux de quartz transparent. Mine Bluebell, Riondel, district de Kootenay, Colombie-Britannique. Largeur du champ de prise de vue : 8 cm

Pyrrhotite (31933) : Massive, granulaire avec indices d'un pinacoïde de base propre aux cristaux prismatiques. Mine Strathcona, bassin de Sudbury, canton de Levack, district de Sudbury, Ontario. Largeur du champ de prise de vue : 14 cm

Minéraux semblables

La pyrite (p. 46) est plus dure (6 sur l'échelle de Mohs), non magnétique, de couleur plus claire et son trait a une teinte légèrement verdâtre.

La chalcopyrite (p. 42) est de couleur jaune laiton, donc de couleur plus claire et son trait a une teinte légèrement verdâtre.

La pentlandite (p. 52) a un trait jaune bronzé et n'est pas magnétique.

Venues

La pyrrhotite est le plus souvent présente dans des roches ignées et les filons qui leur sont associés. On en trouve aussi associée à la pyrite, la galène, la chalcopyrite et la pentlandite.

Meilleurs emplacements au Canada: Des cristaux brillants dont la taille peut atteindre 10 cm ont été trouvés à la mine Bluebell, district de Riondel, Colombie-Britannique; mine Henderson n° 2, canton de McKenzie, comté d'Abitibi, Québec; mine Thompson, Manitoba.

Autres emplacements: Santa Eulalia, Chihuahua, Mexique; Belo Horizonte, Minas Gerais, Brésil; Baia Sprie, Roumanie; Trepca, Yougoslavie.

Faits intéressants

Le nom du minéral vient du mot grec *pyrrotes*, « rougeâtre », par allusion à sa teinte rouge très faible, semblable à celle que l'on voit dans le bronze.

La pyrrhotite n'a aucune valeur en tant que minerai de fer, car les émissions sulfureuses qui accompagnent sa fonte causent de sérieux problèmes environnementaux. Sa formule chimique nous indique que les atomes de fer sont toujours moins nombreux que les atomes de soufre. Ce manque d'équilibre au niveau de sa composition chimique confère à la pyrrhotite ses propriétés magnétiques. Les météorites renferment du FeS à l'état pur, mais il s'agit alors d'une espèce minérale distincte, la troïlite.

Entre 1956 et 1991, les scories, surtout du silicate de fer provenant du traitement des minerais de cuivre et de nickel, ont été traitées afin de permettre la récupération du fer des minerais de Sudbury.

SULFURES ET ARSÉNIURES
PENTLANDITE : Sulfure de fer et de nickel : (Fe,Ni)$_9$S$_8$

Bien que la pentlandite soit un important minerai métallifère de nickel, elle est malheureusement difficile à reconnaître. Elle fait partie d'un groupe de plusieurs minéraux sulfurés de couleur bronze sans forme cristalline distinctive. On la retrouve souvent étroitement associée à un des minéraux qui lui ressemble, soit la pyrrhotite, la pyrite et la chalcopyrite. Identifier de la pentlandite exige beaucoup de pratique. Avant la découverte des diverses utilisations importantes auxquelles se prête le nickel, on considérait la pentlandite un minéral gênant car sa présence entravait la production efficace du cuivre.

Apparence

Couleur : Jaune bronze clair.
Trait : Jaune bronze.
Éclat et transparence : Éclat métallique; opaque.
Habitus : Massif à granulaire.

Propriétés physiques

Dureté : Moyenne (3½–4).
Densité : Modérément élevée (4,8 g/cm^3).
Cassure : Fragile, avec une cassure conchoïdale; la surface brisée paraît parfois angulaire en raison d'une séparation le long du plan de macle.
Test : La couleur et la dureté.

Minéraux semblables

La couleur de la chalcopyrite (p. 42) est plus cuivrée, jaune ou dorée.
La pyrrhotite (p. 50) est de couleur très semblable, mais elle est souvent magnétique.
La pyrite (p. 46) est plus dure (6 sur l'échelle de Mohs) et de couleur jaune laiton pâle.

Venues

On trouve la pentlandite dans des gisements de minerais sulfurés massifs associés à la pyrite, la chalcopyrite et la pyrrhotite. Ce genre de gisement sulfuré est associé aux roches basiques.

Meilleurs emplacements au Canada : Mine Giant Mascot, district de Yale, Colombie-Britannique; mine Thompson, Manitoba; mines Copper Cliff South, Creighton et Strathcona, district de Sudbury, Ontario.
Autres emplacements : Outokumpo, Finlande; mine de nickel Carr Boyd, Australie-Occidentale, Australie.

Faits intéressants

Le minéral porte ce nom en honneur du naturaliste irlandais Joseph Barclay Pentland (1797–1873) qui le premier a noté la présence du minéral dans les minerais de nickel de Sudbury au cours des années 1850. Au début, on croyait que les minerais provenant de la région de Sudbury étaient sans valeur car ils produisaient le « kupfernickel » (nickéline) redouté lorsqu'ils étaient fondus. Deux cent ans auparavant, les mineurs saxons avaient donné ce nom au métal de cuivre et de nickel dur, de couleur claire et peu malléable que l'affinage de leurs minerais produisait. Ils espéraient pouvoir récupérer le *kupfer*, ou cuivre, plus malléable, mais ils furent désappointés; c'est pourquoi ils blâmèrent le diable (que les saxons appelaient « Old Nick »), croyant que ce dernier avait jeté sur leur minerai un sort qui le rendait inutilisable.

La fabrication de l'acier inoxydable est sans doute l'utilisation la plus répandue du nickel. Plus récemment, une nouvelle série de « superalliages », composés surtout de nickel, ont été mis au point, qui peuvent endurer des températures très élevées (jusqu'à 1100 ºC) et résister à la corrosion. Ces superalliages entrent dans la fabrication des turbines d'aéronefs, des moteurs-fusées, des réacteurs nucléaires et des engins spatiaux.

Pentlandite (32110) : Pentlandite jaune laiton pâle avec de la chalcopyrite jaune tachée de bleu. Copper Cliff, district de Sudbury, Ontario. Largeur du champ de prise de vue : 22 cm

SULFURES ET ARSÉNIURES
ARSÉNOPYRITE : Sulfure d'arsenic et de fer : FeAsS

L'arsénopyrite est non seulement le minéral arsénié le plus commun, mais aussi un minerai d'arsenic. On n'exploite pas le minerai spécifiquement pour son contenu en arsenic, car une quantité suffisante de cet élément provient, sous forme de sous-produit, d'autres activités minières. L'arsénopyrite est un minéral attrayant, aux cristaux brillants et bien définis. Lorsque chauffé, le minéral dégage des fumées toxiques, mais on peut le manipuler et l'entreposer dans une collection sans danger, du moment qu'on le fasse dans des conditions de températures normales. Il s'agit d'un minéral qu'il est important de reconnaître, car il est parfois associé à l'or.

Apparence

Couleur : Blanc argenté à gris acier.
Trait : Noir à gris foncé.
Éclat et transparence : Éclat métallique luisant; opaque.
Habitus : Souvent des cristaux rhombiques en forme de diamant avec des faces marquées de stries.

Propriétés physiques

Dureté : Dure (5–6).
Densité : Élevée (6,1 g/cm^3).
Cassure : Fragile, avec un clivage distinct et une cassure inégale sur les faces sans plans de clivage.
Test : La couleur et la dureté.

Arsénopyrite (41062) : Arsénopyrite massive avec de la chalcopyrite jaune laiton. Mine Nigadoo River, comté de Gloucester, Nouveau-Brunswick. Largeur du spécimen : 7 cm

Minéraux semblables

La galène (p. 56) est plus tendre (2 sur l'échelle de Mohs) et ses trois plans ont un clivage parfait.

La stibine (p. 62) est plus tendre (2 sur l'échelle de Mohs) et son trait est gris acier. Les stries sur les cristaux de stibine s'alignent longitudinalement, alors que celles sur les cristaux d'arsénopyrite sont transversales à la face en forme de diamant.

La cobaltite (p. 40) a des cristaux cubiques alors que ceux de l'arsénopyrite sont rhombiques (en forme de diamant).

Venues

L'arsénopyrite se présente dans les filons de remplissage de fracture mis en place par des solutions hydrothermales à haute température et associés à l'or et au quartz.

Meilleurs emplacements au Canada : La mine Bluebell, Riondel, district de Kootenay, Colombie-Britannique, recèle d'excellents cristaux rhombiques pouvant atteindre 2 cm; l'exploitation à ciel ouvert Sigma n° 2, comté d'Abitibi, au Québec, a des prismes de forme allongée.

Autres emplacements : Des groupes de cristaux fins de Santa Eulalia, Mexique; Panasqueira, Portugal; Trepca, Serbie.

Faits intéressants

Le nom du minéral vient d'une contraction du mot allemand qui signifie « pyrites arsenicales ». Depuis l'époque de l'alchimiste Albert le Grand (XIIIe siècle), différents types de métaux « incomplets » étaient déjà connus. Il s'agissait de minéraux qui, malgré leur éclat métallique, ne possédaient aucune autre des propriétés d'un métal, telle, par exemple, la malléabilité. On donna donc le nom général de *marchasita* à ce groupe de minéraux, qui incluait la pyrite, la marcasite, l'arsénopyrite, la cobaltite et la stibine. Des descriptions assez vagues, tels les termes « doré », « argenté », « métallique » ou « pesant », permettaient de les différencier. Bien que ces minéraux aient eu l'aspect de minerais, ils ne manquaient jamais de désappointer les prospecteurs et les métallurgistes qui, au lieu de recueillir un métal désirable lorsqu'ils les faisaient chauffer dans un four, ne récoltaient pour leurs efforts que des fumées nocives.

L'arsenic, en tant qu'élément, a été utilisé par l'homme depuis déjà plus de deux milles ans. Parmi ses toutes premières utilisations, l'arsenic à servi à empoisonner et à embaumer. De nos jours, l'arsenic est utilisé en agriculture, car il entre dans la composition des pesticides et des herbicides. Le bois et les peaux d'animaux sont traités à l'aide de composés d'arsenic afin de les protéger contre les champignons. On se sert également de cet élément en tant que matière colorante pour les compositions pyrotechniques et en tant qu'alliage dans les lasers supraconducteurs et dans les appareils d'éclairage à diode électroluminescente (DEL). De petites quantités d'arsenic entrent dans la composition de médicaments anti-parasitiques et servent au traitement de certains types de leucémie.

Arsénopyrite (31210) : Cristaux striés d'arsénopyrite en forme de losange sur de la galène grise et arrondie entourés de calcite blanche. Mine Bluebell, Riondel, district de Kootenay, Colombie-Britannique. Largeur du champ de prise de vue: 7 cm

SULFURES ET ARSÉNIURES
GALÈNE : Sulfure de plomb : PbS

La galène se manifeste sous forme de cristaux spectaculaires aux faces brillantes et souvent en escalier. La forme caractéristique des cristaux est celle d'un cube parfait et le clivage est également cubique. La disposition des atomes dans la structure cristalline de la galène est la même que celle de l'halite (sel). Les faces en escalier sont un bon exemple d'un cristal dont la croissance se fait par addition de mailles. Le poids ou la pesanteur est une propriété physique mémorable qui nous porte à l'apparenter au plomb. La galène est le minerai principal du plomb.

Apparence

Couleur : D'une couleur gris argent semblable à celle du plomb mat.
Trait : Gris plomb.
Éclat et transparence : Éclat métallique brillant; opaque.

Galène (32421) : Cristaux de galène à grandes faces octaédriques de forme triangulaire que modifient de petites faces cubiques carrées. Les petits cristaux de sphalérite résineux de couleur orange sur une base de calcite sont à remarquer. Joplin, comté de Jasper, Missouri. Largeur du champ de prise de vue : 5 cm

Galène (85368) : Cristaux cubiques de galène avec une petite face octaédrique à chaque coin. Mine Polaris, Petite île Cornwallis, Nunavut. Largeur du champ de prise de vue : 12 cm

Habitus : La galène se manifeste habituellement sous forme de cristaux cubiques qui, parfois, ont des faces octaédriques.

Propriétés physiques

Dureté : Moyenne (2½).
Densité : Élevée (7,6 g/cm^3).
Cassure : Fragile, avec des faces de clivage cubique parfait.
Test : Le trait est important, ainsi que le clivage facile et parfait.

Minéraux semblables

La stibine (p. 62) est plus tendre, moins fragile et a un trait gris-noir. La stibine est aussi un minéral plus léger que la galène.

La molybdénite (p. 60) est de forme lamellaire, souvent hexagonale; elle est flexible et dotée d'un seul bon clivage.

Venues

La galène est présente dans les filons hydrothermaux souvent associés à la sphalérite, la pyrite et la chalcopyrite.

Meilleurs emplacements au Canada : Mine Bluebell, district de Kootenay, Colombie-Britannique; mine Sa Dena Hess, lac Watson, Yukon; mine Polaris, Petite île Cornwallis, Territoires du Nord-Ouest; mine Nanisivik, île de Baffin, Nunavut; carrière Dundas, canton de Flamborough, comté de Wentworth, Ontario; Mount Pleasant, comté de Charlotte, Nouveau-Brunswick.

Autres emplacements : Des groupes spectaculaires proviennent du district Tri-State, y compris certaines parties du Kansas, du Missouri et de l'Oklahoma, É.-U.; Rossie, État de New York, É.-U.; Naica, Chihuahua, Mexique; Bleiberg, Autriche; Madan, Bulgarie; Freiberg, Saxe, Allemagne; Brod et Trepca, Yugoslavie.

Faits intéressants

Le nom du minéral vient du mot latin *galena*, ce qui signifie « minerai de plomb ». La galène est de loin le plus important minerai de plomb.

On a recours au plomb pour se protéger des radiations et, autrefois, le plomb était un composant important de la peinture et de la gazoline. Il est également utilisé dans la fabrication des verres en cristal, dans le but d'augmenter l'indice de réfraction du verre afin de produire un merveilleux jeu de couleurs. La structure atomique de la galène peut incorporer l'argent, ce qui en fait donc aussi un important minerai de l'argent. Au cours des années 1940 et 1950, les postes de radio commandés par cristal faisaient le plaisir des petits et des grands et ce sont des cristaux de galène qui leur servaient de semiconducteur. Cette découverte est à l'origine du développement phénoménal qu'à connu l'industrie de l'électronique.

Galène (32619) : Galène brisée montrant des plans de clivage cubique parfait, avec de la calcite blanche. Mine Kingdon, Galetta, canton de Fitzroy, comté de Carleton, Ontario. Largeur du champ de prise de vue : 10 cm

SULFURES ET ARSÉNIURES
MOLYBDÉNITE : Sulfure de molybdène : MoS_2

Jusqu'à la fin du XVIIIe siècle, on se méprenait sur l'identification de ce minéral avec le plomb, la galène et le graphite. On peut encore facilement se méprendre, mais la molybdénite est très brillante, luisante et lamellaire. De très beaux spécimens en forme de lamelles et de roses hexagonales ont été trouvés.

Apparence

Couleur : Gris plomb luisant avec une teinte bleuâtre.
Trait : Gris avec une teinte verdâtre.
Éclat et transparence : Éclat métallique luisant; opaque.
Habitus : Feuillets minces habituellement foliés ou pliés, souvent caractérisés par un profil hexagonal. La molybdénite est parfois massive.

Propriétés physiques

Dureté : Tendre (1–1½); grasse au toucher.
Densité : Élevée (4,7 g/cm^3).
Cassure : Flexible, mais non élastique (peut être courbée et reste courbée). Un plan de clivage parfait parallèle aux feuillets.
Test : Le trait, la couleur, le clivage parfait et les feuillets flexibles sont des propriétés physiques importantes.

Molybdénite (33459) : Métallique, gris acier avec un clivage parfait. Région de Maniwaki, canton d'Egan, comté de Gatineau, Québec. Largeur du spécimen : 8 cm

Minéraux semblables

Le graphite (p. 30) est de dureté et de clivage semblable, mais son trait est gris noir. La couleur du graphite est plutôt gris noir, alors que la molybdénite possède une teinte bleuâtre et sa surface est plus réfléchissante ou luisante.

La galène (p. 56) a trois clivages parfaits, alors que la molybdénite n'en possède qu'un seul. La couleur et le trait de la galène sont gris mat, alors que la molybdénite est d'un gris plus luisant et son trait a une teinte verdâtre.

Venues

On trouve de la molybdénite dans plusieurs milieux géologiques, notamment dans les filons hydrothermaux de haute température et dans les roches formées dans un contexte de métamorphisme de contact.

Meilleurs emplacements au Canada : Mine Spain, canton de Griffith, comté de Renfrew, Ontario; Enterprise, canton de Sheffield, comté de Lennox and Addington, Ontario; mine Moly Hill, Malartic, comté d'Abitibi, Québec; lac Bear, canton de Litchfield, comté de Pontiac, Québec.

Autres emplacements : Mine Crown Point, comté de Chelan, État de Washington, É.-U.; Kingsgate, Nouvelle-Galles du Sud, Australie; camp Wolfram, Queensland, Australie; mine Tae Hwa, Corée du Sud; mine Hirase, préfecture de Gifu, Japon.

Faits intéressants

Le nom du minéral vient du grec *molybdos*, ce qui signifie « semblable au plomb ». Le molybdène, en tant qu'élément, est le composant principal de la molybdénite.

On se sert de la molybdénite dans la fabrication des lubrifiants. Ce minéral métallifère est la principale source de molybdène métallique, dont on se sert principalement dans la production d'alliages en acier résistants à la chaleur et à la corrosion. Le molybdène fournit aussi des pigments, dont la gamme de couleurs varie du jaune au rouge et qui entrent dans la fabrication de la peinture, des encres, des matières plastiques et des composés en caoutchouc. Une petite quantité de molybdène est présente dans le sol et joue un rôle important dans la croissance des plantes. Cet élément est essentiel aux plantes fixatrices de l'azote et certains animaux dépendent du molybdène pour décomposer leur nourriture afin que leur corps puisse en bénéficier.

Molybdénite (55595) : Cristal hexagonal lamellaire sur du quartz. Mine Moly Hill, canton de La Motte, comté d'Abitibi, Québec. Largeur du champ de prise de vue : 5 cm

SULFURES ET ARSÉNIURES

STIBINE : Sulfure d'antimoine : Sb_2S_3

Ce minéral attrayant forme de longs cristaux argentés très effilés. Il constitue le minerai principal de l'antimoine. Des agrégats de cristaux remarquables ont été trouvés dans plusieurs régions du monde, qui se vendent à des prix considérables auprès des collectionneurs; il faut cependant manipuler ces spécimens avec grand soin car ils sont extrêmement fragiles.

Apparence

Couleur : Gris argenté, souvent avec une ternissure noirâtre.
Trait : Gris plomb.
Éclat et transparence : Éclat métallique luisant; opaque.
Habitus : Cristaux longs et effilés avec des stries sur la longueur.

Propriétés physiques

Dureté : Tendre (2).
Densité : Moyenne (4,6 g/cm^3).
Cassure : Fragile, avec un bon plan de clivage parallèle à l'axe longitudinal des cristaux.
Test : La couleur, le trait et l'éclat sont des propriétés importantes.

Minéraux semblables

La galène (p. 56) est plus argentée que grise et a trois clivages parfaits, alors que la stibine n'a qu'un seul bon clivage. La galène est plus lourde que la stibine.

L'arsénopyrite (p. 54) est plus dure et sa face en forme de diamant est marquée de stries.

Le graphite (p. 30) est plus noir et son trait est également noir, alors que la stibine est de couleur plus grise et son trait, lui aussi, est gris. Le graphite est gras au toucher.

Venues

On trouve la stibine dans les gisements hydrothermaux de basse température.
Meilleurs emplacements au Canada : Lac George, comté de York, Nouveau-Brunswick; Lac-Nicolet, comté de Wolfe, Québec; mine Gray Rock, district de Lillooet, Colombie-Britannique.
Autres emplacements : Manhatten, comté de Nye, Nevada, É.-U.; Blackbird, comté de Lemhi, Nevada, É.-U.; Baia Sprie, Roumanie; Ichinokawa, île de Shikoku, Japon; Hunan, Chine; Oruro, Bolivie.

Faits intéressants

Le nom « stibine » fait allusion à son contenu en antimoine; en effet, le mot latin *stibnium* est l'ancien nom de l'élément antimoine et on utilise toujours le symbole chimique Sb pour le représenter.

Les anciens Égyptiens réduisaient la stibine en poudre, puis l'appliquaient sur leurs paupières afin que leurs yeux paraissent plus grands et pour leur donner une apparence métallique de couleur gris argenté. Les Égyptiens avaient donné à la stibine le nom de *stm*, ce qui signifie « antimoine en poudre ».

L'antimoine est utilisé dans des alliages, notamment le potin, le métal servant à la fabrication des caractères d'impression et le métal anti-friction destiné aux freins. Des composés d'antimoine servent à la fabrication d'explosifs, de compositions pyrotechniques et d'allumettes, ainsi qu'à la vulcanisation du caoutchouc et, dans le domaine de la médecine, ils servent à provoquer le vomissement.

Stibine (82157) : Gerbe de cristaux aciculaires. Baia-Sprie, Muramures, Roumanie. Largeur du spécimen : 5 cm

SULFURES ET ARSÉNIURES

COBALTITE : Sulfure d'arsenic et de cobalt : CoAsS

La cobaltite est un important minerai de cobalt aux nombreux usages qui, soit sont bénéfiques, soit ne le sont point. Il y a plusieurs minéraux de cobalt qui tous sont de couleur argentée, durs et lourds; la cobaltite est de loin le plus commun. Les minéraux de cobalt sont souvent caractérisés par des signes d'altération chimique qui se manifestent par une couleur rosâtre. Les minéralogistes ont donné à ce phénomène le nom d'« érythrite ».

Apparence

Couleur : Gris argenté, devenant légèrement rosâtre lorsque altérée.
Trait : Noir grisâtre.
Éclat et transparence : Éclat métallique; opaque.
Habitus : Le plus souvent massif, mais souvent aussi en cristaux de formes variées, notamment des cubes, des octaèdres ou des dodécaèdres pentagonaux.

Propriétés physiques

Dureté : Dure (5½).
Densité : Élevée (6,0 g/cm^3).
Cassure : Fragile, avec un clivage distinct selon trois directions, formant ainsi un cube.
Test : La couleur et la dureté sont des propriétés importantes.

Minéraux semblables

La pyrite (p. 46) présente des formes cristallines semblables, mais elle est de couleur jaune laiton alors que la cobaltite est gris argent.
Le trait de l'arsénopyrite (p. 54) est plus foncé et son faciès cristallin en forme de diamant est différent. Le phénomène de l'« érythrite » n'est pas associé à l'arsénopyrite.

Venues

La cobaltite se manifeste dans les filons hydrothermaux de haute température associés à l'argent, la chalcopyrite et la pyrite.

Meilleurs emplacements au Canada : Mine Merry Widow, île de Vancouver, Colombie-Britannique; mine French, district de Similkameen, Colombie-Britannique; rivière Bonnet Plume, Yukon; Cobalt, canton de Coleman, district de Timiskaming, Ontario; canton de Foster, district de Sudbury, Ontario.
Autres emplacements : Håkansboda, Västmanland, Suède; Tunaberg, Södermanland, Suède; mines Skutterud, Modum, Norvège.

*Cobaltite (OJ 1566) : Cristal en forme de dodécaèdre pentagonal. Un cristal à 12 côtés dont chaque face a la forme d'un pentagone. Håkansboda, Suède.
Largeur du cristal : 4 cm*

Faits intéressants

Le nom du minéral vient du mot allemand *kobold*, ce qui signifie « esprit souterrain » ou « gnome ». Les affineurs allemands considéraient le cobalt un minéral ensorcelé parce que, dès leurs premiers essais, ils ont éprouvé de la difficulté à le travailler. Le minéral n'était pas facile à faire fondre.

Le cobalt-60 est un isotope du cobalt produit artificiellement; il émet des rayons gamma que l'on utilise pour le traitement du cancer et la stérilisation des aliments. Le premier appareil de traitement thérapeutique au cobalt-60 a été fabriqué au Canada. Cet isotope, lorsqu'il est incorporé dans des « bombes sales », sert à accroître la quantité de retombées radioactives destructrices.

Les sels de chlorure de cobalt sont utilisés pour colorer le verre et lui donnent une belle couleur bleu intense. L'importance du rôle que joue la vitamine B_{12} dans la production des globules rouges est bien connue, mais saviez-vous que le cobalt est un élément essentiel de cette vitamine? La vitamine B_{12} est effectivement connue sous le nom de « cobalamine ».

Quelles contradictions ne remarque-t-on pas dans les usages du cobalt, que se soit de son rôle dans le traitement du cancer et la production de vitamines à son rôle dans la fabrication de « bombes sales » et de pièces d'artillerie.

Cobaltite (46245) : Cristaux de cobaltite de forme cubique et octaédrique. L' « érythrite » rose est à remarquer. Concessions minières Pnerd, rivière Bonnet Plume, Yukon. Largeur du spécimen : 5 cm

Cobaltite (33007) : Fraîchement brisée, massive, gris argenté et à éclat métallique. Cobalt, canton de Coleman, district de Timiskaming, Ontario.
Longueur du spécimen : 15 cm

OXYDES

HÉMATITE : Oxyde de fer : Fe_2O_3

L'hématite est le minerai de métal de fer le plus commun. En raison de sa couleur rouge très attrayante, elle sert à la fabrication de cosmétiques et de pigments depuis les temps les plus reculés jusqu'à nos jours. Des cristaux hexagonaux tabulaires d'hématite prennent le nom de « roses de fer », tandis qu'on donne aux formes botryoïdes le nom de « minerai en rognons » et aux cristaux ou aux masses noires à éclat métallique luisant le nom de « spécularite ». Toutes ces variétés d'hématite sont recherchées par les collectionneurs.

Apparence

Couleur : Gris acier (les cristaux et la variété « spécularite ») à rouge vif.
Trait : Rouge à brun rougeâtre.
Éclat et transparence: Éclat métallique mat et terreux à luisant (la variété « spécularite »); opaque.
Habitus : Habituellement massif, mais on trouve à l'occasion des cristaux en forme de pyramide. À l'occasion, l'hématite peut aussi prendre des formes arrondies (botryoïdes), parfois caractérisées par une texture rayonnante sur la surface brisée.

Propriétés physiques

Dureté : Les variétés terreuses compactes sont tendres alors que les cristaux sont durs (5–6).
Densité : Élevée (5,3 g/cm^3).
Cassure : Les cristaux sont très fragiles et n'ont pas de faces de clivage.
Test : Trait rouge, non magnétique sauf sous forme de poudre.

Minéraux semblables

La magnétite (p. 74) a un trait noir et est fortement magnétique.
Le rutile (p. 118) a un trait plus jaune à brun pâle et n'est pas du tout magnétique.
Le trait de l'ilménite (p. 78) est plus brun virant au noir, mais moins rouge.

Venues

L'hématite se présente sous forme d'énormes gisements sédimentaires dans la région du lac Supérieur, dans le nord de l'Australie-Occidentale et à Itabira, au Brésil. Dans certains cas, ces gisements sédimentaires sont métamorphisés. L'hématite est également fort répandue dans les roches ignées, mais en petites quantités.

Meilleurs emplacements au Canada : Des cristaux pointus de 3 cm proviennent de la baie Hadley, île Victoria, Nunavut; Freilighsburg, comté de Missisquoi, Québec; Gooderham, canton de Cavendish, comté de Peterborough, Ontario; mine de fer Wallberg, canton de Madoc, comté de Hastings, Ontario.

Autres emplacements : Monts Dome Rock, comté de La Paz, Arizona, É.-U.; comté d'Iron, Wisconsin, É.-U.; comté de Fowler, comté de St. Lawrence, État de New York, É.-U.; St-Gotthard, Suisse; Livorno, Toscane, Italie; Etna, Sicile, Italie; province du Cap, Afrique du Sud; Itabira, Minas Gerais, Brésil. Minerai en forme de rognons provenant de Cumbria, Angleterre.

Hématite (34126) : Variété « spécularite » à éclat métallique. Comté de St. John, Nouveau-Brunswick. Largeur du spécimen : 9 cm

Hématite (53670) : Variété terreuse de couleur rouge et à habitus pisolitique. Knob Lake Junction, Labrador, Terre-Neuve. Longueur du spécimen : 14 cm

Hématite (51113) : Botryoïde avec un éclat submétallique luisant. Comté de Cumbria, Angleterre. Largeur du spécimen : 9 cm

Faits intéressants

La racine du nom « hématite » vient du mot grec *aima*, « sang », par allusion à sa couleur.

Les anciens Égyptiens (3000 av. J.-C.) attribuaient plus de valeur au fer qu'à l'or ou à l'argent. Le « fer natif » provenait des météorites, car aucune méthode n'avait encore été mise au point pour l'extraire de minéraux comme l'hématite. On a commencé à extraire le métal contenu dans les minerais dans les régions de l'Anatolie et de la Perse vers 2000 av. J.-C.

Quand l'hématite (oxyde de fer) est combinée à d'autres oxydes métalliques, comme le nickel et le cobalt, ils produisent une série de matériaux céramiques appelés « ferrites » dont on se sert beaucoup dans la fabrication des ordinateurs.

La variété noire d'hématite polie, connue sous le nom de « spécularite », est utilisée dans la fabrication d'objets décoratifs et de bijoux. On lui donne parfois le nom de « diamant d'Alaska » (hématite noire).

En raison de sa couleur, l'hématite réduite en poudre constitue un excellent pigment qui entre dans la fabrication d'articles tels le fard rouge.

Hématite (56453) : Cristaux exceptionnels à habitus en escalier et aux surfaces striées qui forment un triangle. Piz Cavradi, Graübunden, Suisse.
Largeur du champ de prise de vue : 6 cm

OXYDES
GOETHITE : Oxyde hydraté de fer : FeO(OH)

La goethite est non seulement un minerai très commun, mais constitue également un important minerai de fer. Avec l'hématite et la « limonite », elle fait partie des principaux minéraux métallifères de fer que l'on retrouve dans de vastes gisements sédimentaires, tels ceux de la chaîne Hammersly en Australie-Occidentale et dans la région du lac Supérieur au Michigan, aux États-Unis.

Goethite : Goethite massive terreuse. Vermilion Cliff, Princeton, district de Yale, Colombie-Britannique. Largeur du champ de prise de vue : 10 cm

Apparence

Couleur : Jaunâtre ou rougeâtre, brun à brun très foncé à presque noir.
Trait : Brun jaunâtre.
Éclat et transparence : Un éclat mat ou terreux est le plus fréquent, mais il peut parfois être presque métallique (submétallique). Les variétés fibreuses sont soyeuses. Les fragments minces peuvent être translucides, mais le minéral est surtout opaque.
Habitus : Souvent massif, mais peut fréquemment se présenter en formes botryoïdes arrondies à structure interne fibreuse. La goethite peut aussi se manifester sous la forme d'un agrégat pisolitique (petites sphères de la taille d'un pois) et, rarement, sous forme de cristaux prismatiques dont les faces sont marquées de stries.

Propriétés physiques

Dureté : Moyenne (5).
Densité : Moyenne (approximativement 4,0 g/cm^3).
Cassure : Les variétés cristallines sont fragiles; elles sont dotées d'un clivage parfait et d'un clivage moins bon, ainsi que d'une cassure conchoïdale sur les faces sans plans de clivage.
Test : La couleur, la dureté et la venue géologique sont importantes.

Minéraux semblables

La présence de la « limonite », qui peut être considérée une variété de goethite non cristalline (amorphe), est due au remplacement des minéraux de fer suite au processus d'altération. La « limonite » est définitivement plus jaune, de granulométrie plus fine et plus terreuse que la goethite.
L'hématite (p. 68) a un trait rouge, alors que celui de la goethite est brun jaune.

Venues

On trouve la goethite dans la plupart des régions du monde. Il s'agit d'un produit de l'altération d'autres minéraux de fer causée par l'oxydation ou la « rouille ». Elle se forme aussi par précipitation directe dans les lacs et les tourbières. L'altération en profondeur des roches dans les régions équatoriales forme des latérites riches en goethite ferreuse, aussi connues sous le nom de « limonite ».

Meilleurs emplacements au Canada : Mine George W. McLeod, région de Wawa, canton de Chabanel, district d'Algoma, Ontario; région de Londonderry, comté de Colchester, Nouvelle-Écosse.

Autres emplacements : Pikes Peak, Colorado, É.-U.; comté de Litchfield, Connecticut, É.-U.; comté de Juab, Utah, É.-U.; Cornouailles, Angleterre.

Faits intéressants

La goethite porte depuis 1789 le nom de Johann Wolfgang von Goethe en honneur de sa contribution aux mondes de la science et de la poésie. On a récemment établi la présence de goethite dans le cratère Gusev, sur Mars.

Goethite (36907) : Goethite botryoïde sur de la calcite blanche avec des cristaux de pyrite jaune laiton brillants. L'habitus fibreux rayonnant dans la goethite botryoïde cassée est à remarquer. Mine George W. MacLeod, Wawa, canton de Chabanel, district d'Algoma, Ontario. Largeur du champ de prise de vue : 7 cm

Ce phénomène indique la présence d'eau, ou sa présence antérieure, sur la planète. La fonte de la goethite en vue d'en extraire le fer est un processus qui ne porte pratiquement pas atteinte à l'environnement, car les seuls sous-produits qu'il dégage sont de l'eau et de l'oxygène.

Goethite (50917) : Mine Montreal, Montreal, comté d'Iron, Wisconsin. Largeur du champ de prise de vue: 5 cm

OXYDES

MAGNÉTITE : Oxyde de fer : Fe_3O_4

La magnétite est un minerai important du fer. Le minerai de fer le plus commun, soit l'hématite (p. 68) renferme moins de fer par unité de volume que la magnétite. La magnétite est le seul minéral qui soit si fortement magnétique qu'il peut lui-même servir d'aimant. Il fait partie du groupe de minéraux associés au spinelle (p. 110).

Apparence

Couleur : Noir.
Trait : Noir.
Éclat et transparence : Éclat métallique mat à luisant; opaque.
Habitus : Souvent massif, mais se manifeste fréquemment sous forme de cristaux. La forme cristalline la plus commune est celle d'un octaèdre à huit côtés.

Propriétés physiques

Dureté : Dure (6).
Densité : Élevée (5,2 g/cm^3).
Cassure : Fragile, avec une cassure conchoïdale et montrant parfois des plans de séparation.
Test : Elle est très magnétique. Certains échantillons de magnétite sont de véritables aimants (la variété appelée « pierre d'aimant »), puisqu'ils peuvent attirer la limaille de fer et faire dévier l'aiguille d'une boussole.

Minéraux semblables

La variété d'hématite appelée « spécularite » (p. 68) est plus dure, plus fragile, pas aussi magnétique et possède un trait rouge.
Le rutile (p. 118) et la titanite (p. 176) ne sont pas magnétiques.

Venues

La magnétite est un oxyde commun qui est présent aussi bien dans des roches ignées que dans des roches métamorphiques. On la trouve aussi associée à de l'hématite dans les grands gisements sédimentaires de la région de Pilbara en Australie-Occidentale.

Meilleurs emplacements au Canada : Des masses énormes de magnétite proviennent de l'exploitation à ciel ouvert Marmoraton près de Marmora, en Ontario. De gros cristaux octaèdres de 15 cm ont été trouvés dans la mine de sodalite Princess, canton de Dungannon, et aux mines Madawaska, canton de Faraday, comté de Hastings, Ontario; des cristaux semblables proviennent du parc de la Gatineau, canton de Hull, comté de Gatineau, Québec; Oka, comté de Deux-Montagnes, Québec.

Autres emplacements : Magnet Cove, comté de Hot Springs, Arkansas, É.-U.; Balmat, canton de Fowler, comté de St. Lawrence, É.-U.; Franklin, comté de Sussex, É.-U; district d'Iron Springs, comté d'Iron County, Utah, É.-U.; Itabira, Minas Gerais, Brésil; complexe Gardinar, Kangerlussuaq, Groenland; Binntal, Suisse; Zillertal, Autriche; Traversella, Piémont, Italie; Kashkamar, Chelyabinskaya Oblast, Russie.

Magnétite (50285) : Cristaux octaédriques bruts. Propriété de la Mine Madawaska, au lac Siddon, canton de Faraday, comté de Hastings, Ontario. Largeur du spécimen : 11 cm

Faits intéressants

Les marins du XVIe siècle attachaient un morceau de pierre d'aimant (une variété de magnétite) à une ficelle; un bout du morceau se mettait alors à indiquer le nord de façon consistante. Le nom anglais de la pierre d'aimant, « lodestone », peut provenir d'un vieux terme norse *lodestar*, nom donné à l'étoile polaire qui « guidait » les navigateurs.

Le plus gros gisement de magnétite igné se trouve dans le district de Kiruna, en Suède. Les gisements à Marmora, en Ontario, et à Tasu, dans l'île Moresby, en Colombie-Britannique, consistent de skarns minéralisés d'origine métamorphique. Déjà, au cours des années 1820, le minerai extrait à Marmora était envoyé à une fonderie voisine. Le filon principal a été découvert en 1955 à l'aide de levés magnétiques réalisés par avion (magnétomètre aéroporté).

En 2005, un énorme gisement de sable renfermant de la magnétite a été découvert au Pérou.

Bien que presque toute la magnétite soit fondue pour en extraire le fer, le minerai lui-même peut servir à d'autres usages. Sous forme d'un agrégat dense, il peut être utilisé dans les fondations d'édifices afin de les stabiliser et de réduire les vibrations; il peut aussi servir de contrepoids dans les excavatrices, les chargeurs de navires et les machines à laver le linge, de véhicule pour le stockage de la chaleur, ou même de filtre pour les systèmes d'épuration de l'eau dont la fonction est de retirer les impuretés présentes sous forme de particules fines et d'algues.

Magnétite (45587) : Nodule brisé à structure rayonnante. Gisement J.F. Owen, Whitefish Falls, canton de Mongowin, district de Sudbury, Ontario. Largeur du champ de prise de vue : 13,5 cm

OXYDES

ILMÉNITE : Oxyde de titane et de fer : $FeTiO_3$

L'ilménite fait partie d'un groupe nombreux de minéraux lourds de couleur noire et on doit donc s'y prendre avec soin pour l'identifier. Il s'agit du plus important minerai de titane, un métal utilisé à plusieurs fins. La majorité de la production d'ilménite provient de gisements de sable en Afrique du Sud et en Australie. L'altération qui attaque les roches en fait sortir l'ilménite qui, parce qu'elle est dure, lourde et résistante aux processus d'altération, se concentre ensuite dans les sables. Depuis sa découverte à la fin du XVIIIe siècle, le titane a pris beaucoup d'importance et, par conséquent, a fait de l'ilménite un minéral précieux.

Apparence

Couleur : Noir ou brunâtre.
Trait : Noir à rouge brunâtre.
Éclat et transparence : Éclat métallique à mat; opaque.
Habitus : Souvent massif; les cristaux sont habituellement des rhomboèdres tabulaires.

Propriétés physiques

Dureté : Dure (5–6).
Densité : Modérément élevée pour un minéral opaque (4,8 g/cm^3).
Cassure : Sans clivage distinct et la cassure varie d'inégale à conchoïdale.
Test : Parfois légèrement magnétique. La dureté et le trait sont importants.

Minéraux semblables

L'hématite (p. 68) a un trait rouge très prononcé.
La magnétite (p. 74) est plus magnétique.
Le rutile (p. 118) a un trait plus pâle qui tend vers le jaunâtre.
La titanite (p. 176) a un trait blanc et des cristaux cunéiformes.

Venues

L'ilménite est présente dans des roches ignées, telles que la diorite et le gabbro, et elle est souvent associée à la magnétite. On trouve de l'ilménite, sous forme de minéral placérien, dans des dépôts de sable et de gravier érodés.

Meilleurs emplacements au Canada : On a trouvé des cristaux dont la taille pouvait atteindre 12 cm à la mine Madawaska, canton de Faraday, comté de Hastings, Ontario; lac Saint-Jean, comté de Lac-Saint-Jean-Est, Québec.
Autres emplacements : Monts Ilmen, Russie; Arendal, Aust-Agden, Norvège.

Faits intéressants

Le minéral porte le nom de la localité type (c'est-à-dire que les premiers spécimens utilisés pour établir une description du minéral provenaient de cet endroit), soit le lac Ilmen, dans les monts Ilmen, en Russie.

Le titane est un métal attrayant de couleur brun clou de girofle. Le nom de l'élément vient de la mythologie grecque et fait allusion aux Titans, des dieux de stature gigantesque. Les propriétés de légèreté, de ténacité et de résistance à la corrosion du titane en font le métal de choix pour la fabrication d'aéronefs, de fusées, de bijoux et de prothèses dstinées au remplacement de jointures. La majorité de la production de titane est utilisée sous forme d'oxyde de titane dans la peinture. Le titane donne à la peinture son éclat et la rend opaque. On utilisait auparavant du plomb pour assurer l'opacité de la peinture mais, par souci de santé, l'utilisation du plomb dans la peinture a été supprimée.

Ilménite (34227) : Cristal tabulaire à éclat métallique. Mine Madawaska, lac Siddon, canton de Faraday, comté de Hastings, Ontario. Largeur du spécimen : 6 cm

OXYDES

CHROMITE : Oxyde de chrome et de fer : $FeCr_2O_3$

La chromite fait partie du groupe du spinelle (p. 110). La chromite est le principal minerai de chrome, un métal industriel important dont on se sert pour donner à l'acier un placage brillant de la couleur de l'étain et que nous décrivons alors comme étant de l'acier « chromé ». La chromite n'est pas un minéral spectaculaire, car elle ne se distingue pas par la croissance de beaux cristaux; en outre, elle est de couleur brun mat et son éclat, bien que métallique, est très faible.

Apparence

Couleur : Noir.
Trait : Brun.
Éclat et transparence : Éclat métallique; opaque.
Habitus : Le plus souvent sous forme de grains disséminés ou de lentilles, de rubans ou de filons.

Propriétés physiques

Dureté : Dure (5).
Densité : Moyenne (4,6 g/cm^3).
Cassure : Fragile, sans clivage et avec une cassure conchoïdale.
Test : Le trait et la dureté sont d'importantes propriétés physiques. La chromite est faiblement magnétique, mais il est préférable d'utiliser des grains fins pour vérifier cette propriété. La venue géologique est un facteur important à prendre en note.

Minéraux semblables

La magnétite (p. 74) a un trait noir et elle est beaucoup plus magnétique.
La cassitérite (p. 120) a un trait blanc, ou presque blanc; elle est plus lourde et elle est associée au granite et non à la péridotite, comme l'est la chromite.

Venues

La chromite se cristallise rapidement dans les roches ignées foncées (mafiques), comme la péridotite. Dans ces roches, la chromite est associée à l'olivine, à la magnétite et au corindon. La chromite étant très résistante à l'altération causée par les températures et pressions élevées, les conditions métamorphiques n'ont aucun effet sur elle, tandis que des minéraux qui lui sont associés, comme l'olivine, se trouvent altérés en serpentine (p. 298) pour former de la serpentinite.

Meilleurs emplacements au Canada : Lac Blanche, comté de Saguenay, Québec; Lac-Noir, comté de Mégantic, Québec.
Autres emplacements : Comté de Lancaster, Pennsylvanie, É.-U.; complexe Bushveld, Afrique du Sud; Ergani Maden, Turquie; région de Sverdlovsk, Russie; Tiébaghi, Nouvelle-Calédonie; et Selukwe, Zimbabwe, ont de remarquables gisements de chromite.

Faits intéressants

Le nom du minéral vient du fait que sa composition chimique comprend du chrome.
L'acier inoxydable de haute qualité renferme une proportion importante de chrome (jusqu'à 30 %) qui sert à

rendre l'acier plus dur et à l'aider à conserver son apparence brillante et luisante, puisque le chrome empêche la corrosion et les taches.

Tout comme la chromite qui résiste à l'altération causée par la température et la pression dans la nature, ainsi le chrome résiste-t-il lui aussi à ces facteurs physiques. Il entre donc dans la fabrication de céramiques mises au point pour servir de garnissages dans les hauts fourneaux.

L'oxyde de chrome (Cr_2O_3) de couleur vert vif est utilisé comme pigment dans les peintures, les teintures pour le verre, les cosmétiques et les matériaux de camouflage militaire.

Cristaux de chromite (59740) : Tiébaghi, monts Tiébaghi, Nouvelle-Calédonie. Largeur du champ de prise de vue : 7 cm.
Photo : R.A. Gault

Inclusions pœcilitiques de chromite dans de l'olivine (58027) : Mine Johnson, baie de Moa, nord-ouest de Baracoa, Guantanamo, Cuba. Largeur du champ de prise de vue : 8 cm.
Photo : R.A. Gault

OXYDES

PYROLUSITE : Oxyde de manganèse : MnO_2

La pyrolusite est non seulement le minéral de manganèse le plus commun, mais aussi un important minerai de cet élément. Plusieurs minéraux de manganèse ressemblent à la pyrolusite et ils se présentent même parfois ensemble sous forme de mélange auquel on a donné le nom de « wad ». La pyrolusite peut aussi avoir des motifs en forme de fougère et auxquels on donne le nom d'« agate mousseuse » lorsqu'ils sont renfermés dans du quartz.

Apparence

Couleur : Gris acier à noir, souvent avec une teinte bleuâtre.
Trait : Noir.
Éclat et transparence : Éclat métallique dans le cas des cristaux, mais mat dans le cas des matériaux granulaires massifs. Opaque.
Habitus : Souvent massif, mais peut aussi parfois être fibreux ou colonnaire. Les cristaux de pyrolusite peuvent adopter une forme dendritique ou qui ressemble aux branches d'un arbre.

Propriétés physiques

Dureté : Assez variable selon la forme. Les cristaux sont assez durs (6), mais les variétés massives plus répandues peuvent être très tendres (1–2) et, à l'instar du graphite, peuvent laisser des marques sur le papier ou sur les mains.
Densité : Moyenne (environ 5,0 g/cm^3).
Cassure : Les cristaux sont fragiles avec un clivage distinct. Les formes massives sont tendres et fuligineuses.
Test : La nature fuligineuse des formes massives est importante. Le minéral laisse des marques noires sur les mains et semble sec au toucher.

Minéraux semblables

Le graphite (p. 30) est gras au toucher alors que la pyrolusite semble sèche et fuligineuse. Les cristaux de pyrolusite sont beaucoup plus durs que ceux du graphite.

Venues

La pyrolusite exige la présence de conditions d'oxydation élevées. Elle est souvent le produit de minéraux de manganèse altérés. Très souvent, plusieurs minéraux d'oxyde de manganèse se trouvent étroitement entremêlés, formant un amalgame auquel on donne le nom de « wad ». Ce wad est réellement très commun, car il est le composant principal de nodules parsemés sur le plancher océanique. Il faut plusieurs millions d'années avant que ces nodules n'atteignent la taille d'un centimètre.

Meilleurs emplacements au Canada : Mines Steep Rock, canton de Freeborn, district de Rainy River, Ontario; Markhamville, paroisse de Sussex, comté de Kings, Nouveau-Brunswick; Bridgeville, East River, comté de Pictou, Nouvelle-Écosse.
Autres emplacements : Casa Grande, comté de Pinal, Arizona, É.-U.; comté de Braga, Michigan, É.-U; Mapimi, Durango, Nouveau-Mexique, É.-U.; Broken Hill, Nouvelle-Galles du Sud, Australie; Tarn, France;

Pyrolusite :
Thüringen, Allemagne.
Largeur du spécimen : 5 cm

Horni Blatna, République tchèque; Rosbach, Westphalie, Allemagne; Kisenge, Katanga, République démocratique du Congo.

Faits intéressants

Le nom du minéral vient du grec *pyr*, « feu », et *louxo*, « laver ». Il y a 17 000 ans, on se servait déjà de dioxyde de manganèse dans la préparation de pigments. Vermeer et Rubens ont fait grand usage dans leurs peintures de la terre d'ombre, un mélange de « limonite » et de pyrolusite.

Les Égyptiens et les Romains ont découvert que ce minéral, utilisé comme additif, parvenait à créer des teintes délavées de vert et de brun dans le verre fondu. L'utilisation d'une quantité excessive de pyrolusite permet de teindre le verre améthyste.

De gros nodules de pyrolusite, ou « wad », ont été recueillis sur le plancher océanique. Il se peut qu'à l'avenir ces nodules deviennent une importante source de métal de manganèse mais, pour le moment, le coût de l'exploitation de cette ressource s'avère trop élevé. En tant qu'additif, le manganèse joue un rôle important dans la fabrication d'alliages en acier, car il endurci l'acier sans le rendre plus cassant.

Pyrolusite : Wadberget, Västergötland, Suède.
Largeur du champ de prise de vue : 5 cm

Minéraux non métalliques

ÉLÉMENTS NATIFS

DIAMANT : Carbone : C

Le diamant est un minéral que vous ne trouverez probablement que dans les bijouteries. Il est de loin le plus populaire des gemmes; il est aussi le matériau le plus dur que l'on retrouve dans la nature et, par conséquence, il sert à plusieurs fins industrielles. Bien que le diamant soit extrêmement dur, il est aussi très fragile, ainsi que le démontre le fait qu'on peut facilement le briser le long des plans de clivage.

Apparence

Couleur : Incolore, jaune, brun et, rarement, bleu, rose et vert. Il peut être gris ou noir lorsqu'il renferme des inclusions et il prend alors le nom de « bort ».

Trait : Il est trop dur pour laisser un trait, mais sa poudre est blanche.

Éclat et transparence : Éclat adamantin ou gras; transparent à translucide.

Habitus : Habituellement sous forme de cristaux, mais aussi souvent en forme d'octaèdre et, parfois, en forme de cube, de tétraèdre ou de dodécaèdre à 12 côtés.

Diamant : Octaèdre avec motifs de croissance sur la surface octaédrique.
Mine Ekati, Lac de Gras, Territoires du Nord-Ouest.
Largeur du cristal : 0,5 cm

Diamant (56776) : Cristal octaédrique aplati sur une roche de kimberlite. Boyau Mir, Myrnyy, République de Sakha, Russie. Largeur du cristal : 1,5 cm

Propriétés physiques

Dureté : Dur (10). L'échelle de Mohs n'est pas linéaire; il ne s'agit plutôt que d'un guide relatif de la dureté. Si elle était effectivement linéaire, le diamant aurait une valeur d'environ 42 comparée à celle du corindon qui n'atteindrait qu'une valeur de 9.

Densité : Moyenne (3,5 g/cm^3).

Cassure : Fragile, avec un clivage octaédrique distinct (c.-à-d., trois bons clivages qui forment un octaèdre). Le diamant a une cassure inégale sur les faces sans plans de clivage.

Test : Éclat et dureté.

Minéraux semblables

Le quartz (p. 218) est plus tendre (6 sur l'échelle de Mohs) et n'a pas de clivage, alors que le diamant a trois bons clivages.

Venues

Le diamant est présent dans des roches ignées qui se sont formées à de grandes profondeurs au sein de la croûte terrestre (150 km ou plus). La pression et la température élevées sont à l'origine de cette forme très spéciale de carbone.

Meilleur emplacement au Canada : Les mines Diavik and Ekati, dans les Territoires du Nord-Ouest, 300 km au nord de Yellowknife, produisent des diamants de haute qualité qui peuvent atteindre 2 carats une fois taillés.

Autres emplacements : L'Afrique centrale et méridionale ont toujours été des producteurs importants. On trouve aussi d'importants gisements de diamant en Australie, au Brésil, en Inde et en Russie.

Faits intéressants

Le nom du minéral vient d'une forme corrompue du mot grec *adamas*, ce qui signifie « invincible »; l'allusion a trait à la dureté du minéral. Dès 296 av. J.-C., d'anciens textes indiens font état du diamant. Il existait, à ce temps là, des gisements alluvionnaires de diamant dans plusieurs régions de l'Inde.

Le graphite et le diamant sont deux formes structurales (dimorphes) du carbone qui sont présentes dans la nature. Les différences considérables qui existent entre ces dimorphes sont fonction de la nature des liaisons atomiques propres à ces minéraux.

Certains diamants sont plus durs que d'autres, la variation pouvant atteindre jusqu'à 40 % en termes de dureté absolue. Des différences au niveau de leur croissance sont à l'origine de cette variance. Un cristal dont la croissance se fait en une phase renferme moins d'inclusions et de défauts, et s'avère donc plus dur qu'un cristal dont la croissance s'est faite en plusieurs phases.

Au nombre des diamants les plus célèbres, on compte : le diamant Cullinan, soit le plus gros diamant de qualité gemme qui, à l'état naturel, pesait 3107 carats. Le diamant taillé « Cullinan I », qui fait partie des joyaux de la Couronne britannique, pèse 530 carats. Le plus gros diamant taillé, soit le « Golden Jubilee », pèse 546 carats et, ainsi que l'indique son nom, il s'agit d'un diamant brun jaune; le plus gros diamant incolore sans défauts est le « Millenium Star » qui, lui, pèse 203 carats.

Bort noir ou carbonado avec plusieurs octaèdres, dont un est aplati et forme un cristal triple. Il faut un cristal d'environ 1 carat pour tailler une pierre de 0,5 carat. Mine Ekati, lac de Gras, Territoires du Nord-Ouest. Largeur du champ de prise de vue : 6 cm

ÉLÉMENTS NATIFS

SOUFRE: S

L'apparence distinctive du soufre fait que ce minéral est connu depuis l'antiquité. Déjà au XIIIe siècle, l'érudit Albert le Grand avait fait la distinction entre le soufre « actif » et le soufre « fondu ». Le soufre « actif » correspond au minéral qui se produit naturellement, tel que présenté dans ce livre, alors que le soufre « fondu » est le résidu de la fonte des minerais sulfurés pour en extraire le métal.

Apparence

Couleur : Jaune, montrant parfois une teinte verte ou brune.
Trait : Blanc.
Éclat et transparence : Gras à résineux.
Habitus : Habituellement massif, mais on trouve aussi des cristaux rhombiques en forme de diamant.

Propriétés physiques

Dureté : Tendre (2).
Densité : Faible (2,1 g/cm^3).
Cassure : Fragile, avec une cassure inégale ou conchoïdale.
Test : La couleur et le manque de dureté suffisent habituellement pour identifier ce minéral. Il fond à basse température et dégage une odeur distinctive lorsqu'il est écrasé ou chauffé.

Soufre : Bipyramide rhombique avec cristaux en forme de pinacoïdes de base sur du quartz. Sicile, Italie.
Largeur du champ de prise de vue : 15 cm

Minéraux semblables

Bien que la fluorite (p. 106), la barytine (p. 132), la topaze (p. 172) et le feldspath (p. 226) soient également jaunes, ils sont tous considérablement plus durs que le soufre.

Venues

On trouve le soufre dans des régions récemment touchées par de l'activité volcanique. Le soufre contenu dans les formations de gypse et de calcaire sédimentaires peut provenir de la séparation bactérienne des sulfates. Le soufre est aussi présent dans les dômes de sel situés au-dessus de réservoirs de pétrole et de gaz.

Meilleur emplacement au Canada : Aucun spécimen important.
Autres emplacements : Baja California, Mexique. De très beaux cristaux viennent d'Argento, en Sicile, et de Perticura, dans le district de Romagne, en Italie.

Faits intéressants

Le nom du minéral vient du latin *sulphurum* qui, étymologiquement, signifie « brûler ». On utilise ce mot depuis 2000 av. J.-C. et il a remplacé dans le monde anglo-saxon le terme « brimstone » ou « roche qui brûle ».

Des millions de tonnes de soufre sont produites chaque année à l'intention de l'industrie chimique. Il entre dans la fabrication de l'acide sulfurique et des pesticides, et dans le procédé de vulcanisation du caoutchouc. La plus grande production de soufre provient, sous forme de sous-produit, du raffinage du pétrole et du gaz naturel. Il provient aussi de la fonte des minerais sulfurés, tels que la pentlandite, la sphalérite et la galène.

SULFURES

SPHALÉRITE : Sulfure de zinc : ZnS

Le nom du minéral vient du grec *sphaleros*, qui signifie « erroné » ou « trompeur », faisant ainsi allusion au fait qu'on se méprenait souvent lorsqu'il s'agissait d'identifier ce minéral. De grandes variations au niveau de la couleur, de la transparence et de l'éclat de la sphalérite rendent ce minéral difficile à identifier.

Apparence

Couleur : Assez variable, soit de jaune pâle, à brun, à presque noir. Lorsque la teneur en fer est plus élevée, la couleur devient plus foncée.

Trait : Jaune à brun.

Éclat et transparence : Éclat gras à presque métallique; transparent à opaque. On dit souvent de l'éclat qu'il est « résineux », car la surface du minéral reflète la lumière comme si elle était couverte de gemme de pin ou de résine.

Habitus : Souvent sous forme de cristaux complexes mais, à plusieurs endroits, la sphalérite se manifeste sous forme de masses clivables ou grenues.

Sphalérite (32300) : Cristal arrondi à éclat gras sur du calcaire.
Carrières Lincoln, Beamsville,
canton de Clinton, comté de Lincoln, Ontario.
Largeur du champ de prise de vue : 3 cm

*Sphalérite (32310) : Massive, avec de nombreux clivages et un éclat submétallique.
Région du cap Wild Goose, canton de MacGregor, district de Thunder Bay, Ontario.
Largeur du spécimen : 9 cm*

Propriétés physiques

Dureté : Moyenne (3–4).
Densité : Modérément élevée (4,0 g/cm^3).
Cassure : Fragile, avec des plans de clivage distincts ou une cassure conchoïdale.
Test : Le trait, l'éclat et la densité sont des propriétés importantes.

Minéraux semblables

Quelques amphiboles de couleur foncée (p. 196), notamment la hornblende ou l'actinote, peuvent ressembler à la sphalérite foncée, mais elles sont plus dures (6 sur l'échelle de Mohs) et ont un éclat vitreux.

Venues

Des solutions hydrothermales de température moyenne à élevée sont le plus souvent à l'origine de la sphalérite. Elle est souvent associée à la galène, à la chalcopyrite et à la pyrite. On ne la trouve que rarement dans les roches sédimentaires.

Meilleurs emplacements au Canada : Mine Polaris, Petite île Cornwallis, Nunavut; mine Nanisivik, île de Baffin, Nunavut; Pine Point, district de Mackenzie, Territoires du Nord-Ouest; mine Bluebell, district de Kootenay, Colombie-Britannique; mine Lucky Jim, Zincton, Colombie-Britannique; Beamsville, canton de Clinton, comté de Lincoln, Ontario; Mont-Saint-Hilaire, comté de Rouville, Québec; mine Brunswick n° 12, Bathurst, comté de Gloucester, Nouveau-Brunswick.

Autres emplacements : Comtés de Grand et de Mineral, Colorado, É.-U.; Baxter Springs, Kansas, É.-U.; comté de Hardin, Illinois, É.-U.; Joplin, Missouri, É.-U.; comté de St. Lawrence, État de New York, É.-U.; comté d'Ottawa, Oklahoma, É.-U.; comté de Chester, Pennsylvanie, É.-U.; Carthage, Tennessee, É.-U.; Naica, Chihuahua, Mexique; Trujillo, Pérou; Cornouailles et Cumbria, Angleterre; Wanlockhead, Écosse; La Calamine, Belgique; Santander, Espagne; Cavnic, Roumanie; Trepca, Serbie; Madan, Bulgarie.

Faits intéressants

Le zinc ne fut pas reconnu comme appartenant à la famille des métaux avant le XVIe siècle. On n'avait pu réussir avant cela à faire fondre la sphalérite. Aujourd'hui, la sphalérite est le principal minerai de zinc. On se sert beaucoup du zinc pour galvaniser ou enrober le fer et l'acier afin de les protéger contre la rouille. Il s'agit d'un adjuvant ou d'un alliage essentiel du laiton et d'autres métaux. Le corps humain requiert du zinc, un composant essentiel des enzymes qui ont pour rôle de métaboliser le dioxyde de carbone et les protéines. On utilise parfois un engrais au zinc pour amender les sols à carence en zinc.

Sphalérite (51331) : Cristal tétraédrique arrondi avec saupoudrage de pyrite cuivrée.
Mine Nanisivik, Nanisivik, île de Baffin, Nunavut.
Longueur du champ de prise de vue : 7 cm

SULFURES

CINABRE : Sulfure de mercure : HgS

La propriété la plus remarquable du cinabre est sa couleur rouge écarlate. Il fut même un temps ou le terme « vermillion » était utilisé comme synonyme de ce minéral. Le cinabre sert de pigment depuis l'antiquité et, de nos jours, on lui donne souvent le nom de « rouge de Chine » car la matière première provient en grande partie de la Chine.

Apparence

Couleur : Rouge à brunâtre.
Trait : Rouge.
Éclat et transparence : Cristaux adamantins, mais les variétés terreuses sont mattes. Les éclats du minéral sont transparents à translucides.
Habitus : Souvent à grain fin ou massif; les rares cristaux sont rhombiques ou en forme de diamant.

Propriétés physiques

Dureté : Passablement tendre (2).
Densité : Élevée (8,1 g/cm^3).
Cassure : Fragile, avec un plan de clivage distinct.
Test : La couleur et la dureté sont distinctives.

Minéraux semblables

L'hématite (p. 68) est plus dure (5 sur l'échelle de Mohs) et légèrement magnétique.
La cuprite (p. 116) est plus dure (3½ sur l'échelle de Mohs) et de couleur plus rouge noirâtre.

Venues

Le cinabre est présent dans des filons mis en place dans des conditions de basse température près de roches volcaniques ou dans des zones de sources chaudes. Il est souvent associé au mercure liquide natif.

Meilleur emplacement au Canada : Mine Pinchi Lake, Colombie-Britannique.
Autres emplacements : Rivière Kuskokwin, Alaska, É.-U.; Lovelock, comté de Pershing, Nevada, É.-U.; Moschellandsberg, Allemagne; Almadén, Espagne. D'excellents cristaux proviennent de la province de Hunan, en Chine.

Cinabre (0J1506) : Cristal maclé sur du quartz. Chine. Largeur du champ de prise de vue : 2 cm

Faits intéressants

Il se peut que le nom « cinabre » provienne de l'arabe *zibjafr* ou du persan *zinjifrah*, qui signifie « sang du dragon » et qui fait allusion à la couleur du minéral. Le symbole chimique du mercure, Hg, vient du mot grec latinisé hydrargyrum, qui signifie « aqueux » ou « argent liquide ». Le cinabre est le principal minerai de mercure. Le mercure fait partie du groupe de quatre métaux qui sont à l'état liquide à des températures normales. On s'en sert dans les thermomètres et dans la fabrication d'interrupteurs électriques. Une décharge électrique qui traverse du mercure produit une lueur bleuâtre dans les longueurs d'ondes plus courtes (moins de 280 nanomètres) du spectre ultraviolet. C'est cette propriété qui rend le mercure utile dans la production de lumières ultraviolettes. Le mercure sert encore dans les plombages dentaires sous forme d'amalgame composé d'un alliage d'argent, de cuivre et d'étain, mais cet usage prête à la controverse car le mercure est une neurotoxine.

Cinabre (32288) : Habitus massif avec un éclat mat et terreux. Colombie-Britannique. Longueur du spécimen : 6 cm. Photo : R.A. Gault

Cinabre (82250) : Habitus massif à éclat adamantin. Monte Amiata, Toscane, Italie. Largeur du champ de prise de vue : 9 cm

HALOGÉNURES

HALITE : Chlorure de sodium : NaCl

La halite, ce minéral mieux connu sous le nom de « sel », est un élément essentiel de notre diète. Des œuvres d'art égyptiennes datant de 1450 av. J.-C. documentent l'activité d'exploitation du sel. Le sel a joué un rôle important dans l'histoire de toutes les civilisations. Dans la Grèce antique, l'achat d'esclaves se faisait avec du sel, transaction qui a donné naissance à l'expression anglaise « not worth his salt », signifiant « qui ne vaut pas grand-chose ». Les légionnaires romains recevaient des rations de sel spéciales appelées *salarium argentum*, expression à l'origine du mot « salaire ».

Apparence

Couleur : Incolore à blanc, parfois avec des teintes de gris, de jaune, d'orange ou de bleu.
Trait : Blanc.
Éclat et transparence : Éclat vitreux; transparent à translucide.
Habitus : Cristaux cubiques, parfois avec des faces en escalier, ou massif.

Propriétés physiques

Dureté : Tendre (2).
Densité : Faible (2,2 g/cm^3).
Cassure : Fragile, avec un clivage distinct dans trois directions, tous à angle droit les uns aux autres; il s'agit donc d'un clivage cubique.
Test : Saveur salée, se dissous dans l'eau, clivage cubique parfait.

Minéraux semblables

La sylvite (p. 104) a une saveur amère et elle est de couleur orange.
Le gypse (p. 124) n'a qu'un seul clivage parfait.

Venues

La halite est présente dans des régions où l'eau de mer s'est évaporée et on la trouve souvent associée à des lits de gypse, d'anhydrite, de calcite et, parfois, de sylvite. Elle forme des lacs salins là où les conditions sont arides, comme dans les déserts. Dans les régions volcaniques, elle peut se manifester sous forme de sources salées.

Meilleurs emplacements au Canada : D'énormes gisements massifs font l'objet d'exploitations à Esterhazy, Saskatchewan; Windsor, Ontario; Sussex, Nouveau-Brunswick; et Pugwash, Nouvelle-Écosse.
Autres emplacements : Carlsbad, Nouveau-Mexique, É.-U.; Mentor, Ohio, É.-U.; Cayuga, État de New York, É.-U.; mer Salton et lac Searles, Californie, É.-U. Des cristaux de couleur pourpre à bleue proviennent de Stassfurt et de Hessen, en Allemagne, et de Mulhouse, en France. D'excellents cristaux proviennent de la Pologne.

Halite (49468) : Cristaux cubiques empilés. Mine Inowroclaw, Inowroclaw, Pologne. Largeur du spécimen : 10 cm

Faits intéressants

Le nom du minéral vient du grec *hals*, qui signifie « sel ». Les usages domestiques de la halite ou du sel sont bien connus, mais saviez-vous que ce minéral sert également à plusieurs autres fins industrielles? Le sel est utilisé dans les industries des pâtes et papiers, des colorants de textile, de la production du caoutchouc, du travail du métal, de la production de la céramique, de la fabrication du savon et du tan-

nage du cuir. Une forte proportion de la halite exploitée dans les pays à climat nordique est répandue sur les routes au cours de l'hiver. Puisque le sel fait baisser le point de congélation de l'eau, la formation de la glace sur les routes s'en trouve réduite, et ce jusqu'à une température de –21 °C, point au-delà duquel même l'eau salée gèle.

Halite (84694) : Massive avec clivage cubique parfait.
Mine Alwinsal, Lanigan, Saskatchewan.
Largeur du spécimen : 8 cm

HALOGÉNURES

SYLVITE : Chlorure de potassium : KCl

La sylvite a la même structure cristalline (isostructurale) que l'halite, soit NaCl. L'évaporation de l'eau de mer est à l'origine de la mise en place de ces deux sels. La sylvite est, du point de vue commercial, le plus important des deux. Puisque le potassium est un élément essentiel à la croissance des plantes, on exploite la sylvite à l'intention de l'industrie des engrais.

Apparence

Couleur : Incolore ou blanc; couleur provenant parfois d'inclusions; souvent de teinte rougeâtre en raison de la présence d'impuretés d'hématite.
Trait : Blanc.
Éclat et transparence : Vitreux; transparent à translucide.
Habitus : Souvent massif, parfois sous forme de cristaux à faces cubiques ou octaédriques.

Propriétés physiques

Dureté : Tendre (2).
Densité : Faible (2,0 g/cm^3).
Cassure : Fragile, quelque peu sécable. La sylvite a trois clivages dont les plans sont à angle droit les uns aux autres (clivage cubique parfait).
Test : La sylvite a une saveur amère et elle est sécable. Elle se dissous facilement dans l'eau.

Minéraux semblables

La halite (p. 100) a une saveur salée alors que la sylvite est amère au goût.
La sylvite est plus sécable lorsqu'on la coupe avec un couteau, alors que la halite se pulvérise lorsqu'on la coupe.

Venues

On trouve la sylvite dans les dépôts évaporitiques d'origine marine. Elle se cristallise plus tard que la halite car elle est plus soluble dans l'eau que cette dernière; il s'agit d'un minéral plus rare que la halite. Elle se manifeste le plus souvent avec de la halite, du gypse et de l'anhydrite.

Meilleurs emplacements au Canada : D'énormes gisements de lits de sylvite massive se trouvent en Saskatchewan et près de Sussex, au Nouveau-Brunswick.
Autres emplacements : Mesa Verde, Arizona, É.-U.; Carlsbad, Nouveau-Mexique, É.-U.; mer Salton, Californie, É.-U.; d'excellents cristaux proviennent de Stassfurt, Allemagne.

Faits intéressants

La sylvite porte son nom en honneur de Francisus de la Boë Sylvius, un médecin et chimiste de Leyden, aux Pays-Bas. Elle fut décrite pour la première fois en 1832, après sa découverte au mont Vésuve, en Italie.

On donne communément au minerai de la sylvite le nom de « potasse », en raison du fait qu'une grande quantité du minerai est utilisée dans la production de l'hydroxyde de potassium. Les Indiens de l'Amérique du Nord connaissaient la valeur de la potasse. Ils faisaient bouillir dans l'eau des cendres de bois, lesquelles sont riches en potassium, afin de produire de l'hydroxyde de potassium; ils répandaient ensuite le mélange sur leurs champs afin de stimuler la croissance des plantes.

Sylvite (32209) : Une masse de cristaux cubiques. Saskatoon, Saskatchewan. Largeur du spécimen : 9 cm

HALOGÉNURES
FLUORITE : Fluorure de calcium : CaF$_2$

Il n'y a aucun doute que la fluorite est l'un des plus beaux minéraux. Elle se manifeste dans une variété de couleurs et sous forme de cristaux parfaits. Les cristaux aux faces octaédriques intégrales sont rares, mais la fluorite est dotée d'un clivage octaédrique parfait; c'est pourquoi les faces des spécimens vendus en tant que « cristaux » ne sont pas vraiment naturelles, mais plutôt le résultat d'un clivage. Le « Blue John », une variété de fluorite provenant du Derbyshire, en Angleterre, a beaucoup servi à la confection de vases ornementaux et autres objets à fins décoratives depuis 1750.

Apparence

Couleur : Incolore à brun à presque noir, avec des teintes de rouge, de rose, de jaune, de vert, de bleu et de violet. La couleur se manifeste généralement en bandes parallèles aux faces cristallines.
Trait : Blanc.
Éclat et transparence : Éclat vitreux; transparent à translucide.
Habitus : Massif ou en cristaux de forme cubique ou octaédrique.

Propriétés physiques

Dureté : Moyenne (4).
Densité : Moyenne (3,2 g/cm^3).
Cassure : Fragile, avec un clivage octaédrique parfait.
Test : Son clivage est distinct et elle est particulièrement lourde pour un minéral non métallique.

Minéraux semblables

La calcite (p. 138) est plus tendre (3 sur l'échelle de Mohs), moins lourde (2,7 g/cm^3), possède trois plans de clivage rhomboédrique parfaits et produit une effervescence au contact de l'acide dilué.
La barytine (p. 132), dont la densité est de 4,5 gm/cm^3, est plus lourde.

Fluorite (34793) : Il ne s'agit pas de véritables formes cristallines, mais plutôt de fragments provenant d'un clivage octaédrique. Diverses teintes de pourpre. Rosiclare, comté de Hardin, Illinois. Longueur du champ de prise de vue : 9 cm

Venues

On trouve de la fluorite dans une grande variété de types de roches allant du granite, aux filons hydrothermaux, aux vacuoles dans le calcaire sédimentaire.

Fluorite (35453) : Le cristal translucide et presqu'incolore de fluorite a une forme cristalline cubique, des faces dépolies, presque carrées, et une forme octaédrique à face lisse plus ou moins triangulaire. La base botryoïde rugueuse se compose de barytine blanche. Mine Rogers, Madoc, canton de Huntingdon, comté de Hastings, Ontario. Longueur du champ de prise de vue : 5 cm

Meilleurs emplacements au Canada : Des octaèdres pourpres proviennent de la mine Rock Candy, près de Grand Forks, Colombie-Britannique; des cristaux pâles de couleur vert clair et pouvant atteindre la taille de 10 cm proviennent de Madoc, comté de Hastings, Ontario; des cubes pourpres à bordure jaune de Rossport, district de Thunder Bay, Ontario, donnent un aperçu du schéma de croissance d'un cristal; carrière Dundas, canton de West Flamborough, comté de Wentworth, Ontario; des cristaux bleu-vert très complexes de Old Chelsea, canton de Hull, comté de Gatineau, Québec; mine Mount Pleasant, comté de Charlotte, Nouveau-Brunswick; des cristaux cubiques de 30 cm de St. Lawrence, Terre-Neuve.

Autres emplacements : Comté de Hardin, Illinois, É.-U.; comté d'Allen, Indiana, É.-U.; mine Elmwood, Tennessee, É.-U.; comté de Jefferson, État de New York, É.-U.; Chihuahua et Coahuila, Mexique; Cumbria, Durham et Cornouailles, Angleterre; Freiburg, Allemagne; Oviedo, Espagne; monts Taihang-Shan, Chine.

Faits intéressants

Le nom du minéral vient du latin *fluere*, ce qui signifie « s'écouler ». Des mineurs de la période de Georg Bauer, dit Agricola (1529), ont été les premiers à l'appeler ainsi en faisant allusion à la façon qu'a le minéral de fondre dans les fourneaux « comme de la glace au soleil ». De nos jours, on se sert de la fluorite comme fondant dont la fonction est de faire baisser les températures de fusion requises pour la production de l'acier et de l'aluminium.

La fluorite sert aussi à la fabrication du verre opalescent, des émaux utilisés dans les porcelaines culinaires et de l'acide fluorhydrique. Une des propriétés de la fluorite est sa faible capacité de dispersion de la lumière (où la lumière blanche se trouve décomposée en ses différents composants colorés) et, pour cette raison, elle entre dans la fabrication de lentilles utilisées dans les appareils photographiques dispendieux et les téléscopes afin d'aider à réduire autant que possible la distorsion des images.

Fluorite (48648) : Forme cristalline octaédrique. La couleur foncée a été causée par la radiation provenant de ce gisement. Mine Madawaska, Bancroft, canton de Faraday, comté de Hastings, Ontario. Largeur du spécimen : 4 cm

Fluorite (34910) : Un cristal montrant une face cubique sur le dessus et des faces octaédriques triangulaires recoupant les coins du cube. Des plans de cassure internes laissent voir le clivage octaédrique évident. Deloro, canton de Marmora, comté de Hastings, Ontario. Largeur du champ de prise de vue : 9 cm

Fluorite (48304) : Une masse de cubes transparents et incolores. Carrière Amherstberg, Amherstberg, canton de Malden, comté d'Essex, Ontario. Largeur du champ de prise de vue : 5 cm

GROUPES DES OXYDES
SPINELLE : Oxyde d'aluminium et de magnésium : $MgAl_2O_4$

On a donné le nom de « spinelle » aussi bien à une espèce minérale qu'à un groupe minéral. Trois membres de ce groupe sont présentés dans ce livre, à savoir le spinelle, la magnétite et la chromite. Depuis des siècles, le spinelle rouge a été une gemme convoitée dont la couleur, mais non la valeur, rivalise avec celle du rubis. Bon nombre d'objets historiques célèbres étaient décorés de gemmes que l'on croyait être des rubis, alors qu'il ne s'agissait, en réalité, que de spinelle.

Apparence

Couleur : Le spinelle pur est rouge, mais sa couleur peut varier de l'incolore au vert, au bleu, au brun et au noir.
Trait : La poudre est blanche.
Éclat et transparence : Éclat vitreux; transparent à translucide.
Habitus : Souvent des cristaux octaédriques parfaits (huit faces triangulaires formant deux pyramides qui partagent une base commune). Le spinelle peut aussi être massif ou granulaire.

Propriétés physiques

Dureté : Dure (7–8).
Densité : Moyenne (3,6 g/cm^3).
Cassure : Difficile à briser, sans clivage et à cassure inégale.
Test : La forme cristalline et la dureté sont importants.

Minéraux semblables

Spinelle (80785) : Cristaux octaédriques de type gemme. Cours supérieur de la rivière Mogok, district de Katha, Sagaing, Birmanie (aussi appelée Myanmar). Longueur du champ de prise de vue : 2,5 cm

Le rubis, une variété de corindon (p. 112), est de forme hexagonale alors que le spinelle est carré. La couleur du rubis est rouge alors que le spinelle est de teinte plus rosâtre. Le corindon peut avoir un plan préférentiel de séparation alors que le spinelle n'en a pas. Le corindon est considérablement plus dur (9 sur l'échelle de Mohs) que le spinelle, mais cela n'empêche pas que le spinelle fasse, lui aussi, partie des minéraux les plus durs connus.

Venues

On trouve le spinelle dans les roches ignées, comme le basalte, et les équivalents métamorphiques de ces roches ignées, à savoir les serpentinites, ainsi que dans les calcaires métamorphisés (marbre).

Meilleurs emplacements au Canada : Île de Glencoe, dans le détroit d'Hudson, Nunavut; canton de Bathurst, comté de Lanark, Ontario; mine Parker, canton de Bigelow, comté de Labelle, Québec.

Autres emplacements : Franklin, New Jersey, É.-U.; Amity, État de New York, É.-U.; Mogok, Myanmar; Yakutia, Russie; Sri Lanka; de gros cristaux de 12 cm proviennent de Betrok, au Madagascar.

Faits intéressants

Le nom de minéral vient du latin *spina*, qui signifie « épine », une allusion à ses cristaux octaédriques pointus.

Le rubis « Black Prince » (Prince noir) est l'un des plus anciens joyaux de la Couronne du Royaume-Uni. Il orne le centre de la Couronne impériale d'État, sied juste au-dessus du diamant « Cullinan II ». Il est la propriété des souverains britanniques depuis qu'il fut offert, en 1367, à Édouard de Woodstock (le « Prince noir »). Cependant, cette pierre de 170 carats (34 g) n'est pas un rubis, mais bien du spinelle. On croit qu'il provient des mines Badakhshan situées en bordure de la frontière de l'Afghanistan.

Spinelle (49612) : Cristal octaédrique dans de la calcite. Mine Parker, Notre-Dame-du-Laus, canton de Bigelow, comté de Labelle, Québec. Largeur du champ de prise de vue : 4,5 cm

GROUPES DES OXYDES
CORINDON : Oxyde d'aluminium : Al_2O_3

Les variétés de pierres précieuses, soit le rubis et le saphir, sont les formes les plus connues du corindon. Le rubis est du corindon rouge, alors que le saphir est le nom que l'on donne au corindon de type gemme de toute autre couleur : bleu, jaune, vert, pourpre ou rose. Le saphir étoilé est un cristal de corindon au sein duquel de fines inclusions (habituellement du rutile) aciculaires se sont orientées au cours de la croissance du cristal de façon à créer une étoile à six pointes.

Apparence

Couleur : Habituellement gris, mais on trouve aussi plusieurs autres couleurs; il peut même parfois être brun rouge foncé. Les variétés de qualité gemme portent les noms de rubis (corindon rouge) et saphir (habituellement bleu, mais peut aussi être vert, jaune, pourpre, blanc ou incolore).

Trait : Blanc lorsque broyé. Il est trop dur pour laisser un trait sur une plaque de porcelaine.

Éclat et transparence : Éclat vitreux, parfois d'apparence légèrement grasse lorsque la surface du cristal est altérée. Le corindon est transparent à translucide.

Habitus : Souvent des cristaux hexagonaux en forme de barillet. Les cristaux ont parfois des faces cristallines marquées de stries parallèles à la base. Des faciès granulaire et massif ont aussi été remarqués.

Corindon (56779) : Bipyramide hexagonale avec stries. Saphir, variété de corindon. Balangoda, district de Ratnapura, Sri Lanka. Longueur du cristal : 9 cm

Corindon (30052) : Saphir, variété de corindon; la forme hexagonale du cristal brut est à remarquer. Région de Bancroft, canton de Dungannon, comté de Hastings, Ontario. Largeur du spécimen : 5 cm

Corindon (35470) : Prismes hexagonaux en forme de barillet. Rubis, variété de corindon. Inde. Largeur du champ de prise de vue : 12 cm

Propriétés physiques

Dureté : Très dure (9).
Densité : Assez élevée pour un minéral non métallique (4,0 g/cm^3).
Cassure : Fragile, avec une cassure conchoïdale. Les cristaux sont souvent maclés, ce qui peut donner à la base du cristal une apparence en escalier.
Test : La densité et la dureté sont d'importantes propriétés.

Minéraux semblables

Le quartz (p. 218) est moins dur (7 sur l'échelle de Mohs) et moins lourd (2,65 g/cm^3). Il n'a pas le plan préférentiel de séparation à la base ni l'apparence grasse du corindon.

Venues

Il est présent dans les roches ignées pauvres en silice, comme la syénite, ou dans les roches métamorphiques. En raison de sa dureté, il est très résistant à l'altération en conséquence, il forme des dépôts de sable et de gravier de corindon.

Meilleurs emplacements au Canada : York River, canton de Dungannon, comté de Hastings, Ontario; mine de corindon Craigmont, canton de Raglan, comté de Renfrew, Ontario; Rosenthal, canton de Brudenell, comté de Renfrew, Ontario.

Autres emplacements : Les plus beaux rubis proviennent de la Birmanie (aussi appelée Myanmar) et l'Inde est réputée pour la beauté de ses saphirs. On compte au nombre des gisements importants de corindon de qualité gemme : Ratnapura, Sri Lanka; chaîne Ruby Harts, Territoire du Nord, Australie; Ihosy, Madagascar; Arusha, Tanzanie; Mysore, Inde; Transvaal, Afrique du Sud; Chiridzi, Zimbabwe.

Quelques uns des plus importants rubis et saphirs sont : le « Rubis Edward » (167 carats), présenté au Musée d'histoire naturelle de l'Angleterre; l'« Étoile de l'Inde », un saphir étoilé (563 carats) provenant du Sri Lanka et le rubis étoilé « De Long » (100 carats) de la Birmanie, tous deux exposés au Musée d'histoire naturelle des États-Unis.

Faits intéressants

Le nom du minéral vient du sanscrit *kuruvinda*, qui signifie « rubis ». L'importance du corindon provient de sa dureté qui en fait non seulement un excellent abrasif utilisé dans l'usinage de pièces d'équipement, mais aussi comme abrasif pour papiers de ponçage. Une variété de corindon qui contient des impuretés sert à la fabrication du papier d'émeri.

Corindon (33624) : Prismes hexagonaux dans de la néphéline. Rosenthal, canton de Brudenell, comté de Renfrew, Ontario. Largeur du champ de prise de vue : 11 cm

Corindon (A2005-027) : Ambiandono, région d'Ambositra, province de Fianarantsoa, Madagascar. Largeur du champ de prise de vue : 6 cm

GROUPES DES OXYDES

CUPRITE : Oxyde de cuivre : Cu_2O

La cuprite est un minerai de cuivre de moindre importance. La présence de la cuprite est un indice important de la géologie d'un endroit, car elle se manifeste dans les gisements oxydés, donc à faible profondeur, alors que l'on trouve habituellement le cuivre dans des minéraux sulfurés. Les spécimens minéraux de cuprite de couleur rouge foncée et dotés de cristaux fins sont fort prisés des collectionneurs.

Apparence

Couleur : Rouge foncé à presque noir.
Trait : Rouge brunâtre.
Éclat et transparence : Éclat submétallique ou adamantin, parfois terreux. Elle est translucide, mais presqu'opaque.
Habitus : Souvent des cristaux dont les formes les plus répandues sont l'octaèdre et le cube. La cuprite peut aussi être massive ou prendre la forme de croûtes floconneuses.

Propriétés physiques

Dureté : Moyenne (3½–4).
Densité : Élevée (6,1 g/cm^3).
Cassure : Fragile, avec un clivage distinct mais mal défini dans quatre directions (clivage octaédrique) et une cassure inégale sur les faces sans plans de clivage.
Test : La couleur, le trait et le manque de dureté sont importants.

Minéraux semblables

L'hématite (p. 68) est plus dure (6 sur l'échelle de Mohs) que la cuprite et légèrement magnétique, alors que la cuprite ne l'est pas.
Le cinabre (p. 96) est plus tendre (2½ sur l'échelle de Mohs) que la cuprite et sa couleur rouge est plus prononcée.

Venues

La cuprite est présente dans les parties situées à faible profondeur, donc oxydées, des gisements de cuivre associés à la malachite, à l'azurite et à la « limonite ».
Meilleurs emplacements au Canada : Mine Britannia, district de New Westminster, et mine Valley Copper, vallée Highland, district de Kamloops, Colombie-Britannique.
Autres emplacements : Bisbee, comté de Cochise, Arizona, É.-U.; Santa Rita, Nouveau-Mexique, É.-U.; Wheal Gorland, Cornouailles, Angleterre; Chessy, département du Rhone, France; mine Tsumeb, Namibie; Windhoek, Namibie; Shaba, Zaïre; Kolwezi, Katanga, République démocratique du Congo.

Faits intéressants

Le nom du minéral vient du latin *cuprum*, terme qui fait allusion au cuivre qu'il renferme. Ce nom, *cuprum*, provenait lui-même de *aes cyprium*, ce qui signifie « airain de Chypre », l'endroit où l'Empire romain s'approvisionnait en cuivre. Plusieurs spécimens de cuprite sont enrobés de malachite verte. Il est important de noter qu'enlever ce revêtement risque de compromettre la nature véritable du spécimen. Les usages du cuivre paraissent à la section traitant du cuivre natif (p. 20).

*Cuprite (30058) : Cristaux translucides à éclat adamantin.
Mine Tsumeb, Tsumeb, Otjikoto, Namibie.
Longueur du champ de prise de vue : 9 cm*

GROUPES DES OXYDES

RUTILE : Oxyde de titane : TiO$_2$

Bien que le rutile soit relativement rare, il s'agit d'un minéral important en tant que source de titane sous forme de métal ou de dioxyde de titane. Le rutile est le plus répandu des trois polymorphes de dioxyde de titane, les deux autres étant la brookite et l'anatase.

Le rutile est bien visible sous forme d'inclusion dans le quartz, mais il est invisible dans le corindon, sauf qu'il crée l'impression qu'une étoile se trouve au sein de ce minéral. Dans le rubis étoilé et le saphir étoilé (variétés gemmes du corindon), des aiguilles de rutile très fines orientées à l'intérieur des cristaux reflètent la lumière sous forme d'une étoile dans les pierres précieuses polies, un phénomène connu sous le nom d'« astérisme ».

Apparence

Couleur : Brun doré, brun rougeâtre à noir.
Trait : Jaunâtre ou brun très pâle.
Éclat et transparence : Éclat adamantin ou submétallique; transparent, dans les fragments minces, à translucide.
Habitus : De longs cristaux prismatiques aux extrémités en forme de pyramide et marqués de stries parallèles aux faces

Rutile (34338) : Cristal maclé multiple dont les faces cristallines sont profondément marquées de stries. Minas Gerais, Brésil. Largeur du champ de prise de vue : 8,5 cm

cristallines du prisme. Les cristaux peuvent être maclés et le quartz rutilé renferme parfois des inclusions de rutile. Se manifeste souvent sous forme de fines aiguilles du diamètre d'un cheveu et, parfois, sous forme de granules grossières.

Propriétés physiques

Dureté : Dure (6–6½).
Densité : Moyenne (4,2 g/cm^3).
Cassure : Fragile, avec un clivage distinct et une cassure inégale sur les faces sans plans de clivage.
Test : La couleur et la dureté sont importants.

Minéraux semblables

L'ilménite (p. 78) n'a pas de clivage et les cristaux sont tabulaires. Elle est présente dans les roches ignées, alors que le rutile se manifeste le plus souvent dans les roches métamorphiques.
La magnétite (p. 74) ou l'hématite spéculaire (p. 68) est magnétique ou légèrement magnétique.
La titanite (p. 176) a un trait blanc et des cristaux cunéiformes, alors que ceux du rutile sont allongés.
Le zircon (p. 178) a un trait blanc et la coupe transversale de ses cristaux non striés est carrée.

Venues

Le rutile est très répandu dans les roches métamorphiques, telles le schiste ou le gneiss. Dans les roches ignées, il est présent dans les granites ou dans la pegmatite granitique et la syénite.

Meilleur emplacement au Canada : Petit lac du Barrage, canton de Templeton, comté de Hull, Québec.
Autres emplacements : Magnet Cove, comté de Hot Springs, Arkansas, É.-U.; Graves Mountain, comté de Lincoln, Georgie, É.-U.; Parkesburg, comté de Chester, Pennsylvanie, É.-U.; Stoney Point, comté d'Alexander, Caroline du Nord, É.-U.; Binntal, Suisse; Novo Horizonte, Bahia, Brésil. Le quartz rutilé provient de Minas Gerais, au Brésil, et de Madagascar.

Faits intéressants

Le nom du minéral vient du latin *rutilas*, faisant allusion à sa couleur rouge.

Le rutile, ou son équivalent synthétique, est non toxique; en outre, il reflète et disperse la lumière. Il est largement utilisé comme remplacement des oxydes de plomb toxiques dans les pigments qui entrent dans la fabrication des peintures de haute qualité. Il ajoute de l'éclat et du lustre aux produits en papier et en plastique. Les petites particules de rutile sont transparentes sous la lumière visible mais elles reflètent les rayons ultraviolets, ce qui en fait un minéral utile dans la fabrication d'écrans solaires. On se sert de cristaux de TiO_2 synthétiques pour produire des simili-diamants qui sont alors vendus sous le nom de « Titania ».

Le métal de titane est léger, incroyablement fort et résiste aux températures élevées et à la corrosion. Ces propriétés en font un minéral idéal aux fins de production de matériaux à l'intention de l'industrie aérospatiale, de prothèses utilisées dans le remplacement de hanches, de stimulateurs cardiaques, de montures pour lunettes et de baguettes de soudage électriques.

Rutile (40945) : Cristaux prismatiques striés à bon clivage sur du feldspath; les stries sont parallèles aux axes longitudinaux des cristaux. Petit Lac du Barrage, canton de Templeton, comté de Hull, Québec.
Largeur du champ de prise de vue : 8 cm

GROUPES DES OXYDES
CASSITÉRITE : Oxyde d'étain : SnO$_2$

La cassitérite est le principal minerai de l'étain et c'est à cette fin qu'il a été exploité depuis des siécles. Bien qu'il s'agisse d'un autre minéral lourd et de couleur foncée, les spécimens sont exceptionnellement attrayants en raison de leurs feux que l'éclat et les nombreuses facettes de ses cristaux rendent possibles. La cassitérite n'est pas un minéral commun, ce qui vaut à l'étain son prix élevé, mais il mérite d'être connu, si ce n'est que pour sa valeur à titre de minerai.

Apparence

Couleur : Brun rougeâtre foncé à brun noir.
Trait : Blanc ou gris pâle à jaune pâle.
Éclat et transparence : Éclat adamantin sur les cristaux, mais mat sur les échantillons altérés. Il est translucide à opaque.
Habitus : Les cristaux sont souvent prismatiques ou tabulaires. Les prismes sont courts et peuvent avoir quatre ou huit côtés. Le prisme est parfois surmonté d'une pyramide. Des agrégats de cristaux maclés sont très communs et si le macle continue à se reproduire, sa croissance peut se faire de façon cyclique (rotation de 360°). La cassitérite peut aussi se manifester sous forme massive, granulaire ou arrondie. On donne à la cassitérite arrondie ou concrétionnaire le nom de « bois d'étain » en raison de son apparence.

Cassitérite (34598) : Habitus botryoïde. Arroyo Carrizal, Guanajuato, Mexique. Largeur du champ de prise de vue : 8 cm

Propriétés physiques

Dureté : Dure (6–7).
Densité : Élevée (7,0 g/cm^3).
Cassure : Fragile, mais résistante. Elle est difficile à briser, a un clivage indistinct et une cassure conchoïdale.
Test : L'éclat, la densité et la dureté sont importants.

Minéraux semblables

La chromite (p. 80) n'a pas de clivage et son trait est habituellement d'un brun plus foncé.

Venues

On trouve la cassitérite associée aux roches granitiques ignées, souvent sous forme de filons renfermant de la fluorite, de la topaze, de la tourmaline et de l'arsénopyrite. En Malaisie, en Thaïlande et en Indonésie, on trouve aujourd'hui plusieurs gisements d'étain provenant de l'altération des roches ignées qui a permis à la cassitérite, lourde et résistante aux effets du climat, de s'accumuler dans des dépôts de gravier (alluvionnaires) d'origine sédimentaire.

Meilleur emplacement au Canada : Lac Big Kalzas, au Yukon.
Autres emplacements : Mono Lake, Californie, É.-U.; Tasmanie, Australie; Nouvelle-Galles du Sud, Australie; district de Viloco, La Paz, Bolivie; Minas Gerais, Brésil; Durango, Mexique; Cornouailles, Angleterre; Horni Slavkov, République tchèque; Panasqueira, Portugal; Magadan Oblast, Russie; Erongo, Namibie.

Faits intéressants

Le nom du minéral vient du grec *kassiteros*, « étain », par allusion au métal qui le compose. La presque totalité de l'étain sert au placage de l'acier afin d'en prévenir la corrosion. Tout au long de son histoire (depuis 3500 av. J.-C.), il a fait partie des principaux métaux utilisés dans les alliages de bronze. En outre, il sert de plus en plus à remplacer le plomb dans la brasure utilisée pour assembler les fils électriques et les tuyaux de plomberie.

Son symbole chimique, Sn, vient du latin *stannum*, qui signifie « étain ».

Cassitérite (50966) : Cristaux complexes dont certaines faces sont marquées de stries. Éclat adamantin. Horni Slavkov, Bohême occidentale, République tchèque. Largeur du champ de prise de vue : 6 cm

GROUPES DES OXYDES

ANHYDRITE : Sulfate de calcium : $CaSO_4$

L'anhydrite est un minéral relativement commun dans les dépôts d'évaporites d'origine sédimentaire, c'est-à-dire, des dépôts mis en place au cours de l'évaporation de l'eau de mer. Elle peut se former directement, par précipitation à partir de l'eau de mer, ou indirectement, suite au processus de déshydration qui retire l'eau du gypse. Ces deux minéraux, l'anhydrite et le gypse, sont souvent présents ensembles et peuvent même être difficiles à distinguer l'un de l'autre.

Une topographie de karst caractérise souvent les régions où se trouvent des évaporites sédimentaires. On reconnaît un paysage karstique à la présence de dolines et de crêtes abruptes. L'altération des roches sédimentaires tendres est à l'origine de ces accidents de terrain et crée, en outre, des cavernes et des ruisseaux souterrains. La surface est souvent aride et denuée de presque toute végétation.

Apparence

Couleur : Blanc ou incolore à gris ou bleuâtre, parfois bleu à violet.
Trait : Blanc à gris pâle.
Éclat et transparence : Éclat vitreux ou nacré; transparent à translucide.
Habitus : Surtout des masses cristallines massives ou grossières, granulaires ou fibreuses. Les cristaux tabulaires sont rares.

Propriétés physiques

Dureté : Moyenne (3½).
Densité : Moyenne (3,0 g/cm^3).
Cassure : Fragile, avec un clivage qui varie de parfait à bon dans trois directions perpendiculaires les unes aux autres. La cassure est inégale à esquilleuse sur les faces sans plans de clivage.
Test : La couleur et la dureté.

Minéraux semblables

Le gypse (p. 124) est moins dur (2 sur l'échelle de Mohs) et a un seul clivage parfait.
La calcite (p. 138) a trois clivages parfaits, mais ils sont de forme rhomboédrique et non perpendiculaires les uns aux autres, comme dans le cas de l'anhydrite. La calcite est effervescente au contact de l'acide, alors que l'anhydrite ne l'est pas.

Venues

L'anhydrite est présente dans les roches sédimentaires formées soit par l'évaporation de l'eau de mer à une température supérieure à 30 °C, soit par la déshydration du gypse suite à une augmentation de la température ou de la pression. L'anhydrite est souvent associée au gypse, à la calcite et à la halite. Elle est moins répandue que le gypse en surface, puisque c'est la présence d'eau qui favorise la formation du gypse.

Meilleur emplacement au Canada : Des masses clivables de couleur mauve pouvant atteindre 15 cm proviennent de la mine Madawaska, canton de Faraday, comté de Hastings, en Ontario.
Autres emplacements : Balmat, canton de Fowler, comté de St. Lawrence, État de New York, É.-U.; Naica, Mexique; Toscane, Italie; de très beaux cristaux bleu pâle proviennent de la passe du Simplon, en Suisse.

Faits intéressants

Le nom du minéral vient du grec *an*, « sans », et *hydros*, « eau ». Le choix de ce nom sert à mettre l'accent sur les différences chimiques entre l'anhydrite et le gypse qui, lui, est un sulfate hydraté de calcium.

L'extraction de l'anhydrite et du gypse en Amérique du Nord et en Nouvelle-Écosse date d'environ 1770 et se poursuit aujourd'hui. On se sert d'anhydrite pour remplir les trous et les fissures dans les mines ou les tunnels routiers. Le gypse sert plutôt à la fabrication de stucco, de plâtre de Paris et de placoplâtres.

Anhydrite (38253) : Deux traces de clivage sont visibles, le troisième clivage étant en fait la face du spécimen. Mine Madawaska, Bancroft, canton de Faraday, comté de Hastings, Ontario. Largeur du champ de prise de vue : 4,5 cm

GROUPES DES OXYDES
GYPSE : Sulfate hydraté de calcium : $CaSO_4 \cdot 2H_2O$

Le gypse est l'un des plus importants minéraux industriels utilisé à de nombreuses fins dans les domaines de l'art et de la construction.

Apparence

Couleur : Incolore à blanc, parfois gris ou jaunâtre.
Trait : Blanc.
Éclat et transparence : Éclat vitreux, mais les faces de clivage ont un éclat nacré, alors que les surfaces fibreuses ont un éclat soyeux; transparent à translucide.
Habitus : Le gypse adopte une grande variété de formes. Il peut s'agir de cristaux individuels simples en formes de lozange, d'« épées » prismatiques allongées ou de macles en « queue d'hirondelle ». Il est le plus souvent massif et a, parfois, une apparence soyeuse et fibreuse, variété à laquelle on a donné le nom de « spath satiné ».

Gypse (84539) : Cristaux maclés à éclat vitreux. Rivière Rouge, Winnipeg, Manitoba. Largeur du champ de prise de vue : 8 cm

Propriétés physiques

Dureté : Tendre (2).
Densité : Faible (2,3 g/cm^3).
Cassure : Les cristaux sont flexibles, mais non élastiques. Les cristaux ont un seul clivage parfait.
Test : La couleur et la dureté.

Minéraux semblables

La calcite (p. 138) est plus dure (3 sur l'échelle de Mohs) et a un clivage parfait selon trois plans (rhomboèdre). L'anhydrite (p. 122) est plus dure (3 sur l'échelle de Mohs) et a un clivage parfait selon trois plans perpendiculaires.

Venues

On la trouve dans des couches de grande étendue dont la mise en place résulte de l'évaporation de l'eau de mer. Puisque le sulfate de calcium est insoluble, le gypse est un des premiers minéraux à se former suite au processus d'évaporation marine.

Meilleurs emplacements au Canada : D'énormes gisements de gypse et d'anhydrite massifs sont exploités dans la région de Windsor, comté de Hants, Nouvelle-Écosse. Des cristaux et du spath satiné proviennent de

Gypse (40498) : Clivage parfait à éclat nacré. Mine Brunswick n° 6, Bathurst, comté de Gloucester, Nouveau-Brunswick. Largeur du champ de prise de vue : 14 cm

Willow Creek, région de Nanton, Alberta; ruisseau Swiftcurrent, région de Moose Jaw, Saskatchewan; canal de dérivation de la rivière Rouge, région de Winnipeg, Manitoba; Galetta, canton de Fitzroy, comté de Carleton, Ontario; St. Catharines, canton de Grantham, comté de Lincoln, Ontario; Hillsborough, comté d'Albert, Nouveau-Brunswick; Ship Cove, péninsule d'Avalon, Terre-Neuve.

Autres emplacements : Comté de Monroe, État de New York, É.-U.; comtés de Stephen et d'Alfalfa, Oklahoma, É.-U. On trouve de gros cristaux spectaculaires à Naica et à Santa Eulalia, Chihuahua, Mexique; Aragon, Espagne.

Faits intéressants

Le nom du minéral vient du grec *gyros*, ou « plâtre », par allusion à son usage principal. Des objets de plâtre façonnés en Syrie et en Anatolie datent de plus de neuf mille ans. Le plâtre est mieux connu de nos jours comme matière utilisée pour mouler les membres brisés; il entre aussi dans la fabrication des placoplâtres et du ciment, production qui en requiert plusieurs tonnes.

Gypse (38447) : Un cristal individuel en forme de losange avec des formes géométriques, soit un pinacoïde de base et deux prismes. Willow Creek, région de Nanton, en Alberta.
Largeur du spécimen : 2 cm

Gypse (38426) : Spath satiné soyeux, une variété de gypse. Bassin White, comté de Clark, Nevada. Largeur du specimen : 12 cm

GROUPES DES OXYDES
APATITE : Phosphate de calcium avec fluor : $Ca_5(PO_4)_3F$

L'apatite est en fait un groupe de minéraux qui comprend trois espèces : la fluorapatite, $Ca_5(PO_4)_3F$, qui est la plus répandue du groupe, l'hydroxyapatite, $Ca_5(PO_4)_3(OH)$, et la chlorapatite, $Ca_5(PO_4)_3Cl$.

Très rarement, on la trouve sous forme de cristaux verts de type gemme qui peuvent être taillés comme des pierres précieuses, bien qu'elle soit trop tendre pour servir à la confection de bijoux.

L'apatite extraite en Ontario et au Québec au début du XXe siècle servait à approvisionner en phosphate l'industrie des engrais. Cette production a pris fin lorsque de vastes gisements de phosphate d'origine sédimentaire ont été découverts ailleurs dans le monde.

Apparence

Couleur : Habituellement vert, mais peut aussi être blanc, jaunâtre, rougeâtre, brun ou gris.
Trait : Blanc.
Éclat et transparence : Éclat vitreux à résineux; transparent à translucide.
Habitus : Il s'agit souvent de cristaux en forme de prismes hexagonaux et de pyramides. On la trouve aussi sous forme de masse compacte ou granulaire.

Apatite (39643) : Granulaire à éclat vitreux. Perth, canton de Drummond, comté de Lanark, Ontario. Largeur du champ de prise de vue : 7 cm

Apatite (39596) : Cristal prismatique hexagonal à sommet pyramidal hexagonal. Mine d'uranium Yates, région d'Otter Lake, canton de Huddersfield, comté de Pontiac, Québec. Largeur du champ de prise de vue : 5 cm

Propriétés physiques

Dureté : Tendre (5).
Densité : Modérément élevée (3,2 g/cm^3).
Cassure : Fragile, sans clivage distinct et à cassure inégale ou conchoïdale.
Test : La dureté et le manque de clivage sont des traits distinctifs.

Minéraux semblables

L'olivine (p. 164), variété « péridot », est plus dure (6½–7 sur l'échelle de Mohs) et le béryl (p. 184) est également plus dur (7–8 sur l'échelle de Mohs).

Venues

L'apatite est présente dans les roches ignées et dans le calcaire métamorphisé (marbre).

Meilleurs emplacements au Canada : Des cristaux pouvant peser jusqu'à 300 kg ont été trouvés dans la région de Lake Clear, comté de Renfrew, Ontario; des cristaux transparents vert clair proviennent de Wilberforce, canton de Monmouth, comté de Haliburton, Ontario; des cristaux bleu foncé, de Bobs Lake, à Verona, comté de Frontenac, Ontario; des cristaux dont la taille peut atteindre 30 cm, d'Otter Lake, comté de Pontiac, Québec.
Autres emplacements : Minas Gerais, Brésil; Durango, Mexique; Panasqueira, Portugal.

Faits intéressants

Le nom du groupe de minéraux vient du grec *apatan*, ce qui signifie « décevoir », par allusion à sa ressemblance à d'autres minéraux plus précieux.

La composition et la structure de la partie principale de nos dents (la dentine) et d'une petite partie de nos os sont celles de l'hydroxylapatite, alors que la composition du revêtement, ou de l'émail, de nos dents est celle de la fluorapatite. On comprend ainsi l'utilité des traitements dentaires au fluor (les dents ne sont cependant pas considérées des minéraux, car elles ne sont pas le produit d'un processus géologique).

Apatite (50513) : Prisme hexagonal surmonté d'une petite pyramide hexagonale et d'un pinacoïde sur de la calcite rose. Mine d'uranium Yates, région d'Otter Lake, canton de Huddersfield, comté de Pontiac, Québec. Longueur du cristal : 6 cm

GROUPES DES OXYDES
BARYTINE : Sulfate de baryum : $Ba(SO_4)$

La première chose que l'on remarque en manipulant un spécimen de barytine est sa lourdeur ou sa densité. La barytine est très lourde pour un minéral non métallique en raison de sa teneur en baryum, un élément lourd. Chez les éléments stables, le baryum se situe bien au-delà de mi-chemin sur l'échelle du poids moléculaire. Les spécimens de barytine présentent souvent des groupes de cristaux spectaculaires aux faces brillantes et aux couleurs agréables. Certains tapissent l'intérieur de géodes, alors que d'autres prennent la forme de roses des sables.

Apparence

Couleur : Incolore à blanc, bleu pâle, jaune, brun rougeâtre.
Trait : Blanc.
Éclat et transparence : Éclat vitreux, résineux ou nacré; transparent à translucide.
Habitus : Il s'agit souvent de cristaux à formes diverses, notamment tabulaire et prismatique. Les cristaux prennent souvent la forme de rosettes.

Barytine (37553) : Cristaux tabulaires de barytine jaune sur de la fluorite pourpre provenant de la mine Rock Candy, dans la région de Grand Forks, en Colombie-Britannique.
Largeur du champ de prise de vue : 3 cm

Barytine (50605) : Cristal de barytine tabulaire avec saupoudrage de chalcopyrite sur la face. Mine Niobec, comté de Chicoutimi, Québec. Des traces de clivage sont visibles à l'extrémité supérieure du cristal. Largeur du champ de prise de vue : 10 cm

Propriétés physiques

Dureté : Moyenne (2½–3).
Densité : Moyenne (4,5 g/cm^3).
Cassure : Fragile, avec un clivage distinct dans trois directions.
Test : La densité, la dureté et le clivage sont des propriétés physiques importantes.

Minéraux semblables

L'aragonite (p. 146) est de densité moins élevée (2,9 g/cm^3) et n'a qu'un seul clivage parfait. La calcite (p. 138) et la dolomite (p. 142) sont toutes deux de densité moins élevée, ont un clivage rhomboédrique (trois plans de clivage décrivant un angle de 60°) et produisent une effervescence au contact de l'acide.

Venues

La barytine est présente dans les gisements hydrothermaux ou sous forme de filons et de lentilles dans les roches calcaires sédimentaires. Elle se manifeste aussi autour des griffons hydrothermaux dans les fonds marins.

Barytine (49127) : Cristaux rhombiques épais et tabulaires de barytine provenant des concessions minières Touché, rivière Rock, Yukon. Largeur du champ de prise de vue : 7 cm

Barytine (37560) : Rosette rayonnante de cristaux de barytine provenant de la mine Coppercorp, district d'Algoma, Ontario. Largeur du champ de prise de vue : 8 cm

Meilleurs emplacements au Canada : La mine Rock Candy, région de Grand Forks, en Colombie-Britannique, a des cristaux lamellaires jaune clair. De gros cristaux prismatiques pouvant atteindre la taille de 40 cm proviennent de la mine Niobec, canton de Simard, comté de Chicoutimi, au Québec; la mine Coppercorp, district d'Algoma, en Ontario, a fourni des groupes de cristaux rayonnants de couleur orange.

Autres emplacements : Cumbria, Angleterre; Maroc; Pologne.

Faits intéressants

Le nom vient du grec *barys*, qui signifie « lourd ». C'est certainement cette propriété de densité élevée de la barytine qui lui a valu son nom au XVIIe siècle. C'est également à cause de sa lourdeur que la barytine est utilisée comme produit alourdissant pour la boue de forage de puits de pétrole. Cette boue liquide est pompée vers le bas dans l'espace situé au centre de la foreuse, puis remonte vers la surface le long des côtés extérieurs de la foreuse. Le poids de la boue doit empêcher le pétrole ou le gaz sous pression de jaillir du trou de forage. Un tel jaillissement est considéré une situation extrêmement dangereuse dans le domaine pétrolier.

Bien que la barytine contienne un métal lourd, elle est considérée non toxique en raison de sa faible solubilité. On s'en sert plutôt que des composés du plomb pour rendre la peinture opaque.

La barytine ayant la propriété d'absorber efficacement les rayons X, on s'en sert aussi comme agent de repérage pour détecter les blocages intestinaux; on compte les « repas barytés » et les « lavements barytés » au nombre des actes médicaux qui y ont recours.

GROUPES DES OXYDES
TURQUOISE : Phosphate hydraté de cuivre et d'aluminium : $CuAl_6(PO_4)_4(OH)_8 \cdot 4H_2O$

La turquoise est un minéral distinctif et populaire. Il s'agit d'un des rares minéraux qui ait donné son nom à une couleur; la situation habituelle est plutôt l'inverse, puisqu'on donne plus souvent le nom d'une couleur à un minéral. Déjà en 4000 av. J.-C., les Égyptiens exploitaient la turquoise dans la péninsule du Sinaï et s'en servaient à des fins décoratives; les Amérindiens du sud-ouest des États-Unis l'ont découverte vers 200 av. J.-C.

Turquoise (30238) : Dans du conglomérat. Mine Carico Lake, comté de Lander, Nevada. Largeur du spécimen : 12 cm

Apparence

Couleur : Le plus souvent de couleur « turquoise » – couleur qui s'apparente à celle d'un ciel pâle ou à la teinte bleue des œufs de rouges-gorges. Sa couleur peut aussi varier de bleu verdâtre à verte.

Trait : Blanc avec une teinte verdâtre.
Éclat et transparence : L'éclat est mat ou céroïde; translucide à opaque.
Habitus : Habituellement à texture cryptocristalline et, lorsque massif, sous forme de nodules et de filons dans la roche. On trouve très rarement des cristaux.

Propriétés physiques

Dureté : Dure (5–6).
Densité : Moyenne (2,7 g/cm^3).
Cassure : Fragile, avec une cassure légèrement conchoïdale.
Test : La couleur de ce minéral est tellement distinctive qu'elle a donné son nom au minéral.

Minéraux semblables

La chrysocolle (p. 216) est moins dure (2–4 sur l'échelle de Mohs). On s'en sert parfois pour imiter la turquoise qui est une pierre gemme beaucoup plus précieuse.
La malachite (p. 158) est verte, sans aucune teinte de bleu, et elle produit une effervescence au contact de l'acide.

Venues

La turquoise est présente dans des filons sis dans des roches volcaniques altérées peu profondes, qui sont associées à de la « limonite » et de la calcédoine.

Meilleurs emplacements au Canada : Les glaciations ont fait en sorte qu'il n'y a pas de roches propices à la formation de la turquoise au Canada.

Autres emplacements : Comté de Santa Fe, Nouveau-Mexique, É.-U.; comté de Nye, Nevada, É.-U.; comté de Campbell, Virginie, É.-U.; St. Austell, Cornouailles, Angleterre; Katanga, République démocratique du Congo. Quelques uns des plus anciens et plus beaux spécimens de turquoise provenaient des monts Al-Mirsah-Kuh de la Perse antique, au nord-ouest du village contemporain de Madan, près de Nyshăpùr, en Iran.

Faits intéressants

Tout au long de sa longue histoire, ce minéral a porté plusieurs noms mais ce n'est que vers le XVIe siècle que les Français eurent recours au mot *turquoise*, qui signifie « pierre turque ». La Turquie se serait trouvée sur la route suivie par les commerçants qui apportaient leurs turquoises de l'Iran et de l'Égypte vers l'Europe. Ce n'est que plus tard, vers les années 1850, que l'on s'est mis à utiliser le terme « turquoise » pour désigner la couleur comme telle. La turquoise sous forme de pierre précieuse, est taillée en cabochon dont la surface supérieure est légèrement bombée. Les bijoux en turquoise sont tellement populaires de nos jours qu'ils sont très souvent imités (« faux »); pour ce faire, on utilise de la chrysocolle ou on les reconstitue à partir de turquoises de mauvaise qualité qui, une fois broyées, sont colorées et prises dans de la résine.

Turquoise (40017) : Dans un filon de quartz. Bisbee, comté de Cochise, Arizona. Largeur du champ de prise de vue : 7 cm

GROUPES DES OXYDES

CALCITE : Carbonate de calcium : Ca(CO$_3$)

La calcite est souvent le premier minéral que l'on recueille car elle est très répandue et se manifeste souvent sous forme de cristaux attrayants. Elle présente une grande variété de formes, de couleurs et d'emplacements de collecte, et tous ces facteurs peuvent contribuer à créer des problèmes d'identification. Les divers faciès qu'elle adopte ont mené à la désignation de plusieurs variétés dont les noms sont souvent très descriptifs. Par exemple, les variétés de calcite « en tête de clou » ou « en dent de chien » font allusion à des formes particulières, mais néanmoins caractéristiques. Le test de dureté permet facilement d'établir s'il s'agit de calcite plutôt que de quartz ou d'autres minéraux semblables.

Apparence

Couleur : Incolore, blanc, teintes pâles.
Trait : Blanc à gris.
Éclat et transparence : Éclat non métallique, vitreux; translucide à transparent.
Habitus : Massif à granulaire, cristaux pyramidaux, tabulaires, aciculaires. La forme cristalline la plus commune, le rhomboèdre, présente six faces (trois vers le haut et trois vers le bas), chacune de la forme d'un rhombus ou un diamant.

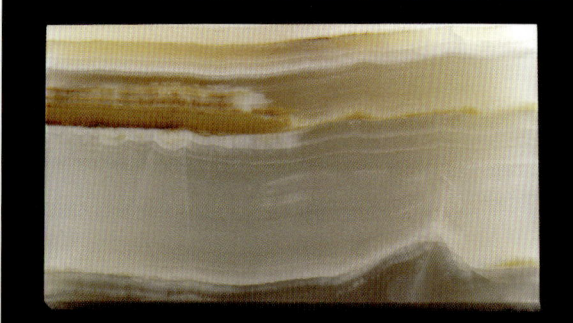

Calcite (35576) : Variété du nom de « marbre onyx ». Mexique. Largeur de la lame mince polie : 10 cm

Propriétés physiques

Dureté : Moyenne (3).
Densité : Moyenne (2,7 g/cm^3).
Cassure : Fragile, avec un bon clivage rhomboédrique.
Test : Le minéral broyé produit une effervescence au contact de quelques gouttes de vinaigre.

Calcite (35665) : Trois clivages parfaits formant un rhomboèdre. Les plans de clivages internes sont à remarquer. Variété « spath d'Islande ». Creel, Chihuahua, Mexique. Largeur du spécimen : 7 cm

Minéraux semblables

Le feldspath (p. 226) et le quartz (p. 218) sont plus durs.

La fluorite (p. 106) est habituellement plus lourde et de couleur plus foncée. À la différence de la calcite, la fluorite a un clivage cubique.

La dolomite (p. 142) n'est pas aussi effervescente, ou ne l'est pas du tout, au contact d'un acide faible, comme le vinaigre.

L'aragonite (p. 146) n'a qu'un seul clivage.

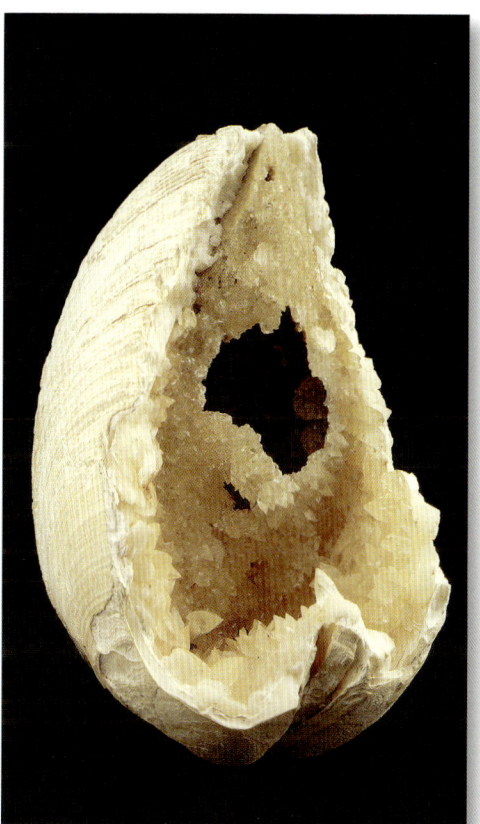

Calcite (35747) : Fins cristaux pyramidaux remplissant la coquille fossilisée d'un bivalve. Hampton, comté de York, Virginie. Largeur du champ de prise de vue : 9 cm

Calcite (58446) : Variété « jeton de poker » montrant un court prisme hexagonal à terminaison de pinacoïde. St. Andreasburg, Basse-Saxe, Allemagne. Largeur du champ de prise de vue : 9 cm

Calcite (84408) : Cristaux rhomboédriques complexes à éclat vitreux. Cristal externe transparent renfermant un cristal orange formé antérieurement, auquel on donne le nom de « fantôme ». Carrière Grant, Greely, canton d'Osgoode, comté de Carleton, Ontario. Largeur du champ de prise de vue : 4 cm

Calcite (30184) : Cristal rhomboédrique, liséré d'accroissement secondaire rubané. Le clivage rhomboédrique est à remarquer. Mine Bluebell, Riondel, district de Kootenay, Colombie-Britannique. Largeur du cristal : 6 cm

Venues

Ce minéral fort répandu est présent dans les roches sédimentaires (calcaire, p. 276) et les roches métamorphiques (marbre, p. 294). Des découvertes récentes révèlent que la calcite se forme parfois très profondément à l'intérieur de la Terre, notamment dans des roches ignées comme la carbonatite.

Meilleurs emplacements au Canada : Gros cristaux rhomboédriques de couleur blanc rose de la mine Bluebell, Riondell, district de Kootenay, Colombie-Britannique; groupes de cristaux en forme de nœuds papillons de la mine George McLeod, canton de Chabanel, district d'Algoma, Ontario; cristaux à terminaison double de la mine Coppercorp, district d'Algoma, Ontario; gros cristaux polyédriques de la mine Long Lac, canton de Olden, comté de Frontenac, Ontario; cristaux polyédriques de 30 cm

Calcite (53750) : Cristal scalénoédrique brut à éclat vitreux. Mine Nanisivik, Nanisivik, île de Baffin, Nunavut. Largeur du champ de prise de vue : 4,5 cm

provenant de Lyndhurst, cantons de Leeds et Lansdowne, comté de Leeds, Ontario; cristaux enrobés d'hématite provenant de la mine Madawaska, canton de Faraday, comté de Hastings, Ontario; cristaux triangulaires plats de la mine Niobec, canton de Simard, comté de Chicoutimi, Québec; cristaux maclés provenant de Baie Comeau, canton de La Flèche, comté de Saguenay, Québec.

Autres emplacements : Comté de Hardin, Illinois, É.-U.; comté de Jasper, Missouri, É.-U.; comté d'Ottawa, Oklahoma, É.-U.; Elmwood, comté de Smith, Tennessee, É.-U.; Chihuahua, Mexique; San Luis Potosi, Mexique; Derbyshire, Angleterre; Cumbria, Angleterre; Cornouailles, Angleterre; St. Gallen, Suisse; Tsumeb, Namibie.

Faits intéressants

On peut remarquer un effet de biréfringence dans des fragments de calcite fracturés. Si le fragment est posé sur une page d'imprimerie, on verra alors une image double. Si elle renferme des traces de magnésium, la calcite est fluorescente lorsqu'exposée à la lumière ultraviolette.

On utilise la calcite surtout dans la production du mortier et du plâtre. La variété transparente et incolore connue sous le nom de « spath d'Islande » sert à la fabrication d'instruments d'optique. On ne devrait pas utiliser le terme « marbre onyx » puisque l'onyx est, en fait, une variété de quartz de couleur noire. Il est regrettable que le terme soit si souvent utilisé pour décrire un grand nombre d'objets décoratifs, souvent teints, qui ont été faits à partir de calcite ou d'aragonite.

Calcite (43711) : Habitus stalactitique.
Comté de Carter, Montana.
Largeur du champ de prise de vue : 15 cm

GROUPES DES OXYDES
DOLOMITE : Carbonate de calcium et de magnésium : $CaMg(CO_3)_2$

La dolomite est un minéral commun qu'il est parfois difficile de distinguer de la calcite, un autre carbonate fort répandu. La dolomite est un minéral important en raison de ses nombreux usages. Il s'agit du composant principal de deux roches communes, la dolomie à grain fin et le marbre dolomitique à grain plus grossier.

Dolomite (36252) : Cristaux rhomboédriques arrondis dont les plans de clivage sont visibles. Nova Lima, Minas Gerais, Brésil. Largeur du spécimen : 12 cm

Apparence

Couleur : Blanc ou gris et, parfois avec des teintes de rose, de vert ou de brun.
Trait : Blanc.
Éclat et transparence : Éclat vitreux à nacré; transparent à translucide.
Habitus : Souvent des cristaux rhombiques ou en forme de diamant dont les faces sont bombées. Si les cristaux se composent de plusieurs formes individuelles, les faces bombées peuvent être en forme de selle.

Propriétés physiques

Dureté : Moyenne (3–4).
Densité : Moyenne (2,9 g/cm^3).
Cassure : Fragile, avec un clivage distinct selon trois plans, de façon à former un rhomboèdre et une cassure inégale, subconchoïdale sur les faces sans plan de clivage.
Test : Les faces cristallines bombées. Elle produit une effervescence seulement au contact d'une solution acide tiède ou puissante. Dans une solution acide faible, comme du vinaigre, on ne remarque presqu'aucune effervescence.

Dolomite (49860) : Clivage rhomboédrique prononcé. Saupoudrage de chalcopyrite. Mine Asarco Aquarius, région de Timmins, canton de Macklem, comté de Cochrane, Ontario.
Longueur du champ de prise de vue : 5 cm

Minéraux semblables

La calcite (p. 138) est très effervescente au contact de l'acide, alors que la dolomite l'est beaucoup moins, ou pas du tout, au contact d'un acide faible, comme du vinaigre.

Venues

À l'instar de la calcite, on trouve la dolomite dans les roches sédimentaires d'origine marine. Elle est aussi présente dans des filons hydrothermaux souvent associés à la fluorite et à la barytine.

Meilleurs emplacements au Canada : Des cristaux pâles de couleur orange sur du quartz rouge proviennent de Rabbit Lake, Saskatchewan; Saint Catharines, comté de Lincoln, Ontario; carrière Trudeau, comté de Vaudreuil, Québec; des cristaux roses en forme de selle proviennent de Saint-Eustache, Québec; Gasparine, comté de Chateauguay, Québec.

Autres emplacements : Des cristaux fins proviennent de Traversella et de Brosso, Piémont, Italie, et de Eugui, province de Navarre, Espagne; Belo Horizonte, Minas Gerais et Bahia, district de Burmado, Brésil.

Faits intéressants

Le minéral recevait ce nom en 1794, en honneur du géologue français Déodat Gratet de Dolomieu, le premier à le décrire au cours de ses recherches dans les Alpes. La dolomite est une source de magnésium (Mg) et de magnésie (MgO). Le métal étant très léger, il entre dans la fabrication des aéronefs, des engins spatiaux, des véhicules automobiles et des outils portatifs.

Dolomite (43605) : Cristaux roses bombés surmontés de cristaux complexes incolores plus jeunes. Carrière St. Eustache, Saint-Eustache, comté de Deux-Montagnes, Québec. Largeur du champ de prise de vue : 5 cm

GROUPES DES OXYDES
ARAGONITE : Carbonate de calcium : Ca(CO$_3$)

L'aragonite a la même composition chimique que la calcite, mais est très différente au niveau de sa structure atomique. Ces deux minéraux sont donc des formes polymorphes l'une de l'autre. L'aragonite est plus rare que la calcite, mais il s'agit néanmoins d'un minéral important qui se manifeste dans de nombreux milieux géologiques différents. On la retrouve le plus souvent sous forme de sécrétions animales à l'intérieur de perles et de coquillages marins. Cette origine biologique suscite d'ailleurs quelques débats au sujet de la nature de cette forme d'aragonite aux termes desquels la question se pose s'il s'agit véritablement d'un minéral.

Apparence

Couleur : La couleur est très variable; habituellement blanc, mais peut également être gris, jaune, vert, bleu, violet, rougeâtre ou brun.
Trait : Blanc.
Éclat et transparence : Éclat vitreux; transparent.
Habitus : Souvent massif, mais peut être stalactitique, en forme de croûtes ou ressemblant à du corail. La forme des cristaux varie de prismatique à aciculaire. Les cristaux sont parfois maclés, de façon à former des prismes de forme hexagonale.

Propriétés physiques

Aragonite (35984) : Prisme hexagonal maclé. Amarillo, comté de Potter, Texas. Largeur du champ de prise de vue : 4 cm

Dureté : Moyenne (3–4).
Densité : Moyenne (2,9 g/cm^3).
Cassure : Fragile, avec un seul clivage distinct et une cassure conchoïdale sur la face sans plan de clivage.
Test : L'aragonite produit une effervescence au contact de l'acide dilué.

Minéraux semblables

La calcite (p. 138) a un clivage parfait selon trois plans plutôt qu'un seul, comme dans le cas de l'aragonite. La dolomite (p. 142) n'est pas effervescente au contact d'une solution acide faible.

Venues

L'aragonite est présente dans les roches sédimentaires. On la trouve aussi autour de sources chaudes et dans les cavernes sous forme de stalactites et de stalagmites.

Aragonite (␣␣␣␣␣) : Croûte sur la surface de la roche.
Mine Jeffrey, canton de Shipton, comté de Richmond, Québec.
Largeur du champ de prise de vue : 15 cm

Meilleurs emplacements au Canada : Des gerbes de cristaux aciculaires pouvant atteindre quelques centimètres ont été trouvés à Thetford Mines, comté de Mégantic, au Québec; des cristaux de 8 cm proviennent de la mine de fer Caland, district de Rainy River, en Ontario.

Autres emplacements : Amarillo, comté de Potter, Texas, É.-U.; mine Katharine, comté de Madison, Missouri, É.-U.; près de Carlsbad, Nouveau-Mexique, É.-U.; Broken Hill, Nouvelle-Galles du Sud, Australie; Molina de Aragon, province de Guadalajara, Espagne; province de Styrie, Autriche; Herrengrund, République tchèque; Agrigente, Sicile, Italie; Cumbria, Angleterre.

Faits intéressants

La région d'Aragonie, en Espagne, a donné son nom à ce minéral, car c'est là qu'il fut décrit pour la première fois en 1767.

La formation de l'aragonite exige habituellement des pressions plus élevées que celle responsables de la formation de la calcite, mais il est intéressant de noter que les perles et les coquilles de certains animaux marins sont néanmoins formées d'aragonite. La cause de la formation de l'aragonite à basse température et à faible pression est inconnue.

On donne souvent le nom de « marbre onyx » à une grande variété d'objets décoratifs, notamment des tables, des appuis-livres, des pièces de jeu d'échecs, des cendriers et des bijoux. Le matériau utilisé pour leur confection peut avoir plusieurs couleurs atténuées, telles le blanc, le havane, ou le jaune crème, mais il est plus souvent teint de couleurs plus vives, telles le bleu, le vert et le rouge. Le matériau en question est le travertin, une roche composée de dépôts calcaires mis en place par des eaux souterraines et constituée d'un mélange de calcite et d'aragonite.

Aragonite (35969) : Macle hexagonal. Sicile, district d'Agrigente, Italie. Largeur du champ de prise de vue : 7 cm

Aragonite (39373) : Gerbe d'aiguilles translucides. Région de Thetford Mines, L'Amiante, canton de Thetford, comté de Mégantic, Québec. Largeur du champ de prise de vue : 7 cm

GROUPES DES OXYDES
SIDÉRITE : Carbonate de fer : Fe(CO$_3$)

La sidérite a la même structure cristalline que la calcite mais, dans son cas, des atomes de fer se substituent aux atomes de calcite. Puisqu'ils partagent une structure cristalline semblable, les deux minéraux ont aussi une forme cristalline et un clivage semblable, mais la sidérite présente d'importantes différences au niveau de la couleur, de la densité et de la dureté.

Apparence

Couleur : Le plus souvent brun pâle à brun foncé, parfois avec des teintes verdâtres ou rougeâtres.
Trait : Blanc.
Éclat et transparence : Éclat vitreux; translucide.
Habitus : Souvent sous forme de cristaux rhomboédriques aux faces bombées. Il peut aussi être massif, stalactitique ou arrondi.

Sidérite (36842) : Cristal rhomboédrique sur de l'albite. Carrières Demix et Poudrette, Mont-Saint-Hilaire, comté de Rouville, Québec. Largeur du champ de prise de vue : 11 cm

Propriétés physiques

Dureté : Moyenne (4).
Densité : Moyenne (4,0 g/cm^3).
Cassure : Fragile, avec un clivage parfait parallèle aux plans rhomboédriques.
Test : La couleur, la dureté et la densité sont importantes. Produit une effervescence au contact de l'acide dilué.

Minéraux semblables

La calcite (p. 138) est habituellement incolore ou blanche et non brune. La calcite est moins lourde (2.7 g/cm^3) et moins dure (3 sur l'échelle de Mohs) que la sidérite.

La dolomite (p. 142) peut ressembler à la sidérite, car elle est de densité (2.9 g/cm^3) et de dureté (3–4 sur l'échelle de Mohs) semblables. Il est possible de les différencier en ayant recours au test de l'acide car la sidérite est plus effervescente que la dolomite au contact de l'acide dilué.

Venues

On trouve la sidérite le plus souvent dans des milieux sédimentaires, comme des couches litées au sein de l'argile, du shale ou du charbon. Si ces gisements sont subséquemment soumis à un épisode de métamorphisme, la texture de la roche peut devenir plus cristalline. Dans certains cas plus rares, la sidérite peut se manifester dans des gisements hydrothermaux et dans des pegmatites à granite et à syénite néphélinique.

Meilleurs emplacements au Canada : De gros cristaux rhomboédriques pouvant atteindre une taille de 15 cm ont été trouvés à Mont-Saint-Hilaire, comté de Rouville, Québec; Rapid Creek, Yukon.

Autres emplacements : Potosi, Bolivie; Minas Gerais, Brésil; Cornouailles, Angleterre; monts Harz, Allemagne; Bindt, Slovaquie; Baia Sprie, Roumanie.

Faits intéressants

Le nom du minéral vient du grec *sideros*, qui signifie « fer ». La sidérite est une source exploitée importante, bien que très secondaire, de fer. À la mine Helen, près de Wawa en Ontario, du minerai de fer à sidérite rubané a fait l'objet d'une exploitation profitable pendant 60 ans (1937–1997). Le champ de minerai Rudnany, en Slovaquie, a également été le site d'une exploitation de sidérite.

D'énormes formations ferrifères partout au monde renferment de la sidérite : la région du lac Supérieur en Amérique du Nord; la fosse du Labrador, au Canada; la chaîne Hamersley, en Australie-Occidentale; et le supergroupe de Transvaal, en Afrique du Sud. Un vaste océan, qui couvrait presque toute la surface du globe il y a 3,5 milliards d'années, renfermait des quantités considérables de fer provenant de l'altération de roches riches en fer dans un milieu où l'atmosphère était déficitaire en oxygène, mais riche en méthane. Au fil du temps, la composition de l'atmosphère s'est modifiée et la réduction du niveau de méthane a permis à la vie de se développer. En permettant l'augmentation des niveaux d'oxygène et du gaz carbonique, la photosynthèse produite par des cyanobactéries primitives est à l'origine de la précipitation du fer sous forme de carbonate de fer ou de sidérite. L'augmentation continue du niveau d'oxygène dans l'atmosphère a entraîné la précipitation de la goethite, de l'hématite et de la magnétite.

Sidérite (55154) : Cristal rhomboédrique en escalier.
Mine Morro Velho, Nova Lima, Minas Gerais, Brésil.
Largeur du champ de prise de vue : 4 cm

GROUPES DES OXYDES
RHODOCHROSITE : Carbonate de manganèse : Mn(CO$_3$)

La rhodochrosite est un des très rares minéraux dont la couleur est rose, en faisant ainsi un minéral assez facile à identifier. Elle peut prendre plusieurs formes et adopter différentes teintes de couleur, propriétés qui en font un minéral fort prisé des collectionneurs. Elle peut aussi servir à la confection de beaux bijoux, qui ne sont malheureusement pas durables en raison de son manque de dureté. Il faut prendre soin de ne pas la confondre avec la rhodonite qui, elle, est un silicate de manganèse.

Apparence

Couleur : Rouge à brun, à blanc, en passant par diverses teintes de rose. Souvent en alternance avec des rubans blancs de calcite.
Trait : Blanc.
Éclat et transparence : Éclat vitreux; transparent à translucide.
Habitus : Plusieurs habitus, notamment massif, arrondi ou botryoïde, stalactitique et en fins cristaux rhomboédriques (comme la calcite).

Rhodochrosite (48247) : Lame mince d'une stalactite. Catamarca, Argentine.
Largeur du spécimen : 10 cm

*Rhodochrosite (37067) : Cristaux rhomboédriques.
Carrières Demix et Poudrette, Mont-Saint-Hilaire,
comté de Rouville, Québec.
Largeur du spécimen : 3 cm*

Propriétés physiques

Dureté : Moyenne (3–4).
Densité : Moyenne (3,7 g/cm^3).
Cassure : Fragile, avec un bon clivage rhomboédrique et une cassure inégale sur les faces sans plan de clivage.
Test : Couleur et dureté. En outre, elle est effervescente au contact de l'acide.

Minéraux semblables

La rhodonite (p. 202) est plus dure (6 sur l'échelle de Mohs), a un clivage presqu'à angle droit et n'est pas effervescente au contact de l'acide.

Venues

La rhodochrosite est présente dans des filons formés par des solutions hydrothermales chaudes.

Meilleurs emplacements au Canada : Mont-Saint-Hilaire, comté de Rouville, Québec; mine Bluebell, district de Kootenay, Colombie-Britannique.

Autres emplacements : Cristaux du comté de Park, Colorado, É.-U.; comté d'Iron, Wisconsin, É.-U.; à Peru et la province du Cap, Afrique du Sud; formes rubanées et stalactitiques à Catamarca, Argentine; Stratoni, Grèce.

Faits intéressants

Le nom du minéral vient du grec *rhodon*, « rose », et *chrosis*, « teinte ». La rhodochrosite n'est qu'un minéral d'importance très secondaire comme source de manganèse. Elle sert surtout à la confection de bijoux, sous forme de perles et de pendantifs.

Rhodochrosite (37078) : Clivage rhomboédrique. Carrières Demix et Poudrette, Mont-Saint-Hilaire, comté de Rouville, Québec. Largeur du spécimen : 7 cm

GROUPES DES OXYDES
AZURITE : Carbonate hydraté de cuivre : $Cu_3(CO_3)_2(OH)_2$

La couleur bleue de l'azurite est inoubliable et les spécimens de ce minéral sont très convoités. L'azurite était une source de pigment bleu utilisé depuis la 4e Dynastie chez les Égyptiens jusqu'au XIXe siècle. Il s'agit du plus important pigment utilisé au cours du Moyen Âge et de la Renaissance et ce n'est qu'avec la découverte du pigment synthétique « bleu de Prusse », au début des années 1700, qu'on a commencé à le remplacer. À l'instar de la malachite, minéral plus commun qui lui est associé, l'azurite est de dureté moyenne et ne peut donc servir qu'à la confection de bijoux qui ne seront pas traités rudement, comme des pendantifs. On trouve parfois la malachite et l'azurite ensemble, formant des motifs enchevêtrés de grande beauté.

Azurite, malachite (84063) : Stalactites creuses d'azurite bleue enrobées de malachite verte. Arizona.
Largeur du champ de prise de vue : 18 cm

Apparence

Couleur : Bleu foncé, presque bleu noir chez certains spécimens.
Trait : Bleu pâle.
Éclat et transparence : Éclat vitreux sur les cristaux et plus mat sur les spécimens massifs. Elle est translucide à opaque.
Habitus : Varie de cristaux prismatiques tabulaires à trapus ou allongés. L'azurite est le plus souvent massive avec des faciès botryoïdes, stalactitiques ou rayonnants.

Propriétés physiques

Dureté : Moyenne (3–4).
Densité : Moyenne (3,8 g/cm^3).
Cassure : Fragile, avec un clivage distinct et une cassure conchoïdale sur les faces sans plan de clivage.
Test : La couleur et la dureté. Elle est particulièrement effervescente au contact d'un acide puissant, comme de l'acide chlorhydrique.

Minéraux semblables

La sodalite (p. 234) est beaucoup plus dure (6 sur l'échelle de Mohs) et n'a pas de clivage distinct.
La lazurite (p. 236) est plus dure (5–6 sur l'échelle de Mohs) et n'a pas de clivage distinct.

Venues

On la trouve dans les zones altérées (zone d'oxydation) des gisements de cuivre souvent associés à la malachite, la chrysocolle, la cuprite et la calcite.

Meilleurs emplacements au Canada : Petites plaques de cristaux microscopiques brillants provenant de la mine de cuivre Highland Valley, district de Kamloops, en Colombie-Britannique; la mine Pueblo, district de Whitehorse, au Yukon.

Autres emplacements : Bisbee, comté de Cochise, Arizona, É.-U.; Toussit, Maroc; Tsumeb, Namibie; Katanga, République démocratique du Congo; Chessy, département du Rhône, France; Moonta, Australie-Méridionale, Australie.

Faits intéressants

Le nom du minéral vient du persan *lazhward*, ce qui signifie « couleur bleue ».

Les formules chimiques de la malachite, $Cu_2(CO_3)(OH)_2$, et de l'azurite, $Cu_3(CO_3)_2(OH)_2$, se ressemblent. Dans certains cas exceptionnels, on peut trouver de la malachite qui remplace des cristaux d'azurite, phénomène auquel on donne le nom de « pseudomorphe » ou « fausse forme ». Ce remplacement de nature pseudomorphique résulte de l'oxydation de l'azurite qui produit de la malachite. Ce processus est à l'origine de l'altération des couleurs de certaines peintures réalisées il y a plusieurs siècles passés.

Azurite (48296) : Cristaux prismatiques. Mine Touissit, Oujda, Touissite, Maroc. Largeur du champ de prise de vue : 4 cm

GROUPES DES OXYDES
MALACHITE : Carbonate hydraté de cuivre : $Cu_2(CO_3)(OH)_2$

La couleur verte caractéristique des minéraux renfermant du cuivre est particulièrement évidente chez la malachite. Ses motifs rubanés de couleur vert pâle et vert foncé sont tellement distinctifs que la malachite est l'un des rares minéraux aisément reconnu par le grand public. Il est regrettable qu'à l'instar de tous les carbonates, son manque de dureté fasse qu'il ne puisse servir à la confection de bijoux durables.

Apparence

Couleur : Vert pale à foncé, presque noirâtre. On remarque souvent un beau motif rubané dans les formes massives.
Trait : Vert pâle.
Éclat et transparence : L'éclat varie de vitreux à adamantin sur les faces cristallines, soyeux dans le cas des formes fibreuses et mat dans celui des formes massives. Il est translucide à opaque.
Habitus : Souvent massif avec des formes globulaires ou stalactitiques. Les cristaux de malachite sont rares; leur forme varie d'aciculaire à équante (de dimensions égales dans les trois directions), à tabulaire.

Propriétés physiques

Dureté : Moyenne (3½–4).
Densité : Moyenne (4,0 g/cm3).
Cassure : Fragile, avec un clivage distinct et une cassure inégale sur les formes massives.
Test : La couleur et la dureté. Elle produit une effervescence au contact d'un acide puissant, comme de l'acide chlorhydrique.

Malachite (32015) : Aiguilles rayonnantes. Mine d'argent Bristol, Pioche, comté de Lincoln, Nevada. Largeur du champ de prise de vue : 5 cm

Minéraux semblables

La chrysocolle (p. 216) est de couleur plus pâle et n'est pas effervescente au contact d'un acide puissant.

Venues

On la trouve près de la surface ou dans la zone altérée (zone d'oxydation) de gisements de cuivre; la malachite est très souvent associée à la chrysocole, la cuprite, l'azurite et la calcite.

Meilleurs emplacements au Canada : Jellicoe, district de Thunder Bay, Ontario; mine Craigmont, district de Kamloops, Colombie-Britannique; mine Pueblo, district de Whitehorse, Yukon.

Autres emplacements : Bisbee, comté de Cochise, Arizona, É.-U.; Nizhiny Tagil, monts Oural, Russie; Kakanda, province de Katanga, République démocratique du Congo; Tsumeb, Namibie.

Faits intéressants

Le nom du minéral vient du grec *moloche*, soit « mauve », une plante vert foncé originaire de l'Asie et de l'Europe, mais qui s'est répandue telle une mauvaise herbe et que l'on trouve aujourd'hui dans le monde entier.

On se servait de malachite pour produire un pigment vert utilisé dans les peintures funéraires égyptiennes de la 4e Dynastie (vers environ 2600 – 2500 av. J.-C.) et, plus tard, en Europe aux XVe et au XVIe siècle. Un mince placage de malachite recouvre les colonnes massives et les urnes de la « Salle de Malachite » au musée de l'Ermitage à Saint-Pétersbourg, en Russie.

Le célèbre philosophe et alchimiste allemand du XIIIe siècle, Albert le Grand, écrivait que la malachite protège celui qui la porte des malheurs et qu'on peut aussi y avoir recours pour veiller sur le berceau des enfants.

Malachite (37233) : Nodulaire avec rubanement concentrique. Nizhniy Tagil, Russie. Largeur du champ de prise de vue : 16 cm

GROUPES DES OXYDES

BORAX : Borate hydraté de sodium : $Na_2B_4O_5(OH)_4 \cdot 8H_2O$

Ce minéral est devenu célèbre suite à l'association de son nom au produit « Twenty Mule Team Borax », un produit de nettoyage et désinfectant domestique. Le borax est un minéral que l'on trouve sous forme de gisement de taille considérable, mais qui se manifeste à peu d'endroits. Sa mise en place exige des conditions spéciales.

Apparence

Couleur : Incolore, mais le minéral est très sujet à la perte d'eau et il devient alors blanc, gris ou jaune.
Trait : Blanc.
Éclat et transparence : Éclat vitreux à mat ou crayeux (lorsque le minéral devient déshydraté); translucide.
Habitus : Souvent des cristaux de forme prismatique.

Propriétés physiques

Dureté : Tendre (2–2½).
Densité : Faible (1,7 g/cm^3).
Cassure : Fragile, avec un clivage distinct et une cassure conchoïdale sur les faces sans plan de clivage.
Test : La couleur, le produit d'altération poudreux et la dureté.

Minéraux semblables

L'ulexite (p. 162) se dissout dans l'eau chaude alors que le borax est soluble aussi bien dans l'eau froide que l'eau chaude. L'ulexite est plus fibreuse, alors que le borax est prismatique.

Venues

Le borax est présent dans les dépôts sédimentaires formés par évaporation. On le trouve aussi associé aux sources d'eaux chaudes. On trouve souvent de l'ulexite avec le borax.

Meilleur emplacement au Canada : Bien que le borax soit inconnu au Canada, les gisements de potasse de Sussex, comté de Kings, au Nouveau-Brunswick renferment de nombreux minéraux boratés.
Autres emplacements : On le trouve dans plusieurs lacs salés au Nevada et en Californie.

Faits intéressants

Ce minéral est connu depuis l'antiquité et son nom vient du persan *boûraq*, qui signifie « blanc ». À l'instar de l'ulexite, le borax est une source importante de bore. Cet élément exotique a plusieurs usages dans les domaines de la médecine, de la fabrication du verre et de la glaçure, des matériaux modernes utilisés dans les avions à réaction et des propergols. L'intérêt porte, pour le moment, sur la capacité du bore à servir de véhicule sécuritaire susceptible de permettre le stockage de l'hydrogène comme carburant. L'importance de ce dernier provient du fait qu'il pourrait un jour remplacer la gazoline.

Borax (37339) : Cristaux que l'altération a transformé en un minéral poudreux blanc. Comté de Kern, Californie. Largeur du champ de prise de vue : 7 cm

GROUPES DES OXYDES
ULEXITE : Borate hydraté de sodium et de calcium : NaCaB$_5$O$_6$(OH)$_6$ · 5H$_2$O

On a donné à l'ulexite le nom de « pierre télévision » en raison de ses propriétés optiques intéressantes et précieuses. Comme les surfaces lisses polies de l'ulexite sont perpendiculaires à ses fibres, ces dernières ont la propriété de pouvoir transmettre les images. Cet effet de fibre optique causé par la polarisation de la lumière est un phénomène auquel ont recours de nos jours plusieurs genres de transmissions visuelles ou des données.

Ulexite (37343) : Variété « roche télévision » soyeuse et fibreuse. Boron, comté de Kern, Californie. Largeur du spécimen : 6 cm

Apparence

Couleur : Blanc, gris ou incolore.
Trait : Blanc.
Éclat et transparence : Éclat vitreux ou soyeux; transparent à translucide.
Habitus : Souvent des fibres en forme de touffes rayonnantes ou compactes.

Propriétés physiques

Dureté : Tendre (2). L'habitus fibreux rend la mesure de la dureté difficile.
Densité : Faible (2,0 g/cm^3).
Cassure : Fragile, avec un clivage distinct.
Test : Se dissout dans l'eau chaude.

Minéraux semblables

Le borax (p. 160) est soluble dans l'eau froide et il est de forme prismatique.

Venues

L'ulexite est présente dans des dépôts sédimentaires formés par l'évaporation de lacs ou de marais dans des zones à climat aride. Le bore provient de l'activité volcanique. L'ulexite est souvent associé au borax.

Meilleur emplacement au Canada : On en trouve dans les gisements de potasse de Sussex, comté de Kings, au Nouveau-Brunswick.

Autres emplacements : Provient de nombreux lacs salés au Nevada, et des comtés de Kern et de Inyo, en Californie, É.-U.

Faits intéressants

Le minéral porte le nom du chimiste allemand, Georg Ludwig Ulex, qui le premier a réussi à l'analyser correctement.

L'ulexite est un important minerai de bore. Ce dernier trouve de nombreux usages dans les domaines de la médecine et de la fabrication des propergols, des glaçures et des désinfectants. La nitrure de bore synthétique est aussi dure que le diamant et sert de matière abrasive.

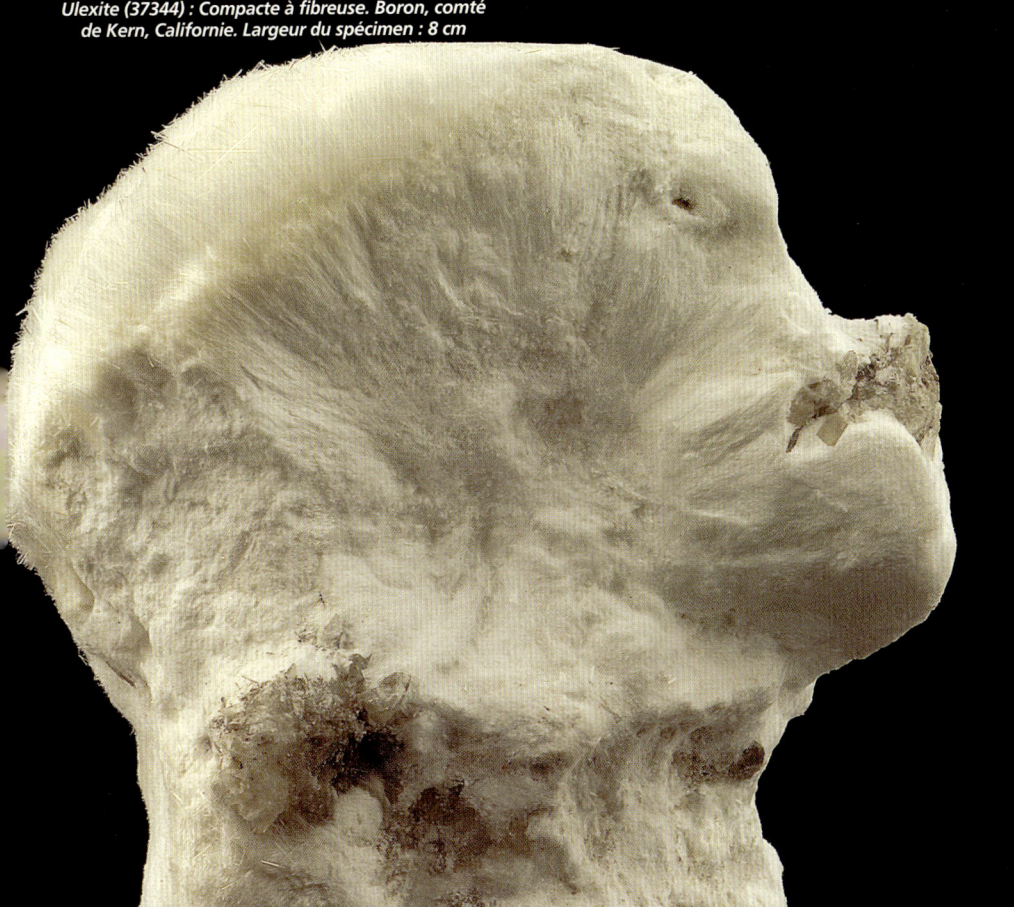

Ulexite (37344) : Compacte à fibreuse. Boron, comté de Kern, Californie. Largeur du spécimen : 8 cm

SILICATES
OLIVINE : Silicate de magnésium et de fer : $(Mg,Fe)_2SiO_4$

L'olivine est le nom donné à une série de composition chimique qui englobe de la forstérite pure, Mg_2SiO_4, à la fayalite pure, Fe_2SiO_4. La forstérite est un minéral bien plus courant que la fayalite. Les deux minéraux sont difficiles à distinguer l'un de l'autre et, puisque la plupart des spécimens recueillis contiennent aussi bien du fer que du magnésium, leur composition de type intermédiaire les situe entre la forstérite et la fayalite. Il est donc préférable d'utiliser le nom de la série, olivine, aux fins d'identification. Bien que la croûte terrestre contienne peu d'olivine, ce minéral est très répandu dans les couches mantelliques situées sous la croûte.

Olivine (37458) : Cristal tabulaire avec un large pinacoïde de base et de petites formes pyramidales dans de la calcite rose pâle. Mine Parker, Notre-Dame-du-Laus, canton de Bigelow, comté de Labelle, Québec.
Largeur du champ de prise de vue : 6 cm

Apparence

Couleur : Vert jaune, vert olive, brun à noir; les couleurs plus foncées sont dues à une augmentation de la teneur en fer.
Trait : L'olivine est trop dure pour laisser un trait, mais la poudre est blanche.
Éclat et transparence : Éclat vitreux; transparent à translucide.
Habitus : Souvent en forme de grains arrondis ou massif; les rares cristaux sont épais, tabulaires et à terminaison cunéiforme.

Propriétés physiques

Dureté : Dure (6–7).
Densité : Moyenne (3,3 g/cm^3 dans le cas de la forstérite à 4,4 g/cm^3 pour celui de la fayalite).
Cassure : Fragile, sans clivage distinct et à cassure conchoïdale.
Test : La couleur et la dureté sont importants. Elle se manifeste dans les roches magmatiques de couleur foncée.

Minéraux semblables

Le pyroxène (p. 192) et l'amphibole (p. 196) ont deux bons clivages.

Venues

L'olivine est présente dans des roches qui contiennent très peu de silice (SiO$_2$), telles du basalte, de la péridotite et de la dunite. Elle se manifeste aussi dans des calcaires impurs métamorphisés et des météorites.

Meilleurs emplacements au Canada : Lac Soper, île de Baffin, Nunavut; mont Lightning, près de Cherryville, district de Yale, Colombie-Britannique; mine Parker, canton de Bigelow, comté de Labelle, Québec.
Autres emplacements : Près de Globe, Arizona, É.-U.; comté de Dona Ana, Nouveau-Mexique, É.-U.; Smrci, République tchèque; îles Canaries, Espagne; Kashmir, Pakistan. Très beaux cristaux verts de type gemme dans l'île St. Johns, mer Rouge, Égypte.

Faits intéressants

Le nom du minéral, olivine, fait allusion à sa couleur vert olive.

La variété gemme de couleur verte de l'olivine (soit la forstérite) porte le nom de « péridot ». Il s'agit d'une pierre gemme abordable qui était déjà connue du temps des Romains.

Toute une série de lasers à la forstérite synthétique ont été mis au point à l'intention du domaine biologique et servent à des tâches telles le micro-usinage, la chirurgie de l'œil et l'imagerie in vivo des cellules.

Olivine (41718) : La variété « péridot » de couleur pâle dans du basalte. Mont Lightning, division d'Osoyoos, district de Yale, Colombie-Britannique.
Largeur du champ de prise de vue : 8 cm

SILICATES

GROUPE DES GRENATS

Aluminosilicate de fer, de magnésium, de manganèse et de calcium : $(Fe,Mg,Mn,Ca)_3(Al,Fe)_2(SiO_4)_3$

Le grenat englobe un groupe de minéraux comprenant 18 espèces différentes, toutes de composition chimique différente. On les trouve assez couramment dans les roches métamorphiques et il est facile de les reconnaître à leur forme cristalline caractéristique. Dans certains cas, une espèce peut se distinguer d'une autre espèce par sa couleur alors que, dans d'autres cas, le mode de gisement est plus utile.

Les six grenats les plus communs :

Almandin $Fe_3Al_2(SiO_4)_3$; rouge foncé, brun rougeâtre à presque noir; minéral courant dans les roches métamorphiques comme le schiste (p. 286); aussi connu depuis l'antiquité jusqu'à nos jours sous le nom d'« escarboucle ».

Pyrope $Mg_3Al_2(SiO_4)_3$; rouge rubis, rouge pourpré (variété gemme de rhodolite), presque noir; un grenat plus rare qui se manifeste dans la péridotite; peut servir de minéral « indicateur » dans la quête aux diamants.

Spessartine $Mn_3Al_2(SiO_4)_3$; rouge violet ou même jaune orangé; un minéral à grenat rare trouvé dans les roches magmatiques, comme le granite (p. 246) et la rhyolite (p. 256).

Andradite $Ca_3Fe_2(SiO_4)_3$; jaune, rouge, brun, vert ou noir; dans du calcaire formé par métamorphisme de contact (marbre p. 294).

Grossulaire $Ca_3Al_2(SiO_4)_3$; jaune, jaune orangé, vert; un grenat assez rare trouvé dans du calcaire formé par métamorphisme de contact (marbre p. 294), avec de la vésuvianite et du diopside.

Uvarovite $Ca_3Cr_2(SiO_4)_3$; vert clair; un grenat rare trouvé dans des marbres (p. 294) et des serpentinites (p. 298) métamorphiques, ainsi que dans des roches magmatiques comme la péridotite et la kimberlite.

Grenat (32026) : Grenats grossulaires dodécaédriques parfaits. La couleur verte provient du chrome et, dans certains cristaux, on peut voir un noyau foncé composé de chrome. Mine Jeffrey, Asbestos, canton de Shipton, comté de Richmond, Québec. Largeur du champ de prise de vue : 3 cm

Grenat (31297) : Cristaux brisés et arrondis d'almandin dans du feldspath et du quartz de couleur crème. Les grenats n'ont pas de clivage. Sud-est du lac Soper, île de Baffin, Nunavut. Largeur du spécimen : 8 cm

Apparence

Couleur : Rouge, brun rouge à presque noir sont les couleurs les plus courantes, mais il peut aussi être incolore, blanc, gris, rose, jaune orangé et vert.

Trait : Trop dur pour laisser un trait, mais le grenat produit une poudre blanche.

Éclat et transparence : Éclat vitreux, parfois résineux; transparent à translucide.

Habitus : Souvent en cristaux équidimentionnels (dimensions égales dans les trois directions). Les formes cristallines les plus courantes sont le rhombe (en forme de diamant), le dodécaèdre (12 faces) et le trapézoèdre (12 faces en forme de cerf-volant).

Parfois les cristaux sont arrondis et ont l'apparence de sphères.

Propriétés physiques

Dureté : Dure (7).
Densité : Moyenne (3,5–4,3 g/cm^3).
Cassure : Fragile, sans clivage distinct et à cassure inégale ou conchoïdale.
Test : La couleur, la forme cristalline et la dureté sont importants.

Grenat (45909) : Cristal d'almandin sur du mica, gneiss à grenat. Le cristal complexe a trois formes évidentes : rhombique, dodécaédrique (face en forme de diamant) et trapézoédrique (face en forme de cerf-volant à six arêtes). Île Wrangell, Wrangell, Alaska. Largeur du champ de prise de vue : 5 cm

Minéraux semblables

Les espèces de grenat sont difficiles à différentier les unes des autres à moins d'avoir recours à des analyses chimiques, mais la couleur et le mode de gisement peuvent s'avérer utiles.

La vésuvianite (p. 182), malgré sa couleur et son éclat semblables à ceux du grenat, a des cristaux prismatiques carrés allongés, alors que ceux du grenat sont de forme équidimensionnelle.

Venues

Le grenat est présent dans des roches métamorphiques, comme le micaschiste (p. 286) ou le marbre (p. 294).

Meilleurs emplacements au Canada : De l'almandin provient de Cape Dorset, île de Baffin, Nunavut; River Valley, canton de Dana, district de Nipissing, Ontario. De la grossulaire, de la rivière Raft, district de Kamloops, Colombie-Britannique; Coe Hill, canton de Wollaston, comté de Hastings, Ontario. On trouve des cristaux incolores, verts et orange dans la mine Jeffrey, à Asbestos, au Québec. De l'andradite provient de la mine de fer Marmoraton, canton de Marmora, comté de Hastings, en Ontario.

Grenat (32536) : Cristaux d'almandin dodécaédriques sur du micaschiste. Autriche. Largeur du champ de prise de vue : 16 cm

Grenat (32765) : Grenat à grossulaire de la mine Jeffrey, Asbestos, canton de Shipton, comté de Richmond, Québec. Chaque cristal a la forme d'un dodécaèdre rhombique; les termes rhombique (un rhombe) et dodécaèdre signifient, respectivement, « en forme de diamant » et « possédant 12 faces ». Largeur du champ de prise de vue : 4 cm

Autres emplacements : De l'almandin provient d'Archipelago, Alaska, É.-U.; comté de Chaffee, Colorado, É.-U.; Tyrol, Autriche; Thackaringo, Nouvelle-Galles du Sud, Australie; Karoi, Zimbabwe. De la spessartine, de la chaîne Thomas, comté de Juab, Utah, É.-U.; Broken Hill, Nouvelle-Galles du Sud, Australie; Rio Grande do Norte, Brésil. De la grossulaire, d'Eden Mills, Vermont, É.-U.; lac Jaco, Mexique. De l'andradite, de Stanley Butte, Arizona, É.-U.; comté de San Benito, Californie, É.-U.; Hidalgo, Zacatecas et Chihuahua, Mexique; Val Malenco, Italie. De l'uvarovite, d'Outokumpu, Finlande; Permskaya Oblast', Russie.

Faits intéressants

Le nom du minéral, grenat, est connu depuis les temps les plus anciens. Il vient du latin *granatum*, qui signifie « grenu ». Il fait tout probablement allusion au *malum granatum*, le fruit que l'on connaît sous le nom de grenade et dont les graines sphériques de couleur rouge foncé ressemblent à de petits cristaux de grenat.

On utilise le grenat depuis longtemps pour la confection de bijoux et d'amulettes partout au monde. Le grenat est mentionné dans la Bible, au chapitre de l'Exode, où il est dit que le plastron d'Aaron en était serti. Dans le Coran, il est dit que le quatrième ciel se compose de grenats. On en fait aussi état dans la mythologie védique (orientale), selon laquelle la variété « essonite » de grenat prévient du mal.

Les grenats synthétiques sont utilisés à des fins plus exotiques. Le grenat fer-yttrium synthétique (ou YIG, de l'anglais *yttrium-iron-garnet*) a des propriétés magnétiques intéressantes, qui font qu'il entre dans la fabrication d'appareils à hyperfréquences, magnéto-optiques et à lasers, ainsi qu'aux fins de stockage des données. Le grenat aluminium-yttrium synthétique (ou YAG, de l'anglais *yttrium-aluminum-garnet*) sert à la fabrication de gemmes synthétiques, qui imitent les diamants, et de véhicule optique dans la production de lasers.

SILICATES

KYANITE : Silicate d'aluminum : Al_2SiO_5

Il y a une série de minéraux — la sillimanite, l'andalousite et la kyanite — qui partagent la même composition chimique, mais qui présentent des structures cristallines différentes; il s'agit de polymorphes, ce qui signifie « doté de plusieurs formes ». Leur formation a lieu dans des conditions métamorphiques différentes. La sillimanite se forme aux températures et aux pressions les plus élevées des trois, alors que la plus faible intensité métamorphique est à l'origine de l'andalousite. La plus répandue des trois, la kyanite, est également dotée d'une propriété physique unique, soit sa dureté qui varie selon la direction.

Apparence

Couleur : Habituellement bleu pâle à bleu saphir distinct, mais aussi blanc gris ou vert très pâle.
Trait: Blanc.
Éclat et transparence : Éclat vitreux, mais soyeux sur les faces de clivage. Transparent à translucide.
Habitus : Souvent en forme de longs cristaux lamellaires. La kyanite peut aussi être massive ou fibreuse.

Propriétés physiques

Dureté : Moyenne à dure (4 sur l'échelle de Mohs le long des plans de clivage et 6 transversalement aux plans de clivage).
Densité : Moyenne (3,6 g/cm^3).
Cassure : Fragile, avec un seul clivage distinct parallèle à l'axe longitudinal et une cassure inégale sur les faces sans plan de clivage.
Test : La couleur, car il y a très peu de minéraux bleus. Le fait que la dureté varie selon la direction est important. On la trouve dans des roches métamorphiques avec du mica.

Kyanite (83909) : Bara de Selinas, Coronel Murta, Minas Gerais, Brésil.
Largeur du champ de prise de vue : 10,5 cm

Minéraux semblables

Le feldspath (p. 226) a deux clivages distincts, sa dureté ne varie pas et il n'est que très rarement de couleur bleu pâle.

Venues

On trouve la kyanite dans des roches métamorphiques, comme le micaschiste (p. 286) et le gneiss (p. 290).

Meilleurs emplacements au Canada : À l'intersection du ruisseau Downie et du fleuve Columbia, district de Kootenay, Colombie-Britannique; rivière Canoe, près de Valemont, district de Caribou, Colombie-Britannique; mines Anderson Lake et Stall Lake, près de Snow Lake, Manitoba; mines Narco, Témiscaming, canton de Campeau, comté de Témiscamingue, Québec.

Autres emplacements : Judd's Bridge, comté de Litchfield, Connecticut, É.-U.; comtés de Richmond et de Mitchell, Caroline du Nord, É.-U.; comté de Hampshire, Massachusetts, É.-U.; Minas Gerais, Brésil; Tyrol, Autriche; Pizzo Forno, Ticiano, Suisse; Sultan Hamud, Kenya.

Faits intéressants

Le nom du minéral vient du grec *kyanos*, qui signifie « bleu », soit la couleur habituelle de la kyanite.

Ce minéral est extrait surtout aux fins d'utilisation dans des matériaux réfractaires qui peuvent résister à des

Kyanite (49775) : Cristal lamellaire dans du micaschiste. Mine Anderson Lake, Manitoba. Largeur du champ de prise de vue : 5 cm

températures élevées. Des matériaux en céramique, comme la vaisselle et des accessoires de plomberie, peuvent contenir de la kyanite. Les mortiers de meulage, les isolateurs électriques et les bougies d'allumage contiennent souvent de la kyanite traitée. Il est rare que l'on taille la kyanite comme une gemme, sauf à l'intention des collectionneurs, car son bon clivage la rend trop fragile pour la confection de bijoux.

Kyanite (42190) : Cristaux prismatiques bleus à bon clivage dans du quartz. Mine Narco, canton de Campeau, comté de Témiscamingue, Québec. Largeur du champ de prise de vue : 10 cm

SILICATES
TOPAZE : Silicate fluoré d'aluminium : $Al_2SiO_4(F,OH)_2$

Tout au long de l'histoire et jusqu'à nos jours, la topaze a été considérée une pierre gemme remarquable. Elle se manifeste sous forme de gros cristaux parfaits de couleur variable. Certains cristaux provenant du Brésil pèsent plus de 200 kg. La couleur jaune est souvent associée à la topaze. De nombreux noms donnés à du quartz coloré peuvent induire en erreur, puisque les variétés « enfumé » et « citrine » du quartz portent, respectivement, les noms de « topaze enfumée » et « topaze de Madère ». L'utilisation de noms de minéraux qui peuvent porter à confusion n'est certes pas encouragé, mais la mention des exemples précédents ne sert ici qu'à titre de caveat à l'intention des acheteurs avertis.

Apparence
Couleur : Incolore, blanc à gris, bleu à vert, jaune à orange et, rarement, rose.
Trait : Poudre blanche.
Éclat et transparence : Éclat vitreux; transparent à translucide.
Habitus : Souvent en forme de cristaux prismatiques qui peuvent être soit allongés, soit trapus. Les prismes se terminent par des faces en paires qui forment une tente ou un biseau ou, dans le cas de certains cristaux, une seule face planaire tronque le cristal.

Propriétés physiques
Dureté : Dure (8).
Densité : Moyenne (3,5 g/cm^3).
Cassure : Fragile, avec un clivage parfait perpendiculaire à l'axe longitudinal du prisme.
Test : Le clivage et la dureté sont des propriétés importantes.

Topaze : (58317) : Ouro Preto, Minas Gerais, Brésil. Longueur du cristal : 9 cm

Minéraux semblables
Le quartz (p. 218) n'a pas de clivage et il est moins lourd (2,65 g/cm^3). Le quartz a des prismes hexagonaux, alors que la topaze a des prismes rhombiques à quatre côtés.

Venues
La topaze est présente dans les roches ignées riches en silice, c'est-à-dire la rhyolite ou la pegmatite granitique. Elle est souvent associée au feldspath (albite), au mica, à la tourmaline et à la cassitérite.

Topaze (33678) : Cristal rhombique de type gemme à face pyramidale. Katalong, district de Mardan, Frontière-du-Nord-Ouest, Pakistan.
Largeur du champ de prise de vue : 3 cm

Topaze (45777) : Éclat vitreux avec une teinte bleu pâle. Cristal prismatique avec terminaison en forme de tente (comme un dôme). Concession minière Gem, batholite Seagull, Swift River, Yukon. Largeur du cristal : 2 cm

Meilleur emplacement au Canada : Des cristaux pouvant atteindre la taille de 5 cm ont été trouvés au batholithe Seagull, au Yukon.

Autres emplacements : La chaîne Thomas, Utah, É.-U.; Minas Gerais, Brésil; Mursinka, monts Oural, Russie; Pakistan; province de Kaboul, Afghanistan.

Faits intéressants

Le nom du minéral vient du grec *topazos*, qui signifie « chercher ». Topazos était le nom d'une île de la mer Rouge qui était apparemment difficile à localiser, d'où le besoin de la « chercher ». Cette île porte aujourd'hui le nom de Zaberget, ou île de St-Jean, réputée pour sa production d'olivine. (p. 164). Dans l'antiquité, toute pierre jaune portait le nom de topaze et il semble certain que le minéral auquel on faisait alors référence était réellement de l'olivine de couleur jaune. La topaze est souvent irradiée dans un générateur nucléaire afin de lui donner une couleur bleu « électrique » intense.

Topaze (45748) : Prisme rhombique à terminaison pyramidale. Le plan de clivage parfait parallèle à la base du cristal est à remarquer. Téofilo Otoni, Minas Gerais, Brésil. Largeur du cristal : 3 cm

SILICATES
TITANITE : Silicate de calcium et de titane : $CaTiSiO_5$

Ce minéral relativement rare a été trouvé dans des endroits exceptionnels en quantité suffisante pour en permettre l'exploitation. Les cristaux peuvent atteindre une taille remarquable et leur éclat est unique. La titanite se manifeste dans toute une gamme de couleurs, mais les spécimens les plus attrayants sont verts. Dans certains cas exceptionnels, des gemmes ont été taillées à partir de cristaux transparents. Les cristaux brillants sont prisés des collectionneurs.

Apparence
Couleur : Habituellement brun avec une légère teinte de rouge mais le plus souvent noir, parfois vert ou jaune.
Trait : Blanc.
Éclat et transparence : Éclat adamantin; transparent à translucide à presqu'opaque.
Habitus : Souvent des cristaux cunéiformes, parfois maclés. La titanite peut se manifester sous forme compacte et massive.

Propriétés physiques
Dureté : Dure (5–5½).
Densité : Moyenne (3,5 g/cm^3).
Cassure : Fragile, avec un clivage distinct.
Test : L'indice de réfraction de l'éclat est relativement élevé pour un minéral transparent.

Minéraux semblables
L'ilménite (p. 78) ressemble aux variétés de teintes plus foncées de titanite, mais elle n'a pas de clivage distinct et laisse un trait noir. L'ilménite est présente dans des roches ignées de couleur foncée, comme le gabbro, alors que la titanite se manifeste dans des roches ignées de couleur claire.
Les cristaux du zircon (p. 178) ont une coupe transversale carrée et un clivage peu distinct.
La magnétite (p. 74) est magnétique, son éclat est plus métallique et elle laisse un trait noir.

Venues
On trouve la titanite dans une grande variété de roches, notamment les roches ignées, telles que le granite et la syénite, et les roches métamorphiques, telles que le marbre et le schiste.

Meilleurs emplacements au Canada : Baie de Lake Harbour, île de Baffin, Nunavut; des cristaux pouvant atteindre 25 cm ont été trouvés à Tory Hill, canton de Monmouth, comté d'Haliburton, Ontario; mine d'uranium Cardiff, canton de Cardif, comté d'Haliburton, Ontario; Lake Clear, canton de Sebastopol, comté de Renfrew, Ontario; mine d'uranium Yates, canton de Huddersfield, comté de Pontiac, Québec; lac Leslie, canton de Litchfield, comté de Pontiac, Québec.
Autres emplacements : Minas Gerais et Bahia, Brésil; Avenda, Aust-Agder, Norvège; Salzburg, Autriche; Val Tavetsch, Suisse; péninsule Kola, Russie.

Faits intéressants

Le nom du minéral fait allusion à son contenu en titane. De nombreux manuels d'enseignement donnent encore au minéral le nom obsolète de « sphène », provenant du grec *sphenos*, ce qui signifie « en forme de biseau » et décrit l'habitus des cristaux de titanite.

À l'instar de l'ilménite (p. 78) et du rutile (p. 118), la titanite peut s'avérer une source de titane. Ce métal léger et résistant à la corrosion se prête à de nombreux usages dans les domaines de l'industrie aérospatiale, de la confection des bijoux et de la fabrication des prothèses. La titanite est un minéral tendre et fragile, et donc, peu résistant.

Les spécimens de cristaux de titanite sont particulièrement prisés des collectionneurs. Certains cristaux peuvent être taillés comme des pierres gemmes. Le minéral est doté de propriétés optiques qui lui confèrent une plus grande puissance de dispersion que le diamant. La dispersion est la capacité du minéral à pouvoir décomposer ou disperser la lumière blanche en ses différents composants colorés, de façon à faire ressortir les « feux » qui caractérisent les pierres précieuses.

Titanite (84019) : Cristaux cunéiformes à éclat adamantin sur du microcline brun pâle. Chemin Bear Lake, Gooderham–Tory Hill, canton de Monmouth, comté de Haliburton, Ontario.
Largeur du spécimen : 20 cm

SILICATES

ZIRCON : Silicate de zirconium : ZrSiO$_4$

Le zircon n'est pas un minéral très commun, mais on le trouve dans tous les différents types de roches : ignées, sédimentaires et métamorphiques. Il renferme toujours des quantités en traces d'uranium et de thorium, des éléments radioactifs qui peuvent servir à établir l'âge de la roche ou d'un événement géologique. Le zircon se manifeste sous forme de simples cristaux, dont le bel éclat et la couleur orange rougeâtre en font un minéral fort prisé des collectionneurs.

Apparence

Couleur : Rouge brunâtre à brun jaune.
Trait : Trop dur pour laisser un trait, mais la poudre est blanche.
Éclat et transparence : Cristaux à éclat adamantin. Il est translucide à transparent.
Habit : Souvent des cristaux en forme de prismes tétragonaux à terminaison pyramidale.

Propriétés physiques

Dureté : Dure (7½).
Densité : Moyenne (4,7 g/cm^3).
Cassure : Fragile, avec un mauvais clivage selon deux plans.
Test : La couleur, l'éclat et la dureté sont importants.

Minéraux semblables

La titanite (p. 176) à des cristaux cunéiformes et un clivage parfait.
Le rutile (p. 118) a un trait jaune et les surface de ses cristaux prismatiques sont marquées de stries.
L'ilménite (p. 78) a un trait noir à brunâtre et une cassure conchoïdale.

Zircon (37635) : Kuehl Lake, canton de Brudenell, comté de Renfrew, Ontario.
Largeur du champ de prise de vue : 8 cm

Venues

Le zircon est présent dans plusieurs types de roches ignées. Sa dureté et sa durabilité lui permettent de résister suffisamment aux effets de l'altération pour qu'on le trouve aussi dans les roches sédimentaires.

Meilleurs emplacements au Canada : Carrière Davis, canton de Dungannon, comté de Hastings, Ontario; lac Yates, canton de Brudenell, comté de Renfrew, Ontario; mine McLaren, Perth, canton de Burgess, comté de Lanark, Ontario; Lake Clear, canton de Sebastopol, comté de Renfrew, Ontario; mine Seybold Moore, canton de Val-des-Monts, comté de Gatineau, Québec; lac Mathilda, canton de Harrington, comté d'Argenteuil, Québec; Mont-Saint-Hilaire, comté de Rouville, Québec.

Autres emplacements : De gros cristaux de forme parfaite proviennent de Seiland, Finnmark, en Norvège, et de Betroka, Tuliara, au Madagascar.

Faits intéressants

Le nom du minéral vient du persan *azargun*, où *zar* signifie « or » et *gun* signifie « coloré ».

Malgré le fait que le minéral était connu dans l'antiquité, son composant principal, le zirconium, ne fut découvert et reconnu comme élément par Martin Heinrich Klaproth qu'en 1789.

Le zirconium est un élément qui ne se manifeste pas de façon naturelle et dont la source principale est le zircon. Presque tout le zirconium sert à plaquer les barres de combustible dans les réacteurs nucléaires, car ce métal laisse facilement passer les neutrons qui produisent la chaleur au sein du réacteur. On s'en sert largement dans l'industrie chimique pour fabriquer des tuyaux résistants à la corrosion.

Le dioxyde de zirconium, parfois appelé « zirconia », est considéré de nos jours une céramique merveille qui entre dans la fabrication de gaines thermiques à l'intention des moteurs à réaction conçues afin de leur permettre de fonctionner à des températures plus élevées et donc, susceptibles d'assurer un meilleur rendement. Sa conductivité ionique élevée le rend aussi utile comme électrocéramique dans les capteurs d'oxygène. En outre, il est transparent aux ondes radioélectriques, ce qui en fait un produit de remplacement durable pour le plastique dans les boîtiers de lecteurs audionumériques (iPod).

On peut faire croître des cristaux cubiques relativement gros de dioxyde de zirconium à des températures élevées. Le « zircone cubique » est un excellent substitut du diamant en raison de son indice de réfraction élevé.

Zircon (48361) : Prisme tétragonal et cristal pyramidal avec de la calcite orange. Mine Silver Queen, région de Perth, canton de North Burgess, comté de Lanark, Ontario. Largeur du champ de prise de vue : 7,5 cm

SILICATES
ÉPIDOTE : Silicate hydraté d'aluminium, de calcium et de fer : $Ca_2(Al,Fe)_3(SiO_4)_3(OH)$

L'épidote est un minéral que l'on touve relativement couramment dans les roches métamorphiques. Sa couleur verte unique fait penser à celle de pistaches crues. Cette couleur vert pistache à elle seule suffit à le distinguer des autres silicates verts faisant partie des groupes des pyroxènes et des amphiboles.

Apparence

Couleur : Vert jaunâtre, vert foncé, brun verdâtre à presque noir. La couleur devient plus intense au fur et à mesure que la teneur en fer augmente.
Trait : Gris à blanc.
Éclat et transparence : Éclat vitreux; transparent à translucide.
Habitus : Souvent des cristaux prismatiques et tabulaires. La coupe transversale des cristaux est de forme rectangulaire ou carrée. L'habitus de l'épidote peut aussi être massif, granulaire ou fibreux. Les faces cristallines sont souvent marquées de stries parallèles à l'axe longitudinal.

Propriétés physiques

Dureté : Dure (6–7).
Densité : Moyenne (3,4 g/cm^3).
Cassure : Fragile, avec un seul clivage distinct et une cassure conchoïdale sur les faces sans plan de clivage.

Épidote (43605) : Épidote granulaire de la couleur vert pistache caractéristique avec de la calcite rose. Chelsea, canton de Hull, comté de Gatineau, Québec. Largeur du champ de prise de vue : 6,5 cm

Test : La couleur et la dureté sont importantes, ainsi que le type de roche dans lequel l'épidote se manifeste.

Minéraux semblables

La hornblende (p. 196) a deux clivages décrivant un angle de 120º, alors que l'épidote n'a qu'un seul clivage.
  Les petits fragments de hornblende peuvent être magnétiques, mais l'épidote n'est jamais magnétique.
Le diopside (p. 192) a deux clivages distincts à angle droit, alors que l'épidote n'a qu'un seul clivage.

Venues

L'épidote est présente dans les roches métamorphiques. Dans les roches formées dans un contexte de métamorphisme régional, on la trouve avec la hornblende, l'albite, le quartz et la chlorite. Dans des marbres, on peut la trouver avec du grenat, de la vésuvianite et du diopside.

Meilleurs emplacements au Canada : Rivière White, île de Vancouver, Colombie-Britannique; Malone, canton de Marmora, comté de Hastings, Ontario; lac Laugon, territoire du Nouveau Québec, Québec; Asbestos, comté de Richmond, Québec.
Autres emplacements : Des cristaux d'excellente qualité proviennent de île du Prince-de-Galles, Alaska, É.-U.; comté de Calaveras, Californie, É.-U.; comté de Mineral, Nevada, É.-U.; Mohawk, Idaho, É.-U.; Baja,

Californie, É.-U.; Salzburg, Autriche; Arendal, Norvège; Le Bourg-d'Oisans, France; Piémont, Italie; Windhoek, Namibie.

Faits intéressants

Le nom du minéral vient du grec *epidosis*, qui signifie « augmentation ». Ce nom fait allusion au fait qu'une paire des côtés de la base du cristal rhomboédrique est plus longue que l'autre. De temps en temps, se prête à être taillé, comme des gemmes.

Épidote (51629) : Cristaux lamellaires dans une fracture de roche. Région d'Asbestos, canton de Shipton, comté de Richmond, Québec. Largeur du champ de prise de vue : 13 cm

SILICATES
VÉSUVIANITE : Silicate hydraté d'aluminium, de calcium, de magnésium et de fer : $Ca_{19}(Al,Mg,Fe)_{13}(SiO_4)_{10}(Si_2O_7)_4(OH)_{10}$

La vésuvianite est un beau minéral, quoique rare, qui se manifeste sous forme d'excellents cristaux forts recherchés par les collectionneurs. On lui donne souvent le nom d'« idocrase », bien qu'il ne s'agisse pas d'un nom officiel reconnu par l'*International Mineralogical Association* (Association minéralogique internationale). Sa composition chimique est complexe et le minéral est doté d'une structure cristalline inhabituelle qui renferme deux types de groupes de silice : tétraèdres individuels de SiO_4 et tétraèdres doubles de Si_2O_7. Une telle caractéristique structurale est tout à fait unique chez les minéraux.

Apparence

Couleur : Le plus souvent vert pâle ou foncé, mais on trouve aussi des spécimens bruns, blancs et bleus à pourpres.
Trait : La vésuvianite est trop dure pour laisser un trait, mais la poudre est blanche.
Éclat et transparence : Éclat vitreux, souvent à apparence quelque peu grasse; transparent à translucide.
Habitus : Souvent des cristaux prismatiques à coupe transversale carrée et à terminaisons pyramidales. Il peut aussi être massif.

Propriétés physiques

Dureté : Dure (6).
Densité : Moyenne (3,4 g/cm³).
Cassure : Fragile, sans clivage distinct et à cassure inégale ou conchoïdale.
Test : La forme et la dureté des cristaux sont importants. L'éclat gras est utile lorsqu'il est apparent.

Minéraux semblables

Le diopside (p. 192), du groupe des pyroxènes, est souvent associé à la vésuvianite, mais il a deux clivages distincts et son éclat vitreux est différent de l'éclat gras de la vésuvianite.

Venues

La vésuvianite se trouve dans des roches formées dans un contexte de métamorphisme de contact et constituées de calcaire impur.

Meilleurs emplacements au Canada : Mine Silence Lake, près de Clearwater, district de Kamloops, Colombie-Britannique; des cristaux pouvant atteindre 11 cm proviennent de la carrière W.F. Baxter, près de Malone, canton de Marmora, comté de Hastings, Ontario; Templeton, comté

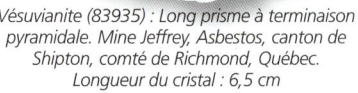

Vésuvianite (83935) : Long prisme à terminaison pyramidale. Mine Jeffrey, Asbestos, canton de Shipton, comté de Richmond, Québec. Longueur du cristal : 6,5 cm

de Hull, Québec; des cristaux transparents de couleur verte, brune et pourpre de la mine Jeffrey, à Asbestos, comté de Richmond, Québec.

Autres emplacements : Comté de York, Maine, É.-U.; comté d'Essex, État de New York, É.-U.; comté de Lamoille, Vermont, É.-U.; près de Pulga, comté de Butte, Californie, É.-U.; lac Jaco, Chihuahua, Mexique; Piémont, Italie; Yakutskaya, Russie; Balochistan, Pakistan.

Faits intéressants

Le nom du minéral fait allusion au mont Vésuve, en Italie, où il fut découvert par Abraham Gottlob Werner en 1795. Il se présente dans des blocs de calcaire métamorphisés que renferment les laves.

Il arrive que l'on taille la vésuvianite à la façon d'une pierre gemme et une variété compacte, semblable à du jade, se prête parfois à la sculpture. On a donné le nom de « californite » à cette variété semblable au jade mais l'usage de ce terme n'est pas recommandé.

Vésuvianite (55693) : Mine Jeffrey, Asbestos, canton de Shipton, comté de Richmond, Québec.
Largeur du champ de prise de vue : 5,5 cm

SILICATES
BÉRYL : Silicate d'aluminium et de béryllium : $Be_3Al_2(SiO_3)_6$

Le béryl est un nom de minéral avec lequel les gens sont moins familiers, alors que ceux de ses variétés sont bien connus dans le domaine du commerce des pierres précieuses. L'émeraude est le nom de la variété (c.-à-d. qu'il ne s'agit pas d'un nom d'espèce) de béryl de couleur vert foncé; l'aigue-marine est le nom de la variété de béryl de couleur bleue. Parmi d'autres variétés de béryl, on compte l'héliodore (béryl jaune, parfois jaune verdâtre), la morganite (béryl rose) et la goshénite (béryl incolore). Le béryl pur est incolore. Les couleurs proviennent de la présence de petites quantités d'impuretés chimiques..

Apparence

Couleur : Incolore ou blanc, rouge à rose, jaune à jaune verdâtre, vert pâle à vert (émeraude) foncé et bleu.
Trait : Le minéral est trop dur pour laisser un trait, mais la poudre du béryl est blanche.
Éclat et transparence : Éclat vitreux; transparent à translucide.
Habitus : Souvent sous forme de cristaux, qui habituellement prennent la forme de prismes hexagonaux que terminent une face pinacoïde lisse ou, parfois, une série de faces en pyramide. Les faces des prismes sont souvent marquées de stries parallèles à l'axe longitudinal. Le béryl peut également être massif, ce qui le rend plus difficile à identifier.

Propriétés physiques

Dureté : Dure (7½–8).
Densité : Moyenne (2,7 g/cm³).
Cassure : Fragile, avec une cassure conchoïdale.
Test : La dureté et la forme cristalline sont importantes.

Minéraux semblables

Le quartz (p. 218) est un minéral très semblable au béryl, mais beaucoup plus répandu. Le quartz est souvent blanc ou incolore, alors que le béryl a habituellement une teinte bleuâtre à verdâtre et il est très rarement incolore ou blanc. Le quartz a habituellement des terminaisons pyramidales, alors que le béryl a une terminaison plate.
L'apatite (p. 128) est moins dure (5 sur l'échelle de Mohs) et ses cristaux ne sont pas aussi pointus que ceux du béryl. L'éclat de l'apatite tend aussi à être d'apparence plus grasse.
Les cristaux de tourmaline (p. 188) sont des prismes trigonaux (à trois côtés) et non hexagonaux (à six côtés).

Béryl (81630) : Cristal prismatique givré. Volodarsk-Volynskiy, Ukraine. Longueur du cristal : 12 cm

Venues

Le béryl est habituellement présent dans des roches granitiques ignées. On le trouve parfois dans du micaschiste et les rares émeraudes provenant de Muso, en Colombie, se manifestent dans du calcaire carboné.

Béryl (81633) : Cristal prismatique trapu et givré.
Mine Chiá, São José da Saíra, Minas Gerais, Brésil.
Largeur du cristal : 5 cm

Meilleurs emplacements au Canada : Quadeville, canton de Lyndoch, comté de Renfrew, Ontario; canton de Lacorne, comté d'Abitibi, Québec.

Autres emplacements : Grafton, comtés de Cheshire et de Sullivan, New Hampshire, É.-U.; comté d'Oxford, Maine, É.-U.; des émeraudes fameuses proviennent de Muso et de Chivor, Colombie; Transvaal, Afrique du Sud; Bahia, Brésil; Jos, Nigérie; Sverdlovsk Oblast, Russie. Des cristaux de qualité gemme ont été trouvés à Minas Gerais et Esperito Santo, Brésil; Nuristan, Afghanistan; Nagir et Peshwar, Pakistan; monts Oural, Russie. On a rapporté la découverte d'un cristal de 18 m de longueur et de 3,5 m de largeur à Malakialina, au Madagascar.

Faits intéressants

Le nom « béryl » vient du grec *beryllus*, terme qui sert à décrire la couleur du minéral comme correspondant à la couleur bleu-vert particulière de l'eau de mer.

Georg Bauer, dit Agricola, notait en 1546 une utilisation ancienne d'un morceau de béryl de type gemme qui aurait servi de lentille grossissante à Néron, lui permettant de mieux voir les combats de gladiateurs. Il s'agit d'un fait scientifique puisque l'indice de réfraction élevé du béryl rend possible le grossissement d'une image. D'autres prétendues propriétés du minéral sont probablement plus difficiles à prouver : intelligence améliorée, prévention des maladies du foie et de l'épilepsie, amélioration du comportement et protection contre les ennemis.

Le béryl massif est exploité pour son contenu en béryllium. Puisqu'il s'agit d'un métal léger, ce dernier entre dans la production d'alliages à l'intention de missiles, d'aéronefs à grande vitesse, d'engins spaciaux et de satellites de communication. Il est aussi utilisé comme réflecteur de neutrons dans les centrales nucléaires. L'alliage de cuivre au béryllium a de nombreux usages, dont la fabrication de contacts électriques, de ressorts, d'électrodes de soudage par points et d'outils anti-étincelles.

L'émeraude, en tant que pierre précieuse, peut se vendre à des prix beaucoup plus élevés que le diamant.

Béryl (37539) : Prisme hexagonal aplati de béryl rose (variété « morganite »). Mine Tim, Galiléia, Minas Gerais, Brésil. Largeur du champ de prise de vue : 12 cm

Béryl (43101) : Prisme hexagonal transparent à terminaison pinacoïde (variété « émeraude »). Mines Chivor, Chivor, Boyaca, Colombie. Largeur du champ de prise de vue : 2 cm

SILICATES
GROUPE DES TOURMALINES

Aluminosilicate hydraté de bore, de sodium, de calcium, de fer et de magnésium :
$$(Na,Ca)(Al,Fe,Mg,Li)_3(Al,Fe,Cr)_6(BO_3)_3Si_6O_{18}(OH)_4$$

Le groupe des tourmalines compte parmi un des plus complexes dans le domaine de la chimie des minéraux, doté de nombreux éléments différents qui peuvent se substituer les uns aux autres en occupant des positions atomiques variées au sein de la structure crystalline. Le groupe se compose de 12 espèces. La tourmaline se manifeste dans toute une gamme de couleurs et de formes cristallines attrayantes, ce qui en fait un minéral fort prisé des collectionneurs et même, dans certains cas, une pierre gemme convoitée.

On compte au nombre des espèces les plus répandues de tourmaline :
Schorl, $NaFe_3Al_6(BO_3)_3Si_6O_{18}(OH)_4$, noir, espèce de tourmaline la plus commune.
Dravite, $NaMg_3Al_6(BO_3)_3Si_6O_{18}(OH)_4$, brun.
Elbaïte, $Na(Al,Li)_3Al_6(BO_3)_3Si_6O_{18}(OH)_4$, plusieurs teintes de vert et de rose, parfois taillée comme des gemmes.

Apparence

Couleur : Le plus souvent noir ou brun, parfois des teintes de vert, de jaune, de rouge, de rose et, rarement, de bleu. Certains cristaux paraissent multicolores parallèlement ou transversalement à leur axe longitudinal.
Trait : Blanc.
Éclat et transparence : Éclat vitreux; transparent à translucide.
Habitus : Souvent des cristaux prismatiques allongés à terminaisons pyramidales. La coupe transversale des cristaux est triangulaire. Les faces des prismes sont marquées de stries parallèles à l'axe longitudinal du cristal. Sur les cristaux dotés d'une terminaison à chaque bout, les faces ne correspondent pas l'une à l'autre (phénomène que l'on qualifie d'« hémimorphe » ou d'« hémiédrique », ce qui signifie que chaque moitié du cristal possède sa propre symétrie distincte).

Tourmaline (43172) : Elbaïte prismatique dans du granite. Lacs Lilypad, district de Kenora, Ontario. Largeur du champ de prise de vue : 11,5 cm

Tourmaline (37533) : Cristal d'elbaïte multicolore à terminaison double et dont les faces du prisme trigonal sont marquées de fortes stries. District de Mesa Grande, comté de San Diego, Californie. Largeur du champ de prise de vue : 8 cm

Tourmaline (50937) : Cristaux prismatiques de dravite avec de la calcite. Gisement de l'exploitation agricole Tait, Bancroft, canton de Dungannon, comté de Hastings, Ontario. Largeur du champ de prise de vue : 7,5 cm

Propriétés physiques

Dureté : Dure (7–7½).
Densité : Moyenne (3,1 g/cm^3).
Cassure : Fragile, sans clivage distinct et à cassure conchoïdale ou inégale.
Test : La forme cristalline et la dureté sont importantes.

Minéraux semblables

Les cristaux de vésuvianite (p. 182) ont une coupe transversale carrée, alors que celle de la tourmaline est triangulaire.

Le pyroxène (p. 192) et l'amphibole (p. 196) ont de bons clivages, alors que ce n'est pas le cas pour la tourmaline.

Venues

La tourmaline est présente dans les roches ignées, le plus souvent dans le granite. Elle se manifeste aussi parfois dans les roches métamorphiques, telles le marbre et le gneiss.

Meilleurs emplacements au Canada : Schorl de la mine Villeneuve, comté de Papineau, Québec. Dravite de la ferme Tait, canton de Dungannon, comté de Hastings, Ontario; Enterprise, canton de Sheffield, comté de Lennox et Addington, Ontario. Elbaïte de la mine Leduc, canton de Wakefield, comté de Gatineau, Québec; batholithe O'Grady, Territoires du Nord-Ouest.

Autres emplacements : Schorl de Mount Mica, comté d'Oxford, Maine, É.-U.; comté de Riverside, Californie, É.-U. Dravite de Pierrepont, comté de St. Lawrence, État de New York, É.-U.; Yinnietharra, Australie-Occidentale, Australie; Rio Grande do Norte, Brésil. Elbaïte du comté de San Diego, Californie, É.-U.; comtés de Cumberland et d'Oxford, Maine, É.-U.; Minas Gerais, Brésil; Laghman, Afghanistan; Madagascar; Sri Lanka; île d'Elbe, Italie; Nampula, Mozambique.

Faits intéressants

Le nom « tourmaline » vient du mot cingalais *turamali*, qui signifie « pierre qui attire la cendre », par allusion aux propriétés pyroélectriques du minéral.

Les cristaux hémimorphes du genre de la tourmaline possèdent des propriétés électriques intéressantes. Ils sont aussi bien piézoélectriques, c'est-à-dire qu'ils créent une charge électrique lorsqu'ils sont soumis à la pression, que pyroélectriques, où la charge électrique est créée lorsqu'ils sont chauffés. Dans certains musées où ils sont exposés, la chaleur des lumières suffit pour produire des effets pyroélectriques et on peut voir les particules de poussière qui sont attirées vers un des bouts du cristal.

Les variétés gemmes de la tourmaline sont très populaires, en raison de la gamme de couleurs disponibles et du fait que l'on peut s'en procurer à des prix relativement modestes. Les variétés portent plusieurs noms, comme celui de « rubellite » donné à l'elbaïte rose, d'« indicolite » donné à l'elbaïte bleu foncé ou bleu indigo et de tourmaline « melon d'eau » donné à l'elbaïte bicolore, dont l'extérieur est vert et l'intérieur, rose.

Tourmaline (85171) : Dravite. Carrière Poudrette, Mont-Saint-Hilaire, comté de Rouville, Québec. Largeur du champ de prise de vue : 24 cm

SILICATES

GROUPE DES PYROXÈNES

Aluminosilicate de calcium, de sodium, de fer et de magnésium : $(Ca,Na)(Fe,Mg)(Si,Al)_2O_6$

Le groupe des minéraux du pyroxène est un groupe non seulement important, mais aussi très répandu qui compte 22 espèces. On les retrouve couramment dans de nombreuses roches ignées et métamorphiques. Leur présence indique que la formation de la roche s'est faite dans des conditions de température suffisamment élevées pour causer la dispersion de toute eau. En présence d'eau, ce serait plutôt des cristaux du groupe de l'amphibole (p. 196) qui auraient cristallisé. Il est important de pouvoir distinguer le pyroxène de l'amphibole si on veut être en mesure d'établir les conditions dans lesquelles la formation d'une roche a eu lieu. Les gisements de minerai riches en nickel, en cuivre et en métaux du groupe du platine, tels ceux de Sudbury en Ontario, sont associés au gabbro (p. 252), une roche riche en pyroxène mais déficitaire en amphibole.

Espèces les plus courantes du groupe des pyroxènes :

Diopside $CaMgSi_2O_6$; blanc à vert; calcaires métamorphisés (marbre).

Augite $(Ca,Na)(Fe,Mg,Al)(Si,Al)_2O_6$; vert foncé à presque noir; roches ignées, telles le gabbro, la pyroxénite et le basalte.

Aegirine $NaFeSi_2O_6$; vert foncé à presque noir; dans des roches ignées riches en sodium, comme la syénite.

Jadéite $Na(Al,Fe)Si_2O_6$; blanc ou vert pâle à foncé; minéral rare que l'on trouve dans des roches métamorphiques mises en place sous un régime de pression élevée.

Apparence

Couleur : Blanc, vert pâle à vert foncé, brun à noir.
Trait : Blanc gris à blanc verdâtre pâle.
Éclat et transparence : Éclat vitreux; transparent à translucide.
Habitus : Souvent en cristaux prismatiques ou trapus. Il est couramment massif dans le cas des variétés à caractère compact et granulaire.

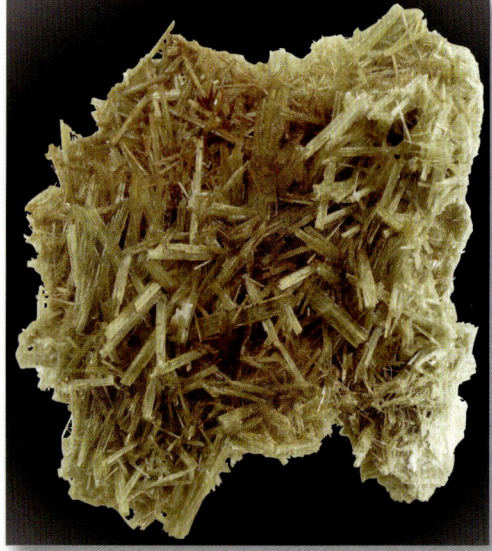

Pyroxène (32815) : Cristaux aciculaires de diopside. Mine Jeffrey, Asbestos, canton de Shipton, comté de Richmond, Québec. Largeur du champ de prise de vue : 8,5 cm

Propriétés physiques

Dureté : Moyenne (5–6).
Densité : Moyenne (3,3–3,5 g/cm³).
Cassure : Fragile, avec deux clivages distincts suivant des plans qui décrivent presque des angles droits.
Test : Le clivage est important.

Pyroxène (51677) : Cristaux de diopside avec de la calcite rose. Prismatique avec une terminaison pyramidale. Les deux bons clivages à angle droit dans la partie brisée du spécimen sont à remarquer. Chemin Laurel–Montfor, Laurel, canton de Wentworth, comté d'Argenteuil, Québec. Largeur du champ de prise de vue : 5 cm

Pyroxène (41510) : Cristaux prismatiques d'augite vert foncé. Lake Clear, canton de Sebastopol, comté de Renfrew, Ontario. Largeur du spécimen : 10 cm

Minéraux semblables

L'amphibole (p. 196) a deux clivages qui suivent des plans décrivant des angles de 60° et de 120°. L'épidote (p. 180) n'a qu'un seul clivage et elle a tendance à être plus vert jaune que le pyroxène.

Venues

Le pyroxène est présent dans une grande variété de roches ignées et métamorphiques. Le pyroxène est un composant courant des roches ignées, telles le gabbro (p. 252), la péridotite et le basalte (p. 262). Dans le cas des roches métamorphiques, le pyroxène est souvent un composant des calcaires altérés en régime de température élevée (métamorphisme de contact), soit le marbre.

Meilleurs emplacements au Canada : Augite de la propriété Smart, canton de Sebastopol, comté de Renfrew, Ontario. Diopside, de la rivière Soper, île de Baffin, Nunavut; Birds Creek, canton de Herschel, comté de Hastings, Ontario; Wilberforce, canton de Dudley, comté de Haliburton, Ontario; mine d'uranium Yates, canton de Huddersfield, comté de Pontiac, Québec; Laurel, canton de Wentworth, comté d'Argenteuil, Québec; mine Lac Girard, canton de Wakefield, comté de Gatineau, Québec; Cawood, canton de Cawood, comté de Pontiac, Québec; mine de nickel Orford, canton d'Orford, comté de Sherbrooke, Québec. Aegirine, de Mont-Saint-Hilaire, comté de Rouville, Québec. Jadéite, du mont Ogden, district de Cassiar, Colombie-Britannique.

Autres emplacements : Augite de Salzbourg, Autriche; Gilgit, Pakistan. Du diopside, du canton de Dekalb, comté de St. Lawrence, État de New York, É.-U.; Tyrol, Autriche; Piémont, Italie; Yakutskaya, Russie; Jaipur, Inde. Aegirine de Narssârssuk, Groenland; Langesundfjord, Norvège. Jadéite de la Birmanie.

Faits intéressants

Le nom du minéral vient du grec *pyr*, « feu », et *xenos*, « étranger ». De petits cristaux du minéral retrouvés dans du verre volcanique (d'où l'allusion au feu) semblaient être des inclusions plutôt que de faire effectivement partie du verre volcanique. Nous savons maintenant que le pyroxène est l'un des premiers minéraux à cristalliser au sein d'un magma de sorte que, lorsque le magma fait éruption, il se peut qu'il soit le seul cristal qui ait pu se former, le reste se solidifiant sous forme de verre volcanique.

La variété de pyroxène à laquelle on donne le nom de « jadéite » est très rare. Elle est fort convoitée sous sa forme de jade de qualité gemme ou « jade impérial », nom qui lui a été donné pour la distinguer du jade de variété « néphrite » (p. 198) plus courant. L'histoire du jade en Chine remonte à 500 av. J.-C. et de nombreuses sculptures de jade proviennent de ce pays. On trouve les deux types de jade en Chine et c'est pourquoi il n'est pas toujours possible d'identifier le type de jade qui a servi.

Pyroxène (36649) : Cristaux d'aegirine vert foncé dans de la néphéline blanche (roche syénitique). Carrières Demix et Poudrette, Mont-Saint-Hilaire, comté de Rouville, Québec. Largeur du champ de prise de vue : 23 cm

SILICATES
GROUPE DES AMPHIBOLES

Aluminosilicate hydraté de calcium, de sodium, de fer et de magnésium :
$$(Ca,Na)_2(Fe,Mg)_5(Si,Al)_8O_{22}(OH)_2$$

Le groupe des minéraux de l'amphibole est un vaste groupe qui compte quelque 94 espèces. En règle générale, ces minéraux sont de couleur foncée, se composent d'éléments chimiques complexes et s'apparentent au groupe des pyroxènes qui leur est chimiquement semblable. Les deux groupes sont présents dans une grande variété de roches, mais ils témoignent, individuellement, de milieux de formation différents.

Les cristaux d'amphibole se forment à partir de solutions fluides plus aqueuses et dont la température est moins élevée que les solutions à l'origine de la cristallisation du pyroxène. Cette augmentation de la teneur en eau est un élément important au processus de formation de certains gisements de minerai. Les énormes gisements porphyriques de cuivre du sud des États-Unis sont associés à des roches dioritiques (p. 250) composées surtout d'amphibole et dont les minéraux de couleur foncée contiennent peu, ou pas, de pyroxène.

Au nombre des variétés d'amphibole les plus communes, on compte la hornblende, la trémolite, l'actinote, l'anthophyllite, la riébeckite, l'arfvedsonite, la richtérite et l'édénite.

Amphibole, édénite (51157) : Cristaux prismatiques sur de la calcite rose. Exploitation agricole George Earle, Wilberforce, canton de Monmouth, comté de Haliburton, Ontario. Largeur du champ de prise de vue : 11 cm

Édénite (38647) : Cristal prismatique. Lac Kuehl, canton de Brudenell, comté de Renfrew, Ontario. Largeur du cristal : 9 cm

Actinote, jade variété « néphrite » (45207) : Jade usé par l'eau. Fleuve Fraser, près de Hope, district de Yale, Colombie-Britannique. Largeur du spécimen : 14 cm

Apparence

Couleur: Vert pâle à vert foncé, presque noir.
Trait : Blanc gris, parfois avec un soupçon de vert dans le cas d'un spécimen de couleur foncée.
Éclat et transparence: Éclat vitreux; translucide à opaque.
Habitus: Souvent des cristaux trapus (hornblende, richtérite) ou prismatiques (trémolite, actinote). L'habitus peut également être massif et fibreux (riébeckite, trémolite, anthophyllite). Lorsque les fibres deviennent entrecroisées, la variété très compacte de trémolite qui en résulte est connue sous le nom de « jade » ou de « néphrite »..

Propriétés physiques

Dureté: Moyenne (5½–6).
Densité: Moyenne (2,9–3,8 g/cm^3). La variation importante au niveau de la densité est due au grand nombre de substitutions chimiques qui peuvent avoir lieu au sein de ce groupe.
Cassure: Fragile, avec deux bons clivages et une cassure conchoïdale sur les faces sans plan de clivage. Les frag-

Amphibole, riébeckite, variété « crocidolite » (OJ1243) : Rubans fibreux de crocidolite, variété bleue de l'amiante. Griqualand, Afrique du Sud. Largeur du champ de prise de vue : 4 cm

ments de clivage allongés ont une coupe transversale rhombique qui suit des plans décrivant des angles de 120° et de 60º.

Test: Le trait et le clivage sont les critères les plus importants. Les amphiboles, telles la hornblende et la trémolite, sont riches en fer (Fe) et de petits fragments peuvent même être légèrement magnétiques.

Minéraux semblables

Les minéraux du groupe des pyroxènes (p. 192) ont deux clivages qui se rencontrent à angle droit en coupe transversale.
La riébeckite fibreuse ressemble à la chrysotile fibreuse (p. 214), mais ses fibres sont beaucoup plus raides que celles de la chrysotile.
L'épidote (p. 180) n'a qu'un seul clivage alors que l'amphibole en a deux.

Venues

On la trouve dans tous genres de roches ignées, telles que le granite, le basalte et la syénite, mais aussi dans des roches métamorphiques, telles que le marbre, le schiste, le gneiss et l'amphibolite.

Meilleurs emplacements au Canada : L'actinote, variété de jade (néphrite), est exploitée à Mount Ogden, district de Cassiar, Colombie-Britannique; des cristaux pointus de trémolite et d'actinote proviennent de Bobs Lake et de Sharbot Lake, canton d'Oso, comté de Frontenac, Ontario; de gros cristaux de hornblende de plus de 15 cm ont été trouvés à Tory Hill, canton de Monmouth, comté de Haliburton, Ontario; de longues fibres de trémolite proviennent de la mine Jeffrey, canton de Shipton, comté de Richmond, Québec.

Autres emplacements : Des cristaux pourpres de trémolite proviennent de Balmat, canton de Fowler, comté de St. Lawrence, État de New York, É.-U.; de l'amiante bleue de Penge, Transvaal, Afrique du Sud, et de Wittenoon Gorge, Australie-Occidentale, Australie; des cristaux de trémolite rose de Kunar, Afghanistan; du jade de variété « actinote », Irkutskaya Oblast', Russie.

Faits intéressants

Le nom du minéral vient du grec *amfibolos*, qui signifie « ambigü », et fait allusion au fait qu'il est facile de confondre ce minéral avec d'autres.

La variété compacte de jade (néphrite) a servi à la fabrication d'outils, de sculptures et de bijoux chez les peuplades autochtones de l'Arctique canadien et de la côte du Nord-Ouest, ainsi que

Amphibole, édénite (38647) : Clivage à 120° dans la moitié supérieure du cristal. Lac Kuehl, canton de Brudenell, comté de Renfrew, Ontario. Largeur du cristal : 9 cm

chez les Maori de la Nouvelle-Zélande. La néphrite (une amphibole) ne doit pas être confondue avec la jadéite (un pyroxène), qui est un minéral plus rare et plus dispendieux auquel on donne souvent le nom de « jade impérial » et qui provient presqu'exclusivement de la Birmanie.

SILICATES

RHODONITE : Silicate de manganèse : MnSiO$_3$

Bien qu'il s'agisse d'un minéral relativement rare, on voit souvent des sculptures et des bijoux faits à partir de rhodonite. Il s'agit d'un minéral de couleur rose, comme la rhodochrosite, cet autre minéral de manganèse avec lequel elle est souvent confondue. Les cristaux de rhodonite sont rares et donc forts convoités par les collectionneurs.

Apparence

Couleur : Le plus souvent rose, mais aussi dans des teintes de rouge rosé ou brun rouge. La rhodonite renferme souvent des inclusions d'oxyde de manganèse qui prennent l'apparence de taches ou de lignes noires.
Trait : Blanc.
Éclat et transparence : Éclat vitreux; translucide.
Habitus : Souvent massif et à grain fin. Les cristaux sont rares et de forme prismatique tabulaire ou trapus.

Propriétés physiques

Dureté : Dure (6).
Densité : Moyenne (3,6 g/cm^3).
Cassure : Les cristaux sont fragiles, avec deux clivages distincts à angle droit. Les formes massives ont une cassure conchoïdale.
Test : La couleur et la dureté sont importantes. Les lignes noires causées par l'altération sont caractéristiques.

Minéraux semblables

La rhodochrosite (p. 152) est moins dure (3–4 sur l'échelle de Mohs) et a un clivage qui suit trois familles de plans qui décrivent des angles de 120º de façon à former un rhomboèdre. À la différence de la rhodonite, la rhodochrosite ne renferme pas d'inclusions noires et produit une effervescence au contact de l'acide.

Venues

On trouve de la rhodonite dans des roches métamorphiques riches en manganèse.

Meilleurs emplacements au Canada : Île de Saltspring, Colombie-Britannique; Keremeos, division de Similkameen, district de Yale, Colombie-Britannique; cap Arthur, circonscription de Coast, Colombie-Britannique; Williams Lake, district de Cariboo, Colombie-Britannique; lac Jeannine, canton de Conan, comté de Saguenay, Québec.
Autres emplacements : Franklin, New Jersey, É.-U.; Plainfield, comté de Hampshire, Massachusetts, É.-U.; Broken Hill, Nouvelle-Galles du Sud, Australie (on trouve de gros cristaux en Australie); monts Oural, Russie; mine Kaso, Kanuma, Japan.

Faits intéressants

Le nom du minéral vient du grec *rhodon*, qui signifie « rose ».

En raison de sa couleur, sa dureté et sa nature massive à granulométrie fine, la rhodonite sert à la confection de perles et à la sculpture.

Rhodonite (44197) : Île Saltspring, Colombie-Britannique. Largeur du champ de prise de vue : 16 cm

SILICATES

GROUPE DES MICAS

Aluminosilicate hydraté de potassium, de fer et de magnésium :
$$K(Fe, Mg, Al)_2[(Si,Al)_4O_{10}](OH)_2$$

Les micas sont un grand groupe qui compte environ 30 espèces de minéraux. Ils constituent un élément important de tous les types de roches, soit ignées, métamorphiques et sédimentaires. Tous les micas ont une structure cristalline feuilletée; c'est cette structure qui leur donne un clivage parfait dont la trace distinctive donne ces feuillets très minces.

Les trois types de mica les plus communs sont :
Muscovite: $KAl_2[AlSi_3O_{10}](OH)_2$; habituellement incolore ou blanc à argenté.
Biotite: $K(Fe, Mg)_3[AlSi_3O_{10}](OH)_2$; de couleur noire à brun foncé.
Phlogopite: $K(Mg, Fe)_3[AlSi_3O_{10}](OH)_2$; de couleur brune à havane.

Apparence

Couleur : La couleur peut server de guide préliminaire à l'identification des espèces de micas en votre possession. Il peut être incolore, blanc, argenté, jaune, brun ou noir. Des variétés plus exotiques de mica peuvent même être mauves (variété « lépidolite ») ou vertes (variété « céladonite »).
Trait : Poudre blanche. Difficile à broyer à la main ou par moyen mécanique en raison du clivage parfait.
Éclat et transparence : Éclat vitreux à nacré; transparent à translucide.
Habitus : Souvent des cristaux prismatiques en forme de diamant ou d'hexagone avec une terminaison plate (pinacoïde). Les faces du prisme ne sont pas brillantes, mais plutôt ondulées et mattes en raison du clivage dominant. Se manifeste aussi sous forme d'agrégats feuilletés.

Propriétés physiques

Dureté : Moyenne (2–3).
Densité : Moyenne (moyenne de 2,8 g/cm^3).
Cassure : Les feuillets se séparent aisément selon un clivage distinct. Ces feuillets sont flexibles et élastiques.
Test : Le clivage et l'élasticité des plaques de clivage sont importants.

Minéraux semblables

Les espèces de mica se différencient au moyen de la couleur et de leur mode de gisement. La biotite altérée peut parfois paraître de couleur jaune brillante, trompant ainsi les gens qui croyent avoir trouvé de l'or.
Le chlorite (p. 208) a un clivage parfait, mais les fragments de clivage ne sont pas élastiques comme ceux du mica.

Venues

Bien que le mica soit présent dans les roches ignées, métamorphiques et sédimentaires, il reste que certains milieux sont plus aptes que d'autres à vous aider à identifier les espèces de mica en votre possession. On trouve de la muscovite le plus souvent dans du granite ou les pegmatites connexes et dans les schistes métamorphiques. La biotite est une autre espèce de mica que l'on trouve dans le granite, mais elle est aussi présente dans des roches plus pauvres en silice, telles que le gabbro, et dans des schistes métamorphiques. La phlogopite se manifeste dans des roches très pauvres en silice, telles la péridotite et la pyroxénite.

Mica, biotite (50499) : Cristal prismatique hexagonal en escalier. Mine Giroux, région d'Otter Lake, comté de Pontiac, Québec. Largeur du spécimen : 7 cm

Meilleurs emplacements au Canada : Muscovite : mont Mica, district de Cariboo, Colombie-Britannique; mine Purdy, canton de Mattawa, « mica à rubis » du canton de McAuslan et de la mine Maskwa Lake, canton de Deacon, district de Nipissing, Ontario; mine à corindon Craigmont, canton de Raglan, comté de Renfrew, Ontario; Kasshabog Lake, canton de Methuen, comté de Peterborough, Ontario; mine Villeneuve, canton de Villeneuve, comté de Papineau, Québec. Phlogopite : Kimmirut, île de Baffin, Nunavut; canton de March, comté de Carleton, Ontario; canton de Grenville, comté d'Argenteuil, Québec; mine Blackburn, canton de Hull, comté de Gatineau, Québec. Biotite : Davis Hill, canton de Dungannon, comté de Hastings, Ontario.

Autres emplacements : Muscovite : comté de Montgomery, Pennsylvanie, É.-U.; Magnet Cove, Arkansas, É.-U.; comté de Grafton, New Hampshire, É.-U.; comté de Lincoln, Caroline du Nord, É.-U.; Governador Valadares, Minas Gerais, Brésil; Chennai, Tamil Nadu, Inde. Phlogopite : Andranondambo, Madagascar. Biotite (avec de la muscovite) : Thomaston, comté d'Upson, Georgie, É.-U.

Faits intéressants

Le mot « mica » vient du latin *micare*, qui signifie « briller ». Le nom « muscovite » fait allusion au verre de Muscovie, matériau qui était utilisé comme carreau de verre en Russie.

Le mica est un excellent isolateur de la chaleur et de l'électricité. C'est pourquoi il entrait auparavant dans la fabrication de fenêtres de poêle, de grille-pains, d'isolateurs à haute tension et de condensateurs radioélectriques.

L'homme se sert du mica depuis l'antiquité. Les artistes rupestres de la fin de la période paléolithique (40 000 à 10 000 av. J.-C.) se servaient de mica pour fabriquer du pigment blanc. La Pyramide du Soleil, vestige de la culture Teotihuacan, se dresse juste au nord de la ville de Mexico. Le niveau supérieur entier de la pyramide consiste en une dalle de mica de 30 cm d'épaisseur. Près de Trivandrum, en Inde, se trouve le palais de Padmanabhapuram dont les fenêtres colorées sont faites de mica.

Mica, muscovite, plaque de clivage montrant un macle (50070) : Wanup, canton de Dill, district de Sudbury, Ontario. Largeur du champ de prise de vue : 12 cm.
Photo : R.A. Gault

Mica, phlogopite (46668) : Cristal hexagonal en escalier à clivage parfait. Rivière Soper, au nord de Kimmirut, île de Baffin, Nunavut. Largeur du spécimen : 4 cm

SILICATES

GROUPE DES CHLORITES

Aluminosilicate hydraté de fer et de magnésium : $(Fe,Mg,Al)_6(Si,Al)_4O_{10}(OH)_8$

Le groupe des chlorites se compose de 12 espèces. Les minéraux du groupe comme tels partagent la même structure cristalline feuilletée et la même morphologie lamellaire, mais il est difficile de distinguer les espèces individuelles du groupe les unes des autres. Quelques unes des espèces plus rares de chlorite renferment des quantités importantes de zinc, de manganèse, de lithium et de nickel au sein de leur structure cristalline. La présence de chlorite indique que la roche encaissante a été altérée par des solutions hydrothermales.

Apparence

Couleur : La couleur du minéral change du blanc ou jaunâtre à vert pâle, de vert à presque noir à mesure que la teneur en fer augmente (et que celle du magnésium diminue).
Trait : Blanc ou vert pâle.
Éclat et transparence : Éclat vitreux dans le cas des lamelles grossières et terreux dans celui des variétés à grain fin; transparent à presqu'opaque.
Habitus : Souvent sous forme de cristaux hexagonaux lamellaires. Il peut aussi être massif et terreux.

Propriétés physiques

Dureté : Moyenne (2–2½).
Densité : Moyenne (2,8 g/cm^3).
Cassure : Clivage distinct. Les lamelles sont flexibles mais non élastiques.
Test : Le clivage et les lamelles flexibles (mais non élastiques) sont des propriétés importantes.

Minéraux semblables

Le mica (p. 204) a un clivage parfait et ses fragments de clivage sont flexibles et élastiques, alors que ceux de la chlorite ne sont pas élastiques.
Le talc (p. 210) a un clivage semblable à celui de la chlorite, mais il s'agit d'un minéral moins dur (1 sur l'échelle de Mohs) et il est gras au toucher. Les deux minéraux peuvent être enchevêtrés.

Venues

La chlorite est un minéral souvent présent dans les roches métamorphisées qui ont subi les effets de régimes de température et de pression relativement faibles. On le trouve avec du quartz, du feldspath (albite) et des grenats dans des schistes. La chlorite se manifeste aussi dans les roches ignées sous forme de produit d'altération de minéraux tels le pyroxène, l'amphibole et le mica (biotite). Il s'agit d'un minéral d'altération commun associé aux gisements de minerai hydrothermaux et il est souvent présent avec de l'épidote. Il est aussi un composant important de sédiments.

Meilleurs emplacements au Canada : Blackstone Lake, canton de Conger, district de Parry Sound, Ontario; carrière de pierre de savon Broughton, canton de Leeds, comté de Mégantic, Québec.
Autres emplacements : Comté de Bristol, Massachusetts, É.-U.; comté de San Benito, Californie, É.-U.; comtés de Lancaster et de Chester, Pennsylvanie, É.-U.; variété pourpre provenant d'Erzurum, Anatolie orientale, Turquie.

Faits intéressants

Le nom du groupe de minéraux « chlorite » vient du grec *chloros*, qui signifie « vert » et fait allusion à la couleur habituelle des minéraux de ce groupe.

Les inclusions de chlorite dans du quartz transparent sont d'un intérêt particulier car ils peuvent créer un « fantôme », phénomène qui se produit lorsqu'il semble qu'un cristal en renferme un autre.

La kammérérite est une variété appartenant au groupe des chlorites qui contient une quantité suffisante de chrome pour donner aux spécimens une couleur pourpre très foncée. Ces spécimens sont très recherchés des collectionneurs.

Chlorite (47089) : Éclat nacré, clivage parfait. York River, Bancroft, Ontario.
Largeur du spécimen : 4 cm

SILICATES

TALC : Silicate hydraté de magnésium : $Mg_3Si_4O_{10}(OH)_2$

Ce minéral est connu surtout à cause de l'usage qu'on en fait en tant que poudre à bébé. À titre d'un des minéraux les plus tendres, il est devenu le minéral de contrôle de la valeur de dureté 1 sur l'échelle de Mohs. Il ne se manifeste presque jamais sous forme de cristal, mais plutôt sous forme d'agrégat compact à grain fin. Il se présente toujours sous forme de produit d'altération dans les roches métamorphiques.

Apparence

Couleur : Habituellement vert pâle, mais aussi gris ou blanc.
Trait : Blanc.
Éclat et transparence : Éclat cireux, nacré ou gras; translucide.
Habitus : Souvent massif avec un habitus compact ou folié (feuilleté). On le trouve quelques fois sous forme de cristaux tabulaires.

Propriétés physiques

Dureté : Tendre (1) et gras ou savonneux au toucher. Les variétés massives se coupent facilement au couteau (sécable).
Densité : Moyenne (2,7 g/cm^3).
Cassure : Flexible, mais les feuillets inélastiques se séparent aisément selon un clivage parfait.
Test : La dureté et le fait qu'il soit gras au toucher.

Minéraux semblables

Le mica, variété « muscovite » (p. 204) est plus dur (2 sur l'échelle de Mohs) et ses feuillets et ses fragments de clivage sont élastiques. La muscovite à grain fin n'est pas grasse au toucher comme le talc.
L'argile (p. 212) a tendance à être blanche et non verte, comme le talc. À la différence du talc, la poudre d'argile à laquelle on ajoute de l'eau peut se mouler.
La chlorite (p. 208) est plus dure (2–2½ sur l'échelle de Mohs).

Venues

Le talc est un produit d'altération (métamorphique) de roches comme la pyroxénite et la péridotite. L'action de solutions hydrothermales est à l'origine de cette altération.

Meilleurs emplacements au Canada : La mine Cassiar, district de Cassiar, Colombie-Britannique; cantons de Grimsthorpe et d'Elzevir, comté de Hastings, Ontario.
Autres emplacements : Belmont, comté de St. Lawrence County, État de New York, É.-U.; comtés de Washington et de Windsor, Vermont, É.-U.; comté de Providence, Rhode Island, É.-U.; Sel Herad, Oppland, Norvège; Zillertal, Tyrol, Autriche.

Faits intéressants

Le nom du minéral vient de l'arabe *talq*, « pur », qui fait peut-être allusion à la couleur blanche de sa poudre.
Ses propriétés uniques font que le talc est largement utilisé comme agent de remplissage dans la fabrication du papier, de la peinture, des produits pharmaceutiques, des cosmétiques et des aliments pour animaux. Puisqu'il

ne conduit ni la chaleur, ni l'électricité, on s'en sert dans la fabrication des poêles et des panneaux électriques. La « pierre de savon » est une variété commune dont on se sert pour plusieurs types de sculptures. La pierre de savon peut aussi porter le nom de « stéatite », mais il peut alors s'agir de talc comme tel, ou de variétés plus dures qui renferment des minéraux de chlorite ou de serpentine.

Une préoccupation plus récente quant à l'utilisation de la poudre de talc provient du fait que ce minéral est intimement associé aux minéraux de type « amiante » que l'on craint être cancérigènes.

Talc (45763) : Feuille flexible à éclat nacré.
Comté de Hastings, Ontario.
Largeur du champ de prise de vue : 27 cm

SILICATES
GROUPE DES ARGILES

Aluminosilicate hydraté : $Al_2Si_2O_5(OH)_4 \cdot H_2O$

« Argile » est un terme d'ordre général qui s'applique à un groupe important d'espèces minérales. Les argiles sont bien connues pour le fait qu'elles sont largement présentes dans les sols et les roches et en raison de leurs longs antécédents historiques dans les domaines de la poterie et de la sculpture. À l'instar des groupes des micas et des chlorites, les minéraux argileux ont une structure cristalline feuilletée au sein de laquelle les feuillets ne sont que faiblement liés les uns aux autres, phénomène qui leur confère des propriétés utiles et particulières. Les argiles sont très semblables au mica, sauf qu'elles peuvent absorber et retenir l'eau. Les minéraux argileux ne constituent certes pas les éléments spectaculaires d'une collection, mais ils sont d'une telle importance en raison de leurs nombreux usages qu'il convient de pouvoir les identifier.

Les trois espèces de minéraux argileux les plus courantes sont :
Kaolinite : $Al_2Si_2O_5(OH)_4$
Montmorillonite : $NaAlSi_2O_5(OH) \cdot H_2O$
Illite : $KAl_2(Si_3Al)O_{10}(H_2O,OH)_2$

Apparence

Couleur : L'argile pure est blanche, mais elle peut avoir des teintes rougeâtres ou brunâtres et contenir des impuretés, tel du fer.

Argile, variété « kaolinite » : L'altération a transformé le feldspath en kaolinite, en laissant les grains de quartz non altérés. St. Stephens, Cornouailles, Angleterre. Largeur du spécimen : 8 cm

Trait : Blanc.
Éclat et transparence : Éclat terreux et mat dans le cas d'argile à grain fin, mais peut prendre un éclat nacré dans le cas d'argile à grain plus grossier. Elle est translucide.
Habitus : Souvent massif et à granulométrie très fine.

Propriétés physiques

Dureté : La dureté est presqu'impossible à discerner, car sa granulométrie habituellement tellement fine fait que toute tentative de le rayer ne fait que causer les grains à se séparer. Tendre (environ 2).
Densité : Moyenne (2,6 g/cm^3).
Cassure : Crayeuse et facilement brisée lorsqu'à l'état sec, mais devient élastique lorsque mouillée.
Test : Glissante et flexible lorsque mouillée.

Minéraux semblables

Le mica (p. 204) a tendance à avoir des paillettes plus grosses et ces dernières sont flexibles et élastiques.
Le talc (p. 210) est habituellement de couleur verte et à grain plus grossier que les particules d'argile.
Ni le mica, ni le talc n'ont la propriété de la poudre d'argile mouillée d'être collante au toucher et cohésive.

Venues

Les minéraux argileux sont présents dans des roches altérées par les processus de l'altération ou de l'hydrothermalisme et qui, à l'origine, étaient riches en aluminium et en silicium.

Meilleurs emplacements au Canada : On trouve de la kaolinite à Walton, comté de Hants, en Nouvelle-Écosse et dans la baie Bonavista, à Terre-Neuve.

Autres emplacements : Des gisements de kaolinite se trouvent dans le comté de Twiggs, en Georgie, le comté de Lawrence, en Indiana, et le comté de Talladega, en Alabama, aux É.-U. Une localité type du remplacement du feldspath (orthoclase) par de la kaolinite se trouve à St. Austell, en Angleterre.

Faits intéressants

Le mot « clay » (argile), tel qu'utilisé en anglais, vient du vieil l'anglais *claeg*, qui signifie « terre raide » ou « terre collante ». Une telle définition décrit parfaitement une des principales propriétés des minéraux de ce groupe; Déjà à l'époque préhistorique cette propriété était bien connue, tel qu'en attestent les briques séchées au soleil et les récipients à boire provenant d'excavations faites aux endroits ou se dressaient d'anciens établissements humains.

Le terme « kaolin de Chine » (kaolinite) fait allusion à l'usage de ce matériau dans la fabrication de la porcelaine chinoise au cours des VIIe et VIIIe siècles. Cette variété d'argile était exploitée dans la province de Jiangxi, au sud-est de la Chine. La porcelaine phosphatique a été mise au point au début des années 1800 par Josiah Spode, fils. Il a découvert qu'en ajoutant environ 50 % d'os broyé à la kaolinite, il était possible d'en augmenter le degré de translucidité et de résistance.

On utilise l'argile encore de nos jours dans la fabrication de briques et de matériaux céramiques. Elle sert aussi d'agent de remplissage dans la fabrication du papier, de la peinture, des matières plastiques et du caoutchouc. Certaines argiles ont la capacité d'échanger des cations dans leur structure. La montmorillonite et l'illite peuvent échanger du sodium et du potassium pour d'autres ions dont la charge est plus élevée. Les argiles qui résultent de cet échange servent à absorber les éléments radioactifs lors de déversement de déchets nucléaires ou de déversements de pétrole.

SILICATES
CHRYSOTILE : Silicate hydraté de magnésium : $Mg_3Si_2O_5(OH)_4$

Chrysotile (36490) : Habitus fibreux de couleur dorée.
Mine Bowman, région de Timmins, district de Cochrane, Ontario. Largeur du spécimen : 16 cm

Le chrysotile fait partie du groupe de la serpentine. Cette variété fibreuse est aussi connue sous le nom d'« amiante » et presque toute l'amiante exploitée de nos jours est du chrysotile. Cependant, le terme « amiante » peut aussi s'appliquer à plusieurs espèces de minéraux différentes, dont la plupart font partie du groupe des amphiboles. Il est regrettable que les propriétés physiques qui font de l'amiante un matériau utile en fassent également un matériau cancérogène. Des fibres aptes à transpercer les tissus pulmonaires encouragent la croissance de cellules cancéreuses. Le chrysotile est le type d'amiante le moins dommageable.

Apparence

Couleur : Habituellement vert mais peut être blanc, gris, jaune doré ou brun.
Trait : Blanc.
Éclat et transparence : L'éclat est soyeux dans le cas d'un spécimen fibreux et gras dans le cas d'un spécimen massif; translucide.
Habitus : Souvent fibreux mais peut être massif.

Propriétés physiques

Dureté : Moyenne (2–3).
Densité : Moyenne (2,6 g/cm^3).
Cassure : Sans clivage distinct et se sépare en fibres.
Test : Les fibres sont douces et flexibles.

Minéraux semblables

La riébeckite (p. 196), qui fait partie du groupe des amphiboles, peut être fibreuse, mais ses fibres sont plus raides et moins flexibles.

Venues

Le chrysotile est présent dans des roches ultrabasiques altérées par des solutions hydrothermales.

Meilleurs emplacements au Canada : Le chrysotile est exploité à la mine Jeffrey, Asbestos, canton de Shipton, comté de Richmond, et à Thetford, comté de Mégantic, au sud du Québec, ainsi qu'à Cassiar, au nord de la Colombie-Britannique. Aussi près de Timmins, canton de Deloro, district de Cochrane, Ontario; mine Munro, district de Cochrane, Ontario; Kilmar, comté de Grenville, Ontario; comté d'Argenteuil, Québec.

Autres emplacements : Globe, comté de Gila, Arizona, É.-U.; Piémont et Lombardie, Italie; Shabani, Zimbabwe.

Faits intéressants

Le nom du minéral vient du grec *chrysos*, « or », et *tilos*, « fibre », qui font allusion à sa couleur et à son habitus, bien que le minéral soit rarement de couleur dorée. Le mot « asbestos » (amiante), tel qu'utilisé en anglais, vient du mot grec *asbestos*, ce qui signifie « non combustible ». Cette description est celle de Pline (23 –73 ap. J.-C.) qui faisait référence à une étoffe rare, le *linum vivum* (lin immortel), dont les Romains se servaient pour tisser le linceuil de leurs rois défunts. Au cours de leur incinération, leur linceuil de chrysotile sortait indemne de la conflagration, alors que la dépouille du défunt était transformée en cendres. On se sert aujourd'hui de l'amiante dans la confection des filtres à eau, des patins de freins, d'isolateurs thermiques dans les appareils électriques domestiques et les fusées, d'agent de renforcement pour les blocs de ciment et les matériaux inflammables.

Chrysotile (44536) : Rubans de type fibreux dans une variété plus compacte. Mine Normandie, Black Lake, canton d'Ireland, comté de Mégantic, Québec. Largeur du champ de prise de vue : 19 cm

SILICATES
CHRYSOCOLLE : Silicate hydraté de cuivre : $(Cu,Al)_2H_2Si_2O_5(OH)_4 \cdot nH_2O$

La chrysocolle est un beau minéral vert bleuté dont la couleur et la forme sont tout à fait distinctifs. Elle est mal connue en tant que minéral, car sa structure cristalline n'est pas très définie et il s'agit d'un minéral souvent amorphe. Les prospecteurs s'en servent depuis de nombreuses années en tant que minéral « indicateur » du cuivre. De nombreux spécimens sont recouverts de quartz et sont donc susceptibles de fournir des indices de dureté erronés.

Apparence

Couleur : Vert à vert bleuté. Elle peut aussi être brune à noire dans les cas où elle renferme beaucoup d'inclusions.
Trait : Blanc à vert bleuté.
Éclat et transparence : Éclat vitreux à terreux à cireux; transparent à opaque.
Habitus : Souvent massif mais se trouve aussi sous forme de croûtes botryoïdes ou de remplissages de filons. La chrysocolle se manifeste plus rarement sous forme de fibres fines.

Propriétés physiques

Dureté : Tendre à moyenne (2–4).
Densité : Faible (2,0 g/cm^3).
Cassure : Fragile, avec une cassure conchoïdale et sans clivage.
Test : La couleur, le manque de dureté, l'absence de cristaux et la fragilité sont des indices fiables de ce minéral sur le terrain.

Chrysocolle (56136) : Croûte botryoïde. Mine Likasi, Likasi, République démocratique du Congo.
Largeur du champ de prise de vue : 12 cm

Minéraux semblables

La turquoise (p. 136) est plus dure (5–6 sur l'échelle de Mohs) et habituellement de couleur différente.
La chrysoprase est une variété de quartz à grain fin de couleur semblable, mais elle est beaucoup plus dure (7 sur l'échelle de Mohs).

Venues

La chrysocolle est présente dans les gisements de cuivre altérés souvent associés au quartz, à l'azurite, à la malachite et à la « limonite ».

Meilleurs emplacements au Canada : La mine de cuivre Craigmont, district de Kamloops, Colombie-Britannique; mine de cuivre Gaspé, canton de Holland, comté de Gaspé-Ouest, Québec.

Autres emplacements : L'Arizona, l'Utah et le Nouveau-Mexique, É.-U., ont tous sur leur territoire des quantités considérables de chrysocolle associées à des gisements de cuivre; San Carlos, Mexique; Kakanda, province de Katanga, République démocratique du Congo.

Faits intéressants

L'origine du nom « chrysocolle » est assez étrange. Il vient des termes du grec antique *chrysos*, « or », et *kolla*, « colle »; ce dernier fait allusion au fait que la chrysocolle, ainsi que plusieurs autres minéraux de couleur verte renfermant du cuivre, a servi de colle ou de flux pour le brasage de l'or.

La chrysocolle à l'état pur est trop tendre pour servir à la confection de bijoux. Cependant, la chrysocolle se trouve souvent mélangée à du quartz à grain fin (variété appelée « calcédoine »); ceci la rend plus dure et assez résistante pour subir un polissage. La chrysocolle peut parfois être de couleur turquoise et on l'utilise alors comme substitut pour la turquoise de type gemme qui, elle, est beaucoup plus précieuse.

Chrysocolle (43595) : Taches dans de la roche altérée. Mine Lornex, Highland Valley, division de Kamloops, Colombie-Britannique. Largeur du champ de prise de vue : 4 cm

SILICATES

QUARTZ : Oxyde de silicium : SiO$_2$

Le quartz est le minéral le plus répandu à la surface du globe après les minéraux du groupe des feldspaths. Il se manifeste dans une si grande gamme de formes et de couleurs que son identification peut poser des défis. Plusieurs collectionneurs possèdent de grandes collections de quartz très spécialisées, car il est amusant de pouvoir comparer les innombrables formes que peut adopter cette seule espèce. Il s'agit d'un minéral que l'on peut se procurer à peu de frais et que l'on trouve partout.

La famille du quartz se divise en deux grandes catégories en fonction de la taille des cristaux : les gros cristaux (quartz macrocristallin, dit cristallin) et les cristaux très petits ou microscopiques (quartz microcristallin, dit cryptocristallin). Les variétés microcristallines sont souvent taillées et polies pour en faire des pierres ornementales.

Le SiO$_2$ compte plusieurs structures dont l'origine est liée à des régimes de pression et de température élevés. On trouve la tridymite et la cristobalite dans des roches volcaniques, alors que la coésite et la stishovite sont des produits de l'impact d'une météorite.

On différencie les variétés macrocristallines ou cristallines à l'aide des noms de couleurs :

Cristal de roche : Quartz transparent, incolore; quartz laiteux : quartz translucide blanc (la variété la plus répandue); quartz rose : rose pâle à intense; quartz enfumé : brun à presque noir; améthyste : pourpre pâle à foncé; citrine : jaune, mais à ne pas confondre avec la variété brun pâle de quartz enfumé.

Les variétés cristallines du quartz contiennent parfois un autre minéral, comme de la tourmaline ou du rutile, sous forme d'inclusions. Le quartz dit « œil-de-chat » renferme des fibres de l'amphibole riébeckite (p. 196) qui donnent au spécimen une apparence chatoyante.

Quartz (40677) : Cassure conchoïdale avec une face cristalline marquée de stries.
Hot Springs, comté de Garland, Arkansas.
Largeur du spécimen : 5 cm

Variétés cryptocristallines ou microcrystallines :
Calcédoine : Couleurs uniformes de gris, de bleu ou de brun; agate : comme la calcédoine, mais dotée de couleurs variées habituellement arrangées en rubans concentriques; onyx : une agate à rubans blancs et noirs ou brun foncé; jaspe : opaque à teintes de rouge, de jaune et de brun; cornélienne : aux couleurs du jaspe, mais claires; chrysoprase : calcédoine translucide de couleur vert pomme; bois pétrifié : quartz cryptocristallin dans des teintes de brun, de rouge ou de jaune ayant remplacé du bois.

L'opale, soit la variété la plus amorphe du quartz, est constituée de sphères composées de gel de silice. Dans les cas où ces sphères sont de taille uniforme et bien organisées, elles peuvent réfracter la lumière de façon à produire de belles couleurs.

Quartz (36869) : Cristaux de quartz empilés avec prismes hexagonaux et pyramides. Greely, canton d'Osgoode, comté de Carleton, Ontario.
Largeur du champ de prise de vue : 4 cm

Apparence

Couleur : Habituellement blanc à incolore, mais la présence d'impuretés permet toutes les couleurs et toutes les nuances.
Trait : Poudre blanche. Trop dur pour laisser un trait.
Éclat et transparence : Éclat vitreux; transparent à translucide.
Habitus : Souvent des cristaux aux formes variables. Les cristaux prismatiques dont les stries sont perpendiculaires à l'axe longitudinal et qui sont terminés par une pyramide sont courants. Il peut aussi être massif, granulaire, botryoïde (arrondi ou globulaire) ou à habitus stalactitique.

Propriétés physiques

Dureté : Dure (7).
Densité : Moyenne (2,65 g/cm^3).
Cassure : Fragile, avec une cassure conchoïdale et sans clivage.
Test : La dureté, la densité et les stries sur les faces cristallines sont importantes. L'absence de clivage et la cassure conchoïdale nette sont des éléments qui méritent d'être notés.

Minéraux semblables

La calcite (p. 138) est moins dure (3 sur l'échelle de Mohs). Elle a trois bons clivages et elle produit une effervescence au contact de l'acide. Des caractéristiques semblables différencient le quartz de l'aragonite (p. 146) et de la dolomite (p. 142).

Le feldspath (p. 226) est légèrement plus tendre (6 sur l'échelle de Mohs) et il a deux clivages distincts suivant des plans presque à angle droit l'un de l'autre.

L'éclat de la néphéline (p. 232) est gras et elle renferme souvent des inclusions de mica.

Quartz (30175) : Cristaux prismatiques transparents et incolores avec terminaisons pyramidales. Les cristaux blancs rhomboédriques sont de la calcite. Mine Bluebell, Riondel, district de Kootenay, Colombie-Britannique. Largeur du spécimen : 13 cm

Quartz (38396) : Cristal de quartz aplati dans du quartz massif. Mine J.B. Steele, Lyndhurst, canton de Leeds et Lansdowne, comté de Leeds, Ontario. Largeur du champ de prise de vue : 8 cm

Quartz (40711) : Cristal à double terminaison, dit « diamant Herkimer ». Site de camping Crystal Grove, région de Lassellsville, comté de Fulton, New York. Largeur du champ de prise de vue : 5,5 cm

Quartz (41424) : Variété « agate ». Chihuahua, Mexique. Largeur du spécimen : 4 cm

Venues

On peut s'attendre à trouver du quartz presque partout. Il est plus remarquable de ne pas en trouver, car cela indique que des conditions chimiques particulières étaient à l'œuvre au cours de la phase de cristallisation.

Meilleurs emplacements au Canada : Gros cristaux transparents (jusqu'à 30 cm) provenant du lac Bow, Parc national de Banff, Alberta; mine Bluebell, Riondel, district de Kootenay, Colombie-Britannique; Wawa, district d'Algoma, Ontario; Lyndhurst, comté de Leeds, Ontario; Lawrenceville, comté de Shefford, Québec. Des améthystes d'Elbow Lake, district de Thunder Bay, Ontario, et de la baie de Fundy, Nouvelle-Écosse. Du quartz rose de Quadeville, canton de Lyndoch, comté de Renfrew, Ontario. Du quartz enfumé de Horn Peak, dans les monts Hess, au Yukon (cristaux enfumés); Greely, canton d'Osgoode, comté de Carleton, Ontario. Des agates du ruisseau Robbins, district de Kamloops,

Quartz (30716) : Variété « agate ». Cap Split, comté de Kings, Nouvelle-Écosse. Largeur du spécimen : 10 cm

Quartz (JG) : Variété « bois pétrifié ». Souris, Manitoba. Largeur du champ de prise de vue : 16 cm

Colombie-Britannique; île Michipicoten, lac Supérieur, Ontario; baie de Fundy, Nouvelle-Écosse. Du bois pétrifié de Hedly, district de Similkameen, Colombie-Britannique; rivière Red Deer, Drumheller, Alberta; Souris, Manitoba.

Autres emplacements : Des cristaux de quartz de Hot Springs, Arkansas, É.-U.; comté de Herkimer, État de New York, É.-U.; Minas Gerais, Brésil (la taille peut atteindre 2 m). Des améthystes de Guerrero, Mexique; Brésil; Uruguay. Du quartz enfumé du Brésil et de la Suisse. Des agates du comté de Deschutes, Oregon, É.-U.; Chihuahua, Mexique; Rio Grande do Sol, Brésil; Idar-Oberstein, Allemagne. Du bois pétrifié de Painted Desert, Arizona, É.-U.; comté de Yakima, État de Washington, É.-U.; comté de Malheur, Oregon, É.-U. Des opales de San Luis Potosi, Mexique; Nouvelle-Galles du Sud et Queensland, Australie.

Quartz (51307) : Cristaux de la variété « améthyste » avec terminaison pyramidale. Mine Diamond Willow, Pearl, canton de McTavish, district de Thunder Bay, Ontario. Largeur du champ de prise de vue : 6,5 cm

Faits intéressants

Le nom du minéral, « quartz », a plusieurs origines possibles : le mot allemand *quarz*, le mot slave *kwardy* et le mot en vieil anglais *querklufterz*, qui signifie « minerai à filon transversal ».

Le quartz a joué un rôle primordial dans le développement de la physique : Pline (23–79 ap. J.-C.) savait que le quartz décomposait la lumière blanche en un spectre de bandes de lumières colorés. Nicolas Steno (1638–1686), après étude des angles entre les faces des prismes, a découvert qu'ils ont toujours 60°. C'est lui qui a établi en cristallographie cette loi importante de la constance des angles interfaciaux.

On compte parmi les premiers usages du quartz la fabrication de pastilles utilisées comme capteur de phonographe; aujourd'hui, cette même technologie sert à la confection de microbalances (des balances qui peuvent peser des poids extrêmement petits).

Charles Sawyer a inventé le procédé de fabrication des cristaux de quartz synthétiques et en a amorcé la production en 1956 à Cleveland, en Ohio. Cette découverte à mené au développement d'une immense industrie dans les domaines des semiconducteurs et de la fibre optique.

Quartz, opale (OJ 1421) : Variété « opale » précieuse. Queensland, Australie. Largeur du champ de prise de vue : 4 cm

Quartz : Quartz, variété « citrine », à facettes. Sri Lanka. Largeur de la gemme : 3,3 cm

Quartz (42971) : Quartz rose massif. Mine de quartz rose Quadeville, canton de Lyndoch, comté de Renfrew, Ontario. Largeur du champ de prise de vue : 15 cm

Quartz (41514); Variété « jaspe ». Mine Scott, Old Chelsea, canton de Hull, comté de Gatineau, Québec. Largeur du spécimen : 19 cm

SILICATES
GROUPE DES FELDSPATHS

Aluminosilicate de sodium, de calcium et de potassium : $(Na,Ca,K)(Si,Al)_4O_8$

Le groupe des feldspaths est un groupe passablement grand comptant quelque 20 espèces de minéraux. Il constitue à lui seul environ 60 % de la croûte terrestre, d'où l'importance de pouvoir reconnaître ces minéraux. Le groupe des feldspaths se divise en deux sous-groupes : les feldspaths potassiques et les feldspaths plagioclases.

Espèces courantes :

Feldspaths potassiques dotés de trois structures atomiques différentes :

- Microcline, $KAlSi_3O_8$
- Sanidine, $KAlSi_3O_8$
- Orthoclase, $KAlSi_3O_8$

Chez les feldspaths plagioclases, la division se fait en fonction de leur gradation chimique :

- Albite, $NaAlSi_3O_8$
- Oligoclase, $(Na_{0.80}Ca_{0.20})AlSi_3O_8$
- Andésine, $(Na_{0.60}Ca_{0.40})AlSi_3O_8$
- Labradorite, $(Ca_{0.60}Na_{0.40})AlSi_3O_8$
- Bytownite, $(Ca_{0.80}Na_{0.20})AlSi_3O_8$
- Anorthite, $CaAl_2Si_2O_8$

En raison des nombreuses ressemblances entre les espèces du groupe des feldspaths, on commence souvent par établir une identification provisoire, soit plagioclase, soit orthoclase. Même ce niveau d'identification sommaire peut s'avérer difficile à accomplir. Seul l'orthoclase ou le microcline peut être de couleur rose et seul le plagioclase peut être de couleur gris foncé à presque noir. Le feldspath de couleur claire marqué par des stries est du plagioclase mais si les stries sont absentes, ce qui peut fréquemment se produire, il peut alors aussi bien s'agir d'orthoclase que de plagioclase.

Apparence

Couleur : Le plagioclase est incolore, blanc, gris, gris foncé et, rarement, verdâtre ou rougeâtre. La partie de la série à laquelle appartiennent l'albite et l'oligoclase comprend aussi des variétés connues sous les noms de « pierre de lune » et de « péristérite », dont la couleur présente des reflets bleus irisés, tandis que le labrador fait miroiter ses couleurs bleu, vert et or caractéristiques.

Feldspath (53265) : Variété « amazonite » composée de deux feldspaths, du microcline vert et de l'albite blanche. Péninsule de Kola, Russie. Largeur du spécimen : 8 cm

Feldspath (35804) : Variété « perthite » composée de deux espèces de feldspath, soit du microcline orange et de l'albite blanche. Pert, canton de Drummond, comté de Lanark, Ontario. Largeur du champ de prise de vue : 11 cm

Feldspath (46048) : Orthoclase, variété « pierre de lune », de couleur bleu translucide et dont le schéma de croissance des cristaux à créé des faces en escalier. Sri Lanka.
Largeur du spécimen : 9 cm

Feldspath (42960) : Labrador à effet de shillérisation bleu. Nain, district des monts Torngat, Terre-Neuve. Longueur du spécimen: 15 cm

L'orthoclase est le plus souvent de couleur orange pâle à rose mais peut souvent paraître incolore ou blanche. L'amazonite est une variété de couleur verte du microcline et la sanidine a parfois les reflets bleuâtres de la pierre de lune.

Trait : Blanc.

Éclat et transparence : L'éclat est mat à légèrement vitreux, mais peut être nacré sur les plans de clivages; transparent à translucide.

Habitus : Souvent massif ou granulaire. Les cristaux peuvent se présenter sous toute une variété de formes : les cristaux prismatiques et tabulaires sont courants. L'aspect souvent rubané des cristaux provient du fait que leur croissance se fait selon des plans maclés.

Propriétés physiques

Dureté : Dure (6).
Densité : Moyenne (2,6–2,8 g/cm^3).
Cassure : Fragile, avec deux clivages distincts suivant des plans presqu'à angle droit l'un de l'autre.
Test : Le clivage et la dureté sont importants. L'importance de la couleur irisée vient du fait qu'elle sert à différencier certaines variétés.

Minéraux semblables

Le quartz (p. 218) est légèrement plus dur (7 sur l'échelle de Mohs) et il a une cassure conchoïdale sans clivage. La néphéline (p. 232) a un clivage indistinct et son éclat a un aspect gras caractéristique.

Feldspath (51579) : Cristal de microcline. Carrière Poudrette, Mont-Saint-Hilaire, comté de Rouville, Québec. Largeur du spécimen : 7 cm

Feldspath (45049) : Oligoclase, variété « péristérite », à effet de schillérisation bleu. Mine Walker, Verona, canton de Portland, comté de Frontenac, Ontario. Largeur du spécimen : 6 cm

Venues

On trouve le feldspath dans la plupart des types de roches – aussi bien les roches ignées intrusives que les roches ignées effusives et les roches métamorphiques.

Il se forme aussi au sein de sédiments. Dans le sous-groupe des plagioclases, l'identification de chaque espèce est essentielle à la classification des roches et se fait habituellement à l'aide d'analyses chimiques. En règle générale, les roches riches en Si renferment du plagioclase riche en Na et les roches déficitaires en Si renferment du plagioclase riche en Ca. Il est aussi important de déterminer la quantité de feldspath présente par rapport aux autres minéraux si on veut correctement identifier les types de roches.

Feldspath (84077) : Oligoclase présentant des plans de macle lamellaires. Rivière Soper, Kimmirut, île de Baffin, Nunavut. Largeur du spécimen : 7 cm

Chez les feldspaths potassiques, la sanidine est présente dans de la rhyolite, une roche effusive riche en Si, dont le refroidissement s'est fait rapidement.

Meilleurs emplacements au Canada :

La sanidine et l'orthoclase : Beaverdell, district de Yale, Colombie-Britannique; lac Long, canton de Monmouth, comté de Haliburton, Ontario. Le microcline: Perth, canton de North Burgess, comté de Lanark, Ontario; cantons de Maynooth, Wicklow et Monteagle, comté de Hastings, Ontario; Mont-Saint-Hilaire, comté de Rouville, Québec. L'amazonite : une variété provient de Hybla, canton de Monteagle, comté de Hastings, Ontario; Sundridge, canton de Strong, district de Township, Parry Sound, Ontario; Lac Sairs, canton de Villedieu, comté de Témiscamingue, Québec. L'albite et l'oligoclase: rivière Soper, île de Baffin, Nunavut; Balderson, canton de Bathurst, comté de Lanark, Ontario; mine Purdy, canton de Mattawa, district de Nipissing, Ontario; carrière Davis, canton de Dungannon, comté de Hastings, Ontario; Richmond, canton de Melbourne, comté de Richmond, Québec. Le labrador : Nain, district d'Eagle River, Labrador, Terre-Neuve.

Autres emplacements : La sanidine et l'orthoclase : comté de Summit, Colorado, É.-U.; Guanajuato, Mexique; Puy-de Dôme, France; Madrid, Espagne; Val Tavetsch, Suisse; Tyrol, Autriche; Stavern, Norvège; et des tessons de type gemme de Betroka, au Madagascar. Le microcline : Tveidalen, Norvège et une variété d'amazonite de Pike's Peak, comté d'El Paso, Colorado, É.-U. L'albite et l'oligoclase : comté de St. Lawrence, État de New York, É.-U.; Narssârssuk, Groenland; Minas Gerais, Brésil; Larvik, Norvège, où l'exploitation de ces minéraux fournit des pierres de construction (larvikite). Le labrador : Plush, Oregon, É.-U.; Ojamo, Finlande; Madagascar.

Faits intéressants

Le nom du minéral vient de l'allemand *feld*, « champ », et *spat*, « roche ne contenant pas de métal ».

Le feldspath a de nombreuses applications industrielles importantes. On l'extrait à partir de pegmatites et de sables riches en feldspath. C'est un minéral important dans la fabrication du verre peu coûteux. On économise l'énergie en l'utilisant comme fondant afin de réduire les températures requises pour la fonte des minerais. Le feldspath entre dans la fabrication des vernis pour céramiques et des produits céramiques comme tels, afin d'accroître leur résistance et leur durabilité. Comme il s'agit d'un minéral stable, inerte et résistant à l'action du gel, il sert aussi d'agent de remplissage dans les peintures, les plastiques et le caoutchouc.

Les variétés de feldspath connues sous les noms de « pierre de lune », « labrador » et « amazonite », sont utilisées dans la confection de bijoux. Elles sont dotées de propriétés optiques tout aussi belles qu'intéressantes, sans pour autant en faire des minéraux dispendieux.

Feldspath (46753) : Labrador aux couleurs labradorescentes or, bleu et vert. Carrière de labrador Grenfell, île Tabor, Terre-Neuve. Largeur du spécimen : 13 cm

SILICATES
NÉPHÉLINE : Silicate d'aluminium, de sodium et de potassium : $(Na,K)AlSiO_4$

Bien qu'il ne s'agisse pas d'un minéral d'aspect spectaculaire, la néphéline occupe une place importante en géologie et dans le domaine industriel. Elle fait partie d'un petit groupe de minéraux que l'on décrit comme étant de nature feldspathoïde, ce qui signifie qu'il s'agit d'un minéral dont l'apparence et la composition chimique le rapproche du feldspath, sans pour autant en être. Du point de vue minéralogique, il est important de pouvoir distinguer la néphéline du feldspath, car ils représentent chacun des types de roches très différents et, donc, des milieux géologiques différents.

Apparence

Couleur : Blanc grisâtre. On a décrit la couleur grise du minéral comme étant gris bleu gorge-de-pigeon. Cette description est exacte puisque la couleur grise de la gorge de plusieurs pigeons a effectivement une légère teinte bleuâtre.
Trait : Blanc.
Éclat et transparence : Éclat gras; translucide.

Néphéline (1992.453) : Cristaux prismatiques hexagonaux bruts. Davis Hill, Bancroft, canton de Dungannon, comté de Hastings, Ontario. Largeur du champ de prise de vue : 16 cm.

Habitus : Habituellement massif ou sous forme de grains dans les roches, mais des cristaux se présentent parfois sous forme de prismes hexagonaux trapus.

Propriétés physiques

Dureté : Dure (5–6).
Densité : Moyenne (2,6 g/cm^3).
Cassure : Fragile, sans clivage distinct, mais à cassure conchoïdale.
Test : La couleur et l'éclat sont importants. La présence d'inclusions de biotite est aussi un trait caractéristique.

Minéraux semblables

Le feldspath (p. 226) a deux clivages et paraît plus blanc que gris ou gris bleuâtre. L'éclat du feldspath est vitreux, alors que celui de la néphéline est mat et gras.

Venues

La néphéline est présente dans des roches ignées déficitaires en silice. Ces roches portent le nom de syénite (p. 254).

Meilleurs emplacements au Canada : Des cristaux dont la taille peut atteindre 25 cm ont été trouvés à Davis Hill, canton de Dungannon, district de Bancroft, comté de Hastings, Ontario; Nemegosenda, canton de Chewitt, district de Sudbury, Ontario.

Autres emplacements : Le massif Khibina, péninsule de Kola, Russie, et la localité type au mont Vésuve, Italie.

Néphéline (1952.69) : Spécimen massif de couleur gris bleu gorge-de-pigeon avec inclusions de mica noir. Davis Hill, Bancroft, canton de Dungannon, comté de Hastings, Ontario. Largeur du spécimen : 9 cm

Faits intéressants

Le nom du minéral vient du grec *nephele*, qui signifie « nuage ». Cette description fait allusion à l'apparence givrée de la néphéline lorsqu'on l'immerse dans de l'acide.

La néphéline se prête mieux à la fabrication du verre que le feldspath car sa teneur plus élevée en aluminium rend le verre plus résistant aux égratignures et au bris. La blancheur de la néphéline en fait un minéral convoité par l'industrie de la céramique et, étant donné qu'elle fond à une température plus basse que le feldspath, elle permet de réaliser des économies d'énergie dans ces deux domaines industriels.

SILICATES
SODALITE : Silicate d'aluminium et de sodium avec chlore : $Na_4(Si_3Al_3)O_{12}Cl$

Du point de vue de son apparence, de sa composition chimique et de sa structure, la sodalite s'apparente à cet autre minéral de couleur bleu vif, la lazurite. Tout comme la lazurite, l'usage principal de la sodalite est à des fins de décoration. La différence de prix entre un spécimen de lazurite rare et dispendieux et un spécimen relativement commun et peu dispendieux de sodalite fait qu'il est utile de pouvoir distinguer ces deux minéraux l'un de l'autre. Il existe des variétés de sodalite qui ne sont pas de couleur bleue et qui sont très difficiles à distinguer de la néphéline qui lui est étroitement associée.

Apparence

Couleur : Habituellement bleu pâle à foncé, parfois blanc gris, verdâtre ou rougeâtre.
Trait : Trait bleu dans le cas de la variété de couleur bleue.
Éclat et transparence : Éclat vitreux; transparent à translucide.
Habitus : Surtout massif ou sous forme de grains dans une roche. La sodalite se manifeste très rarement sous forme de cristaux dodécaédriques rhombiques bruts.

Propriétés physiques

Dureté : Dure (6).
Densité : Faible (2,3 g/cm^3).
Cassure : Fragile, avec une cassure inégale ou conchoïdale.
Test : La couleur et l'éclat sont importants.

Sodalite (38875) : Spécimen massif sans clivage. Carrière Princess, Bancroft, canton de Dungannon, comté de Hastings, Ontario. Largeur du spécimen : 10 cm

Minéraux semblables

La lazurite (p. 236) renferme des inclusions de pyrite et de calcite blanche, alors que la sodalite renferme des inclusions de néphéline grise et porte des bandes rougeâtres. La lazurite est de couleur bleu azur alors que la sodalite est d'un bleu plus foncé, avec parfois une teinte de vert.

La néphéline (p. 232) ressemble beaucoup à la sodalite blanc gris, mais l'éclat de la néphéline est gras alors que celui de la sodalite est plus vitreux.

Venues

La sodalite est présente dans la syénite (p. 254) et elle est souvent associée à de la néphéline et à du mica foncé.

Meilleurs emplacements au Canada : Rivière Ice, district de Kootenay, Colombie-Britannique; carrière Princess, canton de Dungannon, comté de Haliburton, Ontario; cristaux du Mont-Saint-Hilaire, comté de Rouville, Québec.

Autres emplacements : Litchfield, comté de Kennebec, Maine, É.-U. Une grande quantité de la sodalite taillée et polie que l'on trouve dans les magasins aujourd'hui provient de Bahia, au Brésil, ou de Walvis Bay, en Namibie.

Faits intéressants

Le nom du minéral reflète son contenu en sodium.

La carrière Princess, près de Bancroft, en Ontario, porte le nom de la Princesse Mary (qui, plus tard, est devenue la femme du Roi George V) parce qu'elle a succombé à l'attrait de la sodalite lorsqu'elle eût l'occasion d'en voir un spécimen à l'exposition colombienne à Chicago en 1893. Plus tard, elle demanda que 130 tonnes de sodalite soient expédiées de la carrière Princess en Angleterre afin qu'elles servent à décorer Marlborough, une des résidences royales.

Sodalite (46159) : Sodalite massive bleu pâle avec inclusions de pyroxène (aegirine) vert foncé. Carrières Demix et Poudrette, Mont-Saint-Hilaire, comté de Rouville, Québec. Largeur du champ de prise de vue : 17 cm. Photo : R.A. Gault

SILICATES

LAZURITE (lapis lazuli) : Silicate d'aluminium, de sodium et de calcium avec soufre : $Na_3Ca(Si_3Al_3)O_{12}S$

La lazurite bleu nuit est un minéral rare et dispendieux qui jouit d'une certaine popularité dans la fabrication de bijoux. Les cristaux sont rares. On la trouve le plus souvent sous forme massive, combinée à de la calcite et de la pyrite. Cette combinaison de minéraux porte le nom de « lapis lazuli ».

Apparence

Couleur : Bleu nuit à bleu verdâtre.
Trait : Bleu pâle.
Éclat et transparence : Éclat mat; translucide.
Habitus : Souvent en masses compactes. Des cristaux polyédriques dotés de formes à douze côtés (dodécaèdre) sont rares.

Propriétés physiques

Dureté : Dure (5–6).
Densité : Faible (2,4 g/cm^3).
Cassure : Fragile, avec une cassure inégale.
Test : La couleur est importante, ainsi que le fait d'avoir des inclusions de pyrite et de calcite blanche.

Minéraux semblables

L'azurite (p. 156) est un autre minéral bleu nuit, mais il est moins dur (3½–4 sur l'échelle de Mohs) et plus lourd (3,8 g/cm^3). L'azurite est effervescente au contact d'une forte solution d'acide alors que la lazurite ne l'est pas, bien que les inclusions de calcite dans la lazurite produisent une effervescence au contact de l'acide.
La sodalite (p. 234) a un éclat plus vitreux. Elle peut contenir des inclusions de néphéline blanche plus dure que les inclusions de calcite dans la lazurite.
Malgré son nom et sa couleur semblables, la lazulite, un minéral du groupe des phosphates, se caractérise par la présence de bons cristaux à éclat vitreux, alors que la lazurite est rarement cristalline et son éclat est mat.

Venues

On trouve la lazurite dans des roches calcaires d'origine sédimentaire métamorphisées par la chaleur (soit par métamorphisme de contact).

Meilleur emplacement au Canada : On a trouvé du lapis lazuli de mauvaise qualité juste au nord de Kimmirut, dans l'île de Baffin, au Nunavut.
Autres emplacements : Lac Baïkal, Russie; Badakchan, Afghanistan.

Faits intéressants

Le nom du minéral vient soit du latin *lazulum*, soit de l'arabe *lazaward*, ou soit du persan *lazhuward*, qui signifie « bleu ».

Le lapis lazuli, que l'on appelle aussi « lapis », a connu une longue histoire au fil des temps. Les pharaons égyptiens s'en servaient déjà vers 5000 av. J.-C. pour orner leurs tombes. Le lapis leur provenait de la province de Badakchan, au nord-est de l'Afghanistan, qui aujourd'hui demeure une source de ce minéral. Les femmes égyptiennes se servaient de la poudre de lapis lazuli comme ombre à paupières. Au cours du Moyen Âge et de la Renaissance, le pigment de peinture à tempéra, connu du nom de « bleu d'outremer », était obtenu en broyant le lapis lazuli et en en retirant les impuretés jusqu'à ce qu'il ne reste plus que de la lazurite pure. Ce pigment extrêmement coûteux fut remplacé par le bleu de cobalt et, peu après, par le bleu d'outremer synthétique, tous deux au cours du XIXe siècle.

Comme c'est le cas pour plusieurs de ces minéraux précieux utilisés aux fins de parure, il est inévitable qu'une version améliorée ou synthétique soit inventée. L'amélioration la plus répandue dans ce cas est de prendre du lapis lazuli de mauvaise qualité, de l'imprégner afin d'en accroître la durabilité, et de le teindre d'un bleu plus foncé. La plus récente imitation, le produit Gilson, reproduit même les grains de pyrite, mais la calcite en est absente. Il est intéressant de noter que toutes ces inventions, soit le bleu de cobalt, le bleu d'outremer et l'imitation Gilson, proviennent de la France.

Lazurite (31268) : Spécimen granulaire.
Rivière Soper, Kimmirut, île de Baffin, Nunavut.
Largeur du spécimen : 11 cm

SILICATES

GROUPE DES ZÉOLITES

Aluminosilicate de potassium, de sodium et de calcium avec eau :
$(K,Na,Ca)_2[(Si,Al)_8O_{16}]\cdot 6H_2O$

Ce grand groupe de minéraux englobe presque 50 espèces. Non seulement s'agit-il de beaux minéraux dignes d'être recueillis, mais encore remplissent-ils d'importantes fonctions, aussi bien dans le domaine de l'agriculture que dans ceux de l'industrie et de la santé. Les minéraux de ce groupe se manifestent rarement à l'état naturel, mais de vastes quantités sont produites de façon synthétique afin de rencontrer les besoins du domaine industriel. Leur utilité provient du fait qu'ils ont une structure cristalline ouverte, qui a l'aspect d'une cage.

Les espèces de zéolites les plus courantes sont :

Analcime : $NaAlSi_2O_6\cdot H_2O$; blanche; cristaux trapézoédriques (12 faces en forme de cerf-volant).

Chabazite : $CaAl_2Si_4O_{12}\cdot 6H_2O$; blanche, jaunâtre ou orange; cristaux rhomboédriques (6 faces en forme de diamant).

Heulandite et clinoptilolite : $(Na,Ca)_2Al_2Si_4O_{12}\cdot 6H_2O$; blanches, jaunâtres, orange; éclat nacré; tabulaires (avec des faces en forme de diamant).

Mordénite : $(Ca,Na)Al_2Si_{10}O_{24}\cdot 7H_2O$; incolore ou blanche, fibreuse.

Natrolite : $Na_2Al_2Si_3O_{10}\cdot 2H_2O$; incolore ou blanche; longs cristaux prismatiques aciculaires.

Scolécite : $CaAl_2Si_3O_{10}\cdot 3H_2O$; incolore ou blanche; longs cristaux prismatiques aciculaires.

Stilbite : $NaCa_4Al_9Si_{27}O_{72}\cdot 30H_2O$; blanche, jaunâtre; groupes complexes de cristaux.

Apparence

Couleur : Habituellement incolore ou blanc, mais peut aussi avoir des teintes d'orange, de vert, de jaune, de rose ou de brun.

Trait : Blanc.

Zéolite (37917) : Chabazite rhombique de couleur orange pâle et analcime trapézoédrique de couleur blanche dans une vacuole. Nouvelle-Écosse. Largeur du spécimen : 12 cm

Zéolite (36994) : Prisme de natrolite. Carrières Demix et Poudrette, Mont-Saint-Hilaire, comté de Rouville, Québec. Largeur du champ de prise de vue : 5 cm

Zéolite (83827) : Balle de stilbite sur de la chabazite. Région de Maniwaki, canton d'Angoumois, comté de Pontiac, Québec. Largeur du champ de prise de vue : 7,5 cm

Zéolite (40574) : Gerbe de stilbite jaune avec de petits cristaux transparents de calcite. Nouvelle-Écosse. Largeur du champ de prise de vue : 6 cm

Éclat et transparence : Éclat vitreux à nacré; transparent à translucide.
Habitus : Souvent des cristaux qui adoptent toute une variété de formes : des cristaux prismatiques aciculaires et tabulaires sont courants.

Propriétés physiques

Dureté : Moyenne (3–5).
Densité : Faible (2,2 g/cm^3).
Cassure : Fragile, avec un clivage distinct dans le cas de certaines espèces et une cassure inégale.
Test : Le mode de gisement et la densité sont importants. Si le minéral est chauffé, l'eau qu'il contient s'évapore complètement.

Minéraux semblables

Plusieurs des espèces faisant partie de ce grand groupe sont difficiles à différencier, mais le facteur le plus important est de pouvoir déterminer qu'il s'agit effectivement d'un minéral appartenant au groupe des zéolites.
Le quartz (p. 218) est plus dur (7 sur l'échelle de Mohs) et plus lourd (2,65 g/cm^3).
Le feldspath (p. 226) est plus dur (6 sur l'échelle de Mohs) et plus lourd (2,7 g/cm^3).

Venues

Les minéraux du groupe des zéolites sont présents dans du basalte volcanique, habituellement au sein de cavités. La formation de grands gisements de clinoptilolite résulte de l'altération à basse température et en présence d'eau des cendres volcaniques.

Zéolite (84010) : « Éventail » de stilbite à éclat nacré. Stilbite. Maniwaki, canton d'Egan, comté de Gatineau, Québec. Largeur du champ de prise de vue : 5 cm

Zéolite (39092) : Aiguilles de mordénite dans du basalte. Région de Monte Lake, division de Kamloops, district de Yale, Colombie-Britannique. Largeur du champ de prise de vue : 8,5 cm

Meilleurs emplacements au Canada : On trouve des cristaux de stilbite, de natrolite, de chabazite et de heulandite dans la baie de Fundy, en Nouvelle-Écosse, et au Nouveau-Brunswick. Des cristaux de natrolite proviennent des syénites néphéliniques de Mont-Saint-Hilaire, au Québec, et du mont Zinc, dans la région de la rivière Ice, en Colombie-Britannique.

Autres emplacements : Cristaux de natrolite du comté de Lane, Oregon, et du comté de Somerset, New Jersey, É.-U. Des groupes cristallins prodigieux proviennent de plusieurs endroits : Nasik, Mumbai, Inde; Strontian, Écosse; îles Féroé; et Islande.

Faits intéressants

Le nom du minéral vient du grec *zein*, « bouillir », et *lithos*, « pierre » ou « roche ». Ce nom des plus aptes fait allusion à cette importante propriété qu'on les zéolites de permettre aux atomes d'eau faiblement liés entre eux de facilement s'échapper de leur structure lorsqu'ils sont chauffés légèrement.

La structure cristalline des zéolites possède deux caractéristiques qui rendent ces minéraux très utiles.

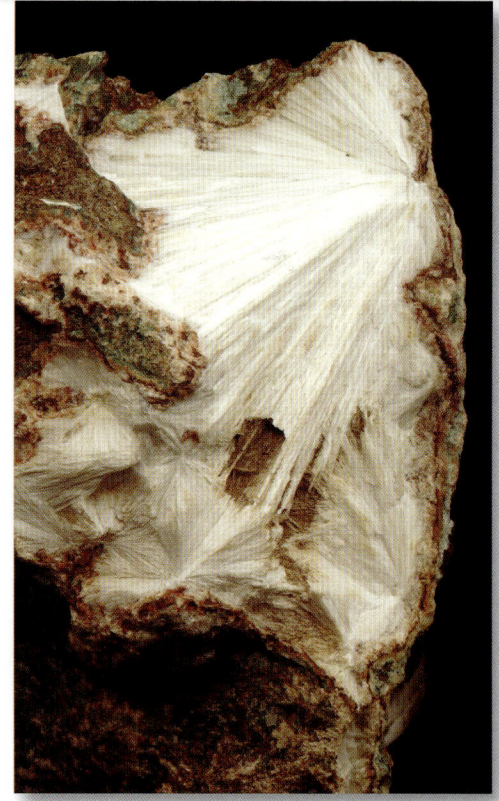

Zéolite (32126) : Gerbe de cristaux aciculaires de natrolite. Scots Bay, comté de Kings, Nouvelle-Écosse. Largeur du champ de prise de vue : 6,5 cm

La structure ouverte à l'aspect d'une cage ou de chenaux peut servir de microfiltre aux fins d'épuration ou d'extraction de substances très petites, notamment pour éliminer les bactéries dans le procédé d'épuration de l'eau, pour retirer le dioxyde de soufre malodorant du gaz naturel et pour produire de l'oxygène en séparant cet élément de l'eau. Ces chenaux peuvent aussi servir de catalyseurs en favorisant certaines réactions chimiques, telle celle qui mène à la production de la gazoline à partir du pétrole.

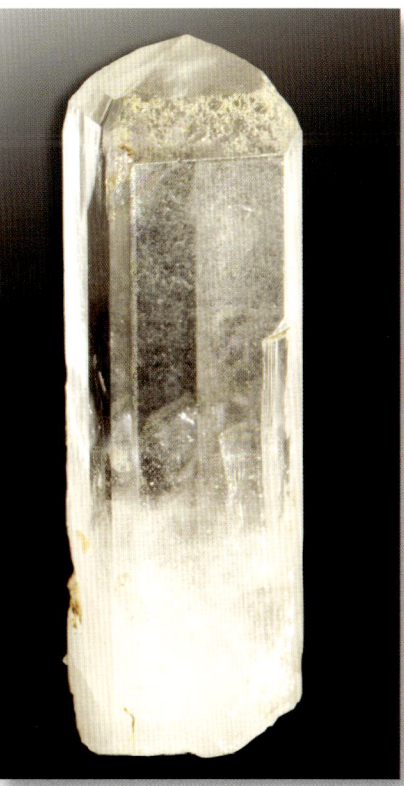

Zéolite (30710) : Cristaux de heulandite à éclat nacré et en forme de losange. Glissement Big Eddy, cap Blomidon, comté de Kings, Nouvelle-Écosse. Largeur du champ de prise de vue : 8,5 cm

Cristal de natrolite (44004) : Cristal à prisme orthorhombique et terminaison pyramidale. Complexe de la rivière Ice, crête du mont Zinc, vallée du ruisseau Moose, district de Kootenay, Colombie-Britannique. Longueur du cristal : 4 cm

Zéolite (39327) : Scolécite botryoïde. Mine Jeffrey, Asbestos, canton de Shipton, comté de Richmond, Québec. Largeur du champ de prise de vue : 6 cm

La deuxième caractéristique structurale d'importance des minéraux du groupe des zéolites a trait à leurs atomes de grande taille et faiblement liés entre eux, comme ceux de sodium, de calcium et de potassium. Ces derniers peuvent être remplacés (échange de cations) de façon à leur permettre d'absorber et de retenir d'autres composés, notamment les déchets radioactifs, les déversements de pétrole et l'urée féline.

ROCHES

ROCHES IGNÉES

GRANITE

Engendré à de grandes profondeurs au sein de la Terre à partir de magma en fusion, le granite est la roche ignée ou plutonique la plus répandue. Il se compose essentiellement de trois ingrédients : du quartz, du feldspath et du mica. Les noms que portent les diverses variétés de granite correspondent à leur couleur (granite rouge, granite blanc), la texture des cristaux (granite graphique, granite orbiculaire) ou sont fonction de leur teneur en minéraux accessoires ou secondaires (granite à amphibole). L'identification de la roche peut se faire à l'aide des proportions présentées dans la section intitulée « Contenu minéral ». Les figures illustrent les proportions caractéristiques propres au granite.

Apparence

Couleur : Elle dépend de la quantité et de la variété des feldspaths, quartz, mica et autres minéraux secondaires présents. La gamme des couleurs du feldspath varie du blanc au gris pâle, au jaunâtre, au rose et au rouge. Le quartz, pour sa part, a un aspect vitreux dont la couleur varie de gris enfumé à blanc. Il contient parfois de petits grains noirs qui proviennent de biotite ou de hornblende et, d'autres fois, des grains brunâtres à argentés qui peuvent provenir de muscovite.

Texture : Le plus souvent, les grains sont arrangés selon un agencement aléatoire et sont de granulométrie grossière à très grossière. Les granites à granulométrie particulièrement grossière portent le nom de pegmatites.

Genèse de sa formation

Le granite se forme à de grandes profondeurs au sein de la croûte terrestre, à mesure que cristallise le magma en voie de refroidissement. Lorsque le magma se refroidit lentement, les cristaux ainsi produits sont gros, alors qu'un refroidissement plus rapide entraîne la formation de cristaux plus petits. La formation du granite a lieu au cours d'épisodes d'édification des montagnes.

Venues au Canada : Le Québec est reconnu pour ses vastes carrières de granite.

Granite, enchevêtrement graphique (R3) : Le feldspath (microcline) est vert et contient du quartz de couleur foncée. Bouchette, Québec. Largeur du champ de prise de vue : 9 cm

Granite rose (R599) : Feldspath (microcline) orange avec quartz plus transparent. St. George, comté de Charlotte, Nouveau-Brunswick. Largeur du champ de prise de vue : 7 cm

Contenu minéral

Le granite contient 60 % de feldspath, au moins 20 % de quartz et 10 % de mica. Ces proportions tiennent compte des diverses variétés de feldspath comme le microcline, l'orthoclase et l'albite, ainsi que les micas de variétés « biotite » et « muscovite ». De petites quantités de hornblende, d'augite et de magnétite peuvent également être présentes.

Roches semblables

Le gneiss granitique (p. 290) est une roche métamorphique qui se caractérise par la présence de couches ou de rubans proéminents provenant de sa formation sous un régime de pression extrêmement élevé.

La diorite (p. 250) est de teinte plus foncée car elle renferme une plus grande proportion de minéraux de couleur vert foncé à noire.

Faits intéressants

En tant qu'un des principaux composants de la croûte terrestre, le granite est extrêmement résistant à l'érosion et constitue ainsi un des accidents de terrain les plus remarquables d'un grand nombre de paysages. Cette roche dure et résistante aux éléments se manifeste sous forme de falaises escarpées et abruptes qui font le plaisir des alpinistes et des grimpeurs.

Utilisations : Matériaux de construction et monuments. L'étiquette avec l'appellation « granite noir » sur des sculptures sur pierre exposées dans des galeries d'art devrait plutôt indiquer qu'il s'agit de gabbro (p. 252) ou de diorite (p. 250).

Les pegmatites granitiques sont une source de gemmes, soit la tourmaline et la topaze.

Granite gris (R252) : Feldspath (albite) de couleur claire renfermant des grains foncés de quartz enfumé. Pegmatitique à granulométrie grossière. Venues de Wolf Lake, ruisseau Seagull, Yukon. Largeur du champ de prise de vue : 6 cm. Photo : R.A. Gault

Pegmatite granitique (81619) : Feldspath (microcline) rose pâle; feldspath (albite) lamellaire blanc (coin supérieur droit); quartz enfumé; tourmaline à elbaïte prismatique de couleur verte. Virgen da Lapa, Minas Gerais, Brésil. Largeur du spécimen : 19 cm. Photo : R.A. Gault

ROCHES IGNÉES

DIORITE

La composition chimique et l'apparence de la diorite se situent à un point intermédiaire entre ceux du granite et du gabbro. Le mélange aléatoire de minéraux de teinte foncée et de teinte claire fait que l'on peut décrire cette roche comme étant « sel et poivre ». La diorite peut être associée aux intrusions aussi bien granitiques que gabbroïques et peut se fondre à l'une ou l'autre. Elle est équivalente sur le plan chimique à l'andésite (p. 260), une roche ignée effusive. La diorite est associée aux gisements de minerai riches en minéraux du groupe des amphiboles, comme les vastes gisements porphyriques de cuivre du sud des États-Unis.

Apparence

Couleur : La diorite est de couleur gris moyen à foncé; même le feldspath à plagioclase riche en calcium qu'elle renferme est foncé.

Texture : Roche à granulométrie moyenne à grossière dont les grains ou les cristaux sont tous de taille semblable.

Genèse de sa formation

La diorite provient du magma en voie de se solidifier à de grandes profondeurs au sein de la croûte terrestre (c.-à-d. qu'il s'agit d'une roche intrusive). Comparé au magma à l'origine du granite, celui-ci est plus déficitaire en silice (SiO_2) et plus riche en oxydes de fer et d'aluminium. La diorite se forme habituellement dans des zones d'arc volcanique et dans des régions où se forment les chaînes de montagnes. Elle peut être présente en volumes considérables, sous forme de batholithes.

Contenu minéral

La diorite se compose essentiellement de feldspath plagioclase et d'amphibole (hornblende). Elle peut aussi à l'occasion contenir un peu de pyroxène, de la biotite ou du quartz.

Faits intéressants

La diorite étant une roche très dure, elle est très durable et se prête facilement au polissage. En raison de ces qualités, la diorite était déjà utilisée par les Égyptiens de l'antiquité. Le Code d'Hammourabi a été gravé vers 1790 av. J.-C. en Mésopotamie (Moyen-Orient) sur une colonne en diorite de deux mètres de haut (certaines références indiquent qu'il s'agit de basalte).

Utilisations : La diorite, durable et résistante, a servi à façonner les pavés en cailloutis dans plusieurs villes européennes et continue, dans une moindre mesure, d'être utilisée à cette fin. Bien que de surface plus rugueuse que l'asphalte, les pavés en cailloutis présentent plusieurs avantages environnementaux : ils sont beaucoup plus résistants aux effets du climat et de l'abrasion et donc plus durables; en outre, ils ne dégagent pas d'hydrates de carbone indésirables lorsqu'ils sont intégrés à des solutions. On peut aussi les soulever facilement et les remettre en place lorsqu'il est nécessaire de procéder à des travaux sur les canalisations électriques et les conduites d'eau enfouies.

En raison de sa dureté, la diorite se sculpte difficilement mais se prête très bien à la gravure et au polissage. Elle sert donc à la confection de monuments, de pierres tombales, de murs et de revêtements de sol. On peut souvent en faire l'acquisition sous le nom de « granite noir », une appellation non seulement trompeuse mais fausse.

Roches semblables

Le gabbro (p. 252) est aussi une roche ignée de couleur foncée, mais il ne contient pas de quartz, plus de pyroxène et beaucoup moins d'amphibole que la diorite.

Le granite (p. 248) est de couleur plus claire que la diorite car il contient beaucoup de feldspath et de quartz.

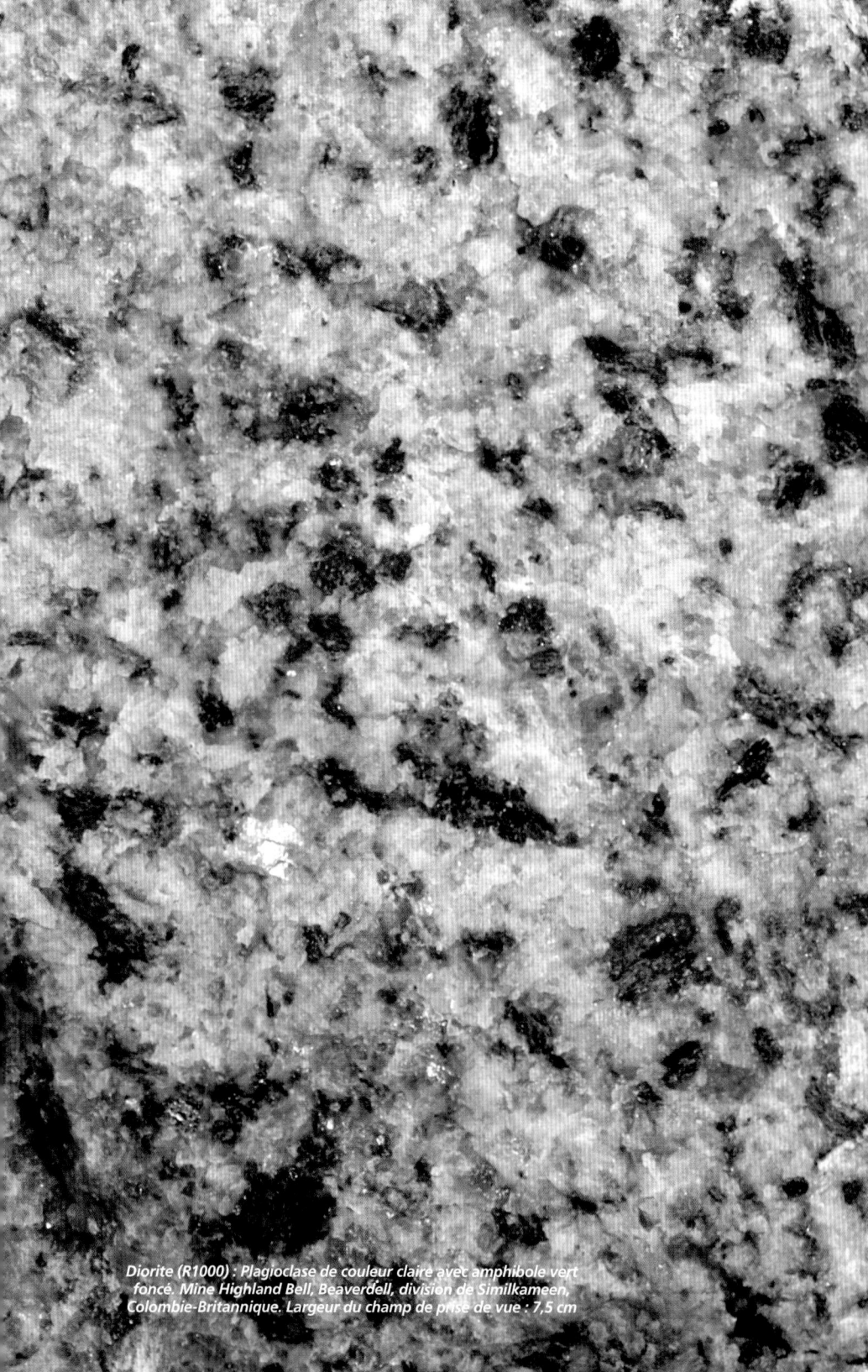
Diorite (R1000) : Plagioclase de couleur claire avec amphibole vert foncé. Mine Highland Bell, Beaverdell, division de Similkameen, Colombie-Britannique. Largeur du champ de prise de vue : 7,5 cm

ROCHES IGNÉES

GABBRO

Le gabbro est une roche foncée et basique (qui comprend très peu de silice) ne contenant que rarement du quartz. Il forme en profondeur de grands gisements ignés qui ne se trouvent exposés à la surface qu'après plusieurs millions d'années d'érosion.

Apparence

Couleur : Le gabbro varie de vert foncé à presque noir et présente de petites taches blanc crème. Lorsque la roche est altérée, sa couleur devient alors brunâtre.

Texture : À granulométrie grossière avec des grains individuels pouvant atteindre la taille de quelques millimètres.

Genèse de sa formation

Le gabbro se forme à partir d'un magma riche en fer et en magnésium, mais déficitaire en silice (quartz). Le magma se refroidit et cristallise à de grandes profondeurs sous la croûte terrestre. Le gabbro partage la même composition chimique que le basalte et la diabase, mais puisqu'il se refroidit plus lentement, les cristaux qui se forment sont plus gros.

Contenu minéral

Le gabbro contient du feldspath plagioclase, du pyroxène (augite), de l'olivine et, parfois, de la magnétite.

Faits intéressants

Le nom « gabbro » vient d'une ville située en Toscane, une région de l'Italie; il s'agit de l'endroit où il fut décrit pour la première fois. La croûte océanique, qui constitue en fait la majeure proportion de la croûte terrestre, se compose de gabbro.

Utilisations : Le gabbro est une autre roche qui porte souvent le nom de « granite noir ». On l'utilise comme pierre de construction et il sert aussi à la confection de revêtements de comptoirs et de pierres tombales.

Le gabbro est la source de plusieurs éléments importants comme le chrome et le titane. D'énormes gisements de cuivre, de nickel et de platine à Lynn Lake et à Thompson, au Manitoba, et à Sudbury, en Ontario, sont associés à des roches gabbroïques.

Roches semblables

Le basalte (p. 262) a à peu près la même couleur que le gabbro, mais il s'agit d'une roche à granulométrie beaucoup plus fine.

La diorite (p. 250) est de couleur plus pâle et peut contenir plus de quartz et de feldspaths de couleur claire.

La serpentinite (p. 298), de granulométrie beaucoup plus fine que le gabbro, n'a pas de formes cristallines distinctes.

Gabbro (R571) : Plagioclase de couleur claire avec du pyroxène brun-vert foncé. L'étiquette indique qu'il provient ou de Larvik, en Norvège, ou du Lac-Saint-Jean, au Québec.
Largeur du champ de prise de vue : 7 cm

ROCHES IGNÉES

SYÉNITE

La couleur claire de la syénite fait qu'elle est souvent prise pour du granite. Il est pourtant très important de distinguer ces deux types de roches, puisqu'elles représentent chacune un mode de formation très différent. La syénite provient d'un magma à forte teneur en oxyde d'aluminium (Al_2O_3), alors que la formation du granite exige la présence d'une forte quantité de silice (SiO_2).

Apparence

Couleur : De couleur claire, habituellement blanc, gris, havane ou jaune.
Texture : Roche à granulométrie grossière au sein de laquelle les grains ou les cristaux individuels peuvent être distingués à l'œil nu.

Genèse de sa formation

La syénite, tout comme le granite, prend forme dans les profondeurs de la croûte terrestre (soit une roche ignée plutonique). La composition chimique de base des deux roches est fondamentalement différente, puisque la syénite contient plus d'oxyde d'aluminium (Al_2O_3) et le granite, plus de silice (SiO_2).

Contenu minéral

La syénite contient surtout du feldspath, minéral riche en sodium (Na) et en potassium (K). De petites quantités de quartz sont parfois présentes, mais jamais plus de 10 % du contenu minéral total. La syénite peut aussi contenir une quantité considérable de néphéline et, dans ce cas, elle porte le nom de « syénite néphélinique ».

Faits intéressants

La syénite néphélinique contient souvent des minéraux exotiques qui peuvent intéresser les collectionneurs ou les scientifiques.
Utilisations : La syénite provenant des carrières sert habituellement de granulat pour la construction de routes et de matière première dans la fabrication du ciment.

Roches semblables

Le granite (p. 246) est constitué de 20 % de quartz au minimum, alors que la syénite, qui contient rarement du quartz, n'en renferme jamais plus de 10 %.

Syénite (R1004) : Keremeos, division de Similkameen, Colombie-Britannique.
Largeur du champ de prise de vue : 6 cm

ROCHES IGNÉES

RHYOLITE

La rhyolite est l'équivalent en surface du granite qui, lui, se forme loin à l'intérieur de la Terre. Il s'agit d'une roche volcanique très répandue couramment associée aux éruptions récentes qui se manifestent un peu partout dans le monde. L'événement éruptif, comme tel, est souvent de nature explosive et accompagné de volumes considérables de cendres volcaniques (ponce) projetées à des hauteurs énormes et se répandant sur de vastes régions.

Apparence

Couleur : Habituellement de couleur claire, soit grise, havane ou jaune; montrant parfois une teinte rougeâtre, verdâtre ou brunâtre.

Texture : Roche à granulométrie fine sans cristaux apparents. Parfois, de fins cristaux sont visibles et, dans ce cas, la rhyolite est décrite comme étant « porphyritique ». La rhyolite peut également contenir des vésicules ou des cavités formées par les bulles de gaz.

Genèse de sa formation

La rhyolite se forme dans les volcans. Lorsque la lave s'épanche, elle ralentit et se solidifie rapidement. Presque toute la rhyolite ainsi formée est du verre, qui ressemble à celui du basalte, mais dont la composition s'apparente plus à celle du granite : riche en silice (SiO_2) avec moins de sodium (Na), de calcium (Ca), de magnésium (Mg) et de fer (Fe). La pierre ponce est un type de rhyolite criblé de vésicules.

Contenu minéral

La rhyolite se compose essentiellement de verre, mais peut contenir des cristaux microscopiques de quartz, de feldspath et, souvent, de biotite.

Test : En raison de sa teneur en verre, la rhyolite produit un tintement lorsqu'on la brise et sa texture est très rugueuse au toucher. La ponce, elle, peut flotter sur l'eau car elle est pleine de vésicules.

La ponce, elle, peut flotter sur l'eau car elle est pleine de vésicules.

Faits intéressants

La lave rhyolitique est très visqueuse ou épaisse en raison de sa forte teneur in silice. En bloquant la cheminée du volcan, cette lave visqueuse peut faire en sorte que la pression augmente jusqu'au point où une éruption à caractère explosif en résulte.

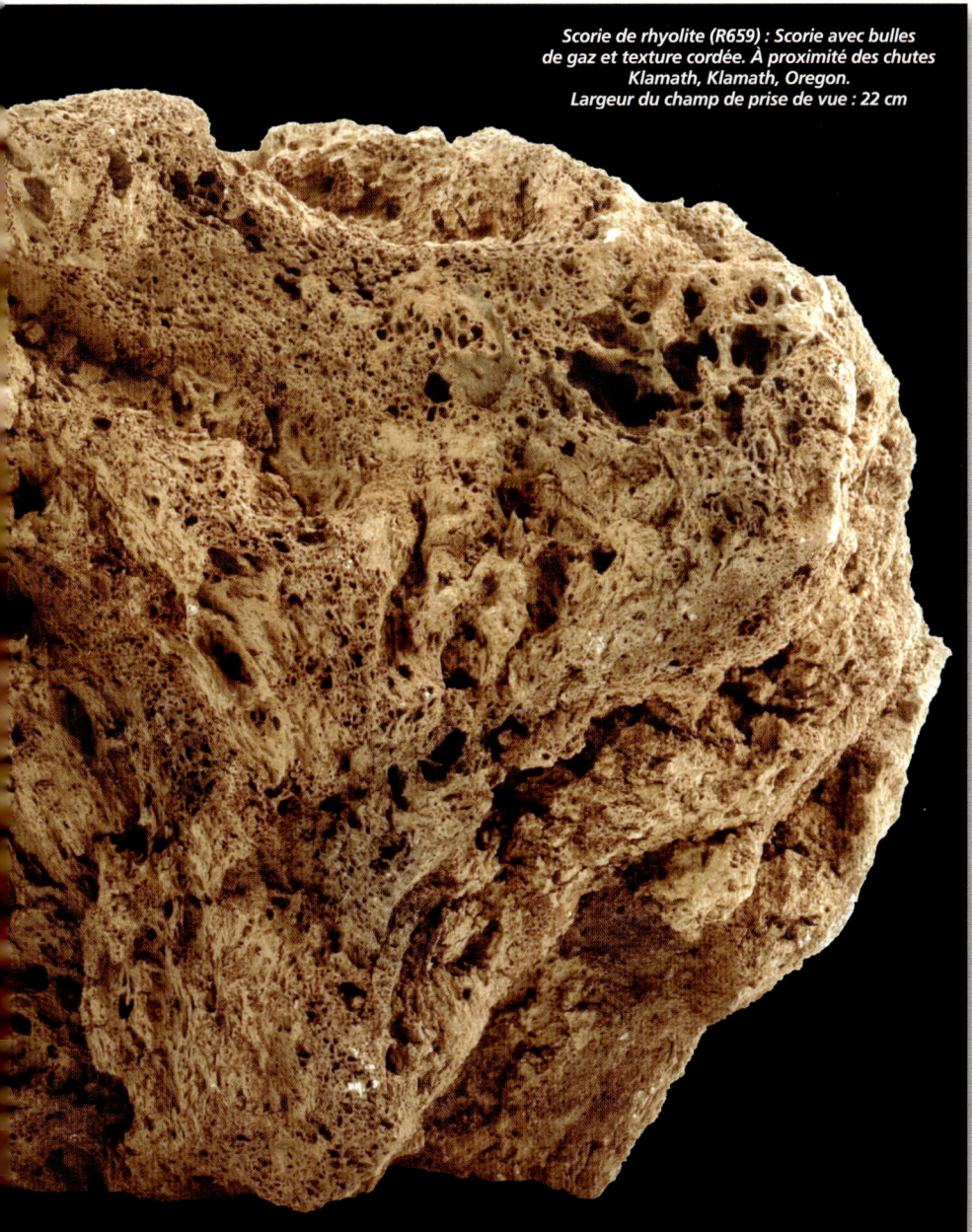

Scorie de rhyolite (R659) : Scorie avec bulles de gaz et texture cordée. À proximité des chutes Klamath, Klamath, Oregon.
Largeur du champ de prise de vue : 22 cm

Le mot « rhyolite »" vient du grec *rhyo*, « couler ». Le fait que la rhyolite soit de nature très visqueuse sous forme de lave peut donc sembler contradictoire, mais cette allusion est sans doute liée au phénomène connu sous le nom de « nuée ardente ». Ce « nuage brûlant » se déplace rapidement lorsque l'éruption est suralimentée en gaz qui contribuent à réduire la viscosité de la rhyolite.

Exemples de coulées de rhyolite : La désastreuse éruption de la montagne Pélée qui, en 1902, enfouit le village de Saint-Pierre, en Martinique, causant la mort de plus de 30 000 personnes. Les coulées de la région volcanique de Rotorua, en Nouvelle-Zélande, couvrent environ 25 000 kilomètres carrés. De vastes régions de l'ouest de l'Amérique du Nord sont également recouvertes par ces énormes coulées rhyolitiques.

Utilisations : La rhyolite sert à peu de choses, sauf la petite quantité utilisée sous forme de poudre dans la confection des produits de récurage. Cependant, ce matériau vitreux constitue la roche environnante de plusieurs gisements de minerai importants comme les gisements d'or de Rhyolite, au Nevada, et de cuivre à Noranda, au Québec, ou la région argentifère de Potasi, en Bolivie.

Roches semblables

Un grès sédimentaire (p. 272) à granulométrie très fine ou du quartzite métamorphique (p. 296) peuvent ressembler à la rhyolite, mais cette dernière contient plus de vitre et moins de cristaux. L'andésite (p. 260) est de couleur plus foncée.

Rhyolite (R477) : Connue dans la région sous le nom de « roche à dessins ». Les motifs sont causés par la diffusion de l'eau et des matières colorantes dans la roche. Glissement de terrain Hope, près de Hope, en Colombie-Britannique. Largeur du champ de prise de vue : 16 cm. Photo : R.A. Gault

*Rhyolite (ponce) (R658) : Cendre éruptive ayant formé de la ponce rhyolitique à fragments vitreux de granulométrie fine. Comté de Millard, Utah.
Largeur du champ de prise de vue : 5 cm. Photo : R.A. Gault*

ROCHES IGNÉES

ANDÉSITE

L'andésite est une roche composée essentiellement de feldspath plagioclase (andésine ou oligoclase). Il s'agit d'une roche ignée effusive dont la composition chimique est semblable à celle de la diorite, une roche intrusive. Dans la famille des roches effusives, la composition chimique de l'andésite la situe à un point intermédiaire entre le basalte et la rhyolite. Il faut prendre soin de ne pas confondre l'andésite, le nom donné à la roche, et l'andésine, le minéral du groupe des feldspaths.

Apparence

Couleur : Habituellement gris moyen, mais peut avoir des teintes presque noires.
Texture : Roche à granulométrie fine caractérisée par la présence de grumeaux de cristaux de feldspath de couleur claire (que l'on désigne de « porphyritiques »).

Genèse de sa formation

L'andésite provient de coulées de lave ou d'épanchements de magmas d'origine profonde à composition dioritique. Il s'agit de la roche volcanique la plus couramment retrouvée en bordure des marges continentales. Un exemple de ce phénomène est le « Cercle de feu » qui ceinture l'océan Pacifique et que délimite une série de volcans actifs de composition andésitique.

Andésite (941) : Andésite renfermant des cristaux aciculaires d'amphibole (hornblende) de couleur foncée. Mont Shasta, Californie. Largeur du champ de prise de vue : 7 cm. Photo : R.A. Gault

Contenu minéral

L'andésite se compose surtout de feldspath plagioclase (andésine ou oligoclase), mais le pyroxène, l'amphibole et la biotite peuvent aussi être présents en plus petites quantités.

Faits intéressants

Le nom « andésite » fait allusion aux montagnes des Andes situées le long de la côte occidentale de l'Amérique du Sud, où ce type de roche est très répandu.

La nature très visqueuse de la silice (laves riches en dioxyde de silicium), telle que l'andésite, est à l'origine d'éruptions à caractère spectaculaire et extrêmement explosif. En 1883, l'île de Krakatoa, près de Jakarta, en Indonésie, a fait éruption en une série d'explosions cataclysmiques qui se sont faites entendre sur une distance de plus de 4600 kilomètres et qui ont projeté des cendres à une hauteur de 11 km. Les deux-tiers de l'île (soit environ 23 km^2) ont disparu dans une caldera avant que le tout ne s'effondre sous le niveau de la mer, entraînant ainsi la formation d'un tsunami haut de presque 40 m. Quelque 36 000 personnes y ont perdu la vie.

La fameuse éruption en 1902 de la montagne Pelée sur l'île antillaise de Martinique fut tout aussi spectaculaire. Elle a débuté avec une série de secousses terrestres et des pluies de cendres. Ces événements ont provoqué le déplacement de centipèdes longs de 30 cm et de serpents venimeux; ils ont quitté les pentes de la montagne et ont envahi le village voisin de Saint-Pierre. Les morsures de centipèdes étaient douloureuses, mais les morsures de serpent se sont avérées mortelles dans le cas de quelque 50 personnes. Mais il s'agissait-là de bien peu de chose comparé aux événements qui devaient suivre. Le dernier acte est survenu quelques jours plus tard, alors qu'une coulée de gaz, de cendres et de roche surchauffés, se déplaçant à 150 kilomètres à l'heure, a déferlé sur le village et l'a enfoui en quelques minutes, laissant 28 000 morts et seulement deux survivants.

Utilisations : Sous forme de granulat, elle sert de couche de base dans la construction de chaussées. Elle est également utilisée comme pierre de construction. Les géologues s'intéressent à l'andésite, non en tant que source de gisements minéraux d'importance économique, mais plutôt en tant que roche encaissante. L'or, l'argent et les métaux communs (cuivre, plomb et zinc) se retrouvent le plus souvent dans de l'andésite altérée.

Roche semblable

La rhyolite (p. 256) est aussi à grain fin, mais de couleur plus claire.

ROCHES IGNÉES
BASALTE

Le basalte, une roche de couleur foncée, est l'équivalent effusif du gabbro. Puisqu'il s'agit d'une roche de nature volcanique qui s'écoule à la surface de la Terre et se refroidit rapidement, elle se compose surtout de vitre, car les minéraux n'ont pas suffisamment de temps pour cristalliser. Il s'agit de la roche volcanique la plus répandue.

Il y a plusieurs types de basalte qui doivent leur nom au trait physique dominant qui les caractérise. Le basalte vésiculaire est criblé de trous (vésicules) créés par la formation de bulles gazeuses avant qu'il ne se soit solidifié. Lorsque ces vacuoles contiennent des minéraux, tels des zéolites ou du quartz de variété « agate », la roche porte alors le nom de « basalte amygdalaire ». Certains basaltes n'ont que commencé à cristalliser et les cristaux prennent alors la forme de grumeaux de feldspath de couleur claire ou d'olivine vert foncé. Ces grumeaux portent le nom de « phénocristaux » et la roche comme telle est connue sous le nom de « basalte porphyrique ».

Apparence

Couleur : Gris foncé à noir avec souvent une teinte verte très foncée.
Texture : Roche à granulométrie très fine, constituée surtout de vitre dont les cristaux sont invisibles, ou à peine visibles, même à l'aide d'une loupe simple.

Basalte (73-1-1) : Basalte à grain fin de couleur foncée typique. À proximité d'Actinolite, comté d'Elzevir, Ontario. Largeur du spécimen : 16 cm.
Photo: R.A. Gault

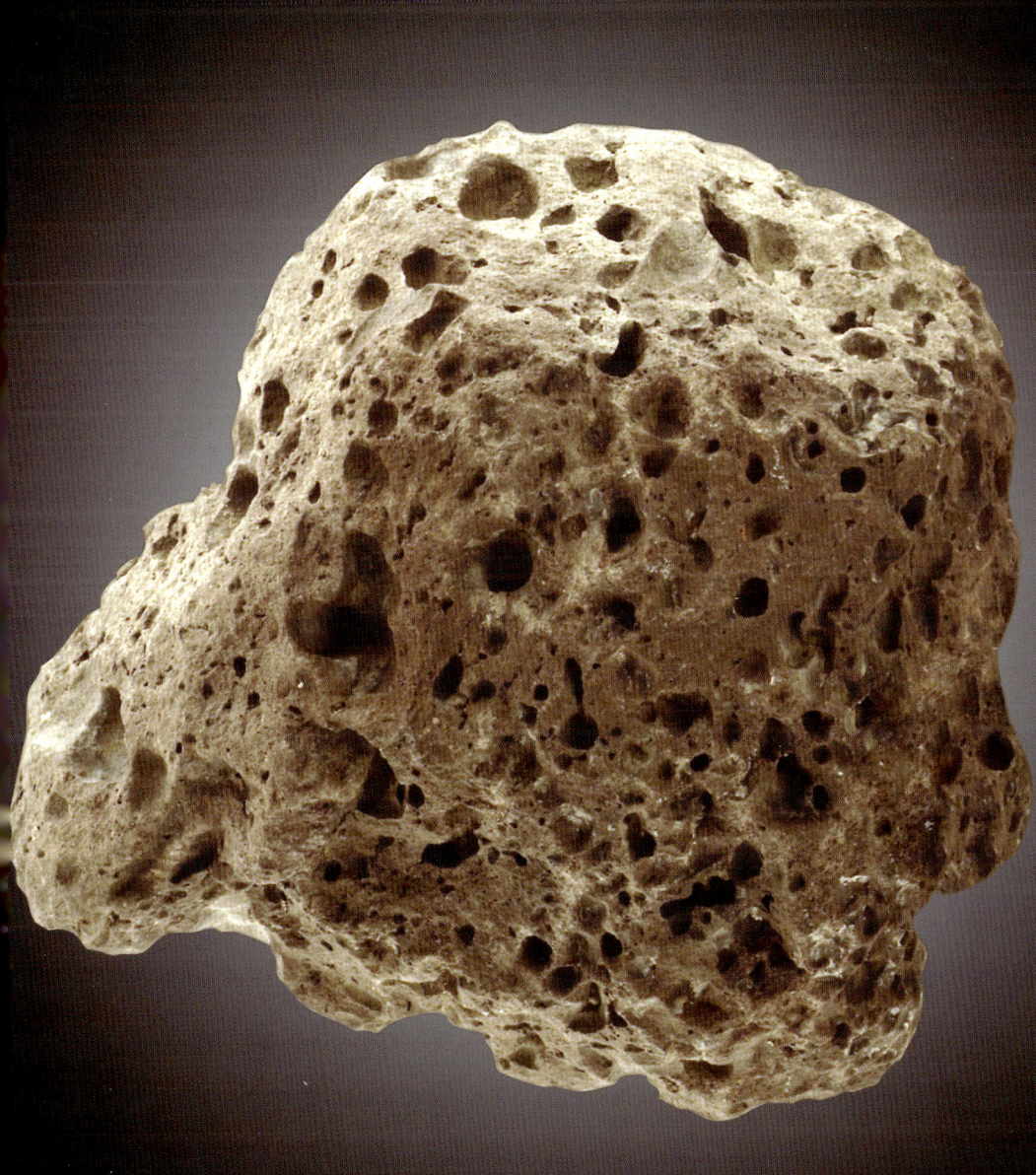

*Basalte vésiculaire (R698): Basalte vésiculaire.
À l'est de Princeton, Colombie-Britannique.
Largeur du spécimen : 15 cm*

Genèse de sa formation

Le basalte est une roche volcanique effusive déficitaire en silice. Il constitue à lui seul presque tout le plancher océanique.

Contenu minéral

Il consiste surtout de verre à petits cristaux de feldspath plagioclase, d'olivine et de pyroxène riches en calcium.

Test : Le son que fait un morceau de basalte que l'on brise au moyen d'un marteau donne l'impression d'une vitre se brisant.

Faits intéressants

Des épanchements de basaltes proviennent de grandes fractures dans le plancher de l'océan. Les coulées individuelles peuvent atteindre 300 m d'épaisseur et recouvrir des milliers de kilomètres carrées. La « chaussée des Géants » en Irlande du Nord est un exemple de la façon dont le basalte, en se refroidissant, peut se fracturer en colonnes jointives de forme pentagonale. Le basalte est une source d'agates, de zéolites et d'olivine de type gemme.

Utilisations : Le basalte broyé sert aux travaux de construction d'édifices et de routes. Une mise au point très récente porte le nom de « fibre de basalte ». Le basalte provenant de carrières est fondu et extrudé en fibres très minces. Ces fibres sont considérées supérieures aux autres types de fibres sur les plans de la durabilité, de la stabilité thermique, de l'isolation électrique, acoustique et thermique et de la résistance chimique. Ces propriétés en font un élément de choix dans la confection de tuyaux de plastique, de patins de frein, de produits ignifuges et d'agent de renforcement dans les composés utilisés pour les pièces de véhicules automobiles et les coques de bateau.

Roches semblables

Les roches sédimentaires, comme le siltstone foncé (p. 274), peuvent ressembler au basalte, mais lorsqu'on les frappe avec un marteau, le son qui en provient n'est pas le même que celui produit par le basalte.

Basalte amygdaloïde (R694) : Basalte à amygdales remplies de zéolites. Baie Batch, lac Supérieur, Ontario. Largeur du spécimen : 11 cm

ROCHES IGNÉES

OBSIDIENNE

L'obsidienne est une roche de type tout à fait unique puisqu'elle se compose essentiellement de verre; il s'agit d'une substance qui ne possède aucune structure cristalline. Ce verre d'origine naturelle se forme sur les bords ou à la surface des coulées de lave volcanique de nature rhyolitique; elle se refroidit si rapidement à ces endroits que les cristaux n'ont pas le temps de se former. Au moment de sa formation, la température atteignait environ 1000 °C.

Apparence

Couleur : Habituellement noir avec des teintes brunâtres, verdâtres et grises. Elle peut inclure des bandes de couleur rouge. On observe parfois des plaques blanches formées par des cristaux très fins dont l'aspect rappelle celui de flocons de neige (obsidienne « flocons de neige »). Ces flocons sont constitués de cristobalite, un minéral polymorphe de haute température du quartz.

Texture : Un verre massif, mais qui prend parfois la forme de larmes (variété qui porte le nom de « larmes d'Apache »). La surface brisée présente une cassure conchoïdale (ressemblant à l'intérieur d'une coquille) souvent caractérisée par la présence de crêtes. L'obsidienne se brise en fragments aux arêtes extrêmement tranchantes.

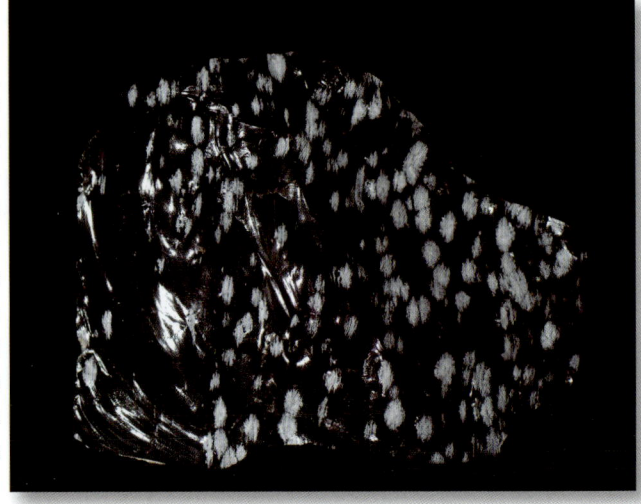

Obsidienne, variété « flocons de neige » (R612) : Obsidienne de variété « flocons de neige » montrant une cassure conchoïdale. Les « flocons de neige » sont de minuscules cristaux de feldspath. Nephi, Utah. Largeur du specimen : 14 cm. Photo : R.A. Gault

Genèse de sa formation

Ce verre provient d'une éruption volcanique dont les laves se sont refroidies si rapidement que les cristaux n'ont pas eu le temps de se former. On dit, dans ces cas, qu'il s'agit d'une éruption « trempée ». La composition chimique de l'obsidienne comporte beaucoup d'oxyde de silicium (silice). Sa couleur foncée est due à la présence d'impuretés provenant du fer. Les « flocons de neige » sont de la cristobalite.

Contenu minéral

L'obsidienne est du verre et donc, au sens strict du terme, ne renferme pas de minéraux puisque les minéraux, de part leur nature, sont cristallins. La seule exception est la variété dite « flocons de neige ».

Test : Le verre éclate en fragments aux rebords tranchants lorsqu'il se brise, tout comme le verre à bouteille. La cassure conchoïdale est une caractéristique importante.

Faits intéressants

La composition chimique de l'obsidienne s'apparente à celle du granite ou de la rhyolite. Bien qu'elle doive sa couleur foncée à la présence de petites quantités de fer et de magnésium, elle se compose d'environ 70 % de silice (SiO_2) en pourcentage pondéral. Son indice de dureté sur l'échelle de Mohs est de 5–5½ et sa densité est de 2,6 g/cm^3. Le pourcentage pondéral de l'eau dans l'obsidienne est de moins de 2 %. Si le verre contient plus de 2 % en pourcentage pondéral d'eau, la variété de roche légèrement différente ainsi formée porte le nom de « perlite ».

Utilisations : L'obsidienne a tendance à avoir des arêtes très tranchantes lorsqu'elle se brise; cette propriété a fait que l'homme l'a utilisé comme outil tranchant depuis l'âge paléolithique. On a trouvé des preuves de l'usage de l'obsidienne à des fins pratiques et rituelles au cours de l'ère précolombienne (14 000 av. J.-C. à 1500 ap. J.-C.) un peu partout en Méso-Amérique.

Son utilité persiste à ce jour puisque des scalpels de précision, dont le tranchant acéré est fait d'obsidienne, servent aux fins de chirurgie cardiaque et de l'œil. Leur finesse est supérieure à celle des scalpels en acier chirurgical, car l'obsidienne peut être aiguisée presqu'au point de la minceur d'un atome.

Une petite quantité d'obsidienne taillée et polie sert aussi à la confection de bijoux.

Fragment d'obsidienne (R565) : Le verre d'obsidienne est translucide, et se caractérise par une cassure conchoïdale et un tranchant finement aiguisé. Près de Prineville, comté de Crook, en Oregon. Largeur du champ de prise de vue : 15 cm

ROCHES SÉDIMENTAIRES

CONGLOMÉRAT

De façon générale, le conglomérat comme tel est une roche facile à identifier, mais les galets dont il se compose le sont moins, puisqu'ils peuvent représenter toute une gamme de types de roches. La sédimentation à l'origine du conglomérat a eu lieu dans un milieu turbulent, soit dans un espace trop restreint ou soit en trop peu de temps pour permettre aux divers matériaux composants de se répartir avec soin; c'est pourquoi la roche est décrite comme étant « mal triée ». On observe donc, dans un conglomérat, des échantillons de tous les types de roches d'une région donnée qui subissaient les effets de l'érosion au moment de la sédimentation.

Apparence

Couleur : Le conglomérat possède une gangue de couleur claire qui renferme une quantité variable d'inclusions formées de grains de sable et de galets (cailloux arrondis).
Texture : Des inclusions de granulométrie fine à grossière dans une gangue à grain fin.

Genèse de sa formation

Le conglomérat se forme dans un milieu à forte énergie, comme une rivière dont le débit est suffisamment puissant pour transporter, éroder et déposer de gros galets. Entre les galets, le sable s'accumule en une gangue consolidée à l'aide du ciment que produisent les solutions d'eau minéralisées circulant à travers le mélange.

Contenu minéral

Le conglomérat renferme surtout du quartz, car ce minéral résiste à l'altération. Dans certains cas, les galets peuvent consister d'un mélange d'une vaste gamme de types de roches et de minéraux, mais seuls les plus résistants à l'abrasion pourront résister aux rigueurs du transport.

Test : Le trait le plus caractéristique du conglomérat sont les galets, qui peuvent varier de façon considérable de taille et de composition.

Faits intéressants

Les conglomérats renferment des gisements de minerai dont quelques uns sont fort réputés. Il y en a deux types. Dans les gisements semblables à ceux de Rand, en Afrique du Sud, l'or aurait été mis en place sous forme de placers dans le conglomérat avant d'être redistribué peu de temps après. La même chose se serait probablement produite dans le cas des gisements d'uranium de Blind River, en Ontario. Par contre, dans le cas des énormes gisements de cuivre natif du Michigan, aux États-Unis, il est évident que le conglomérat n'a servi que de passage poreux au sein duquel des solutions hydrothermales ont circulé (se sont infiltrées) en y déposant le cuivre porté en solution.

Le terme « conglomérat de base » désigne une roche sédimentaire qui recouvre une roche sous-jacente avec laquelle elle n'a aucune affinité. Il s'agit d'une caractéristique géologique importante qui souligne le passage d'une période donnée à une nouvelle période de sédimentation.

Roche semblable

La brèche (p. 270) renferme des fragments angulaires et non pas des cailloux arrondis comme le conglomérat.

Conglomérat (R295) : Conglomérat à galets cimentés les uns aux autres. Brackley Beach, comté de Queen's, Île-du-Prince-Édouard. Largeur du champ de prise de vue : 24 cm. Photo : R.A. Gault

ROCHES SÉDIMENTAIRES
BRÈCHE

La brèche est une roche composée de fragments angulaires provenant de tout type, ou de tout mélange de types, de roche. La grosseur de ces fragments dentelés et polyédriques de roche ignée, sédimentaire ou métamorphique peut varier, le tout se trouvant cimenté ensemble.

Apparence

Couleur : Gangue de couleur habituellement claire, mais les fragments peuvent être de toutes les couleurs ou compositions.

Texture : Gangue à grain fin à moyen renfermant des fragments angulaires de toute taille.

Genèse de sa formation

La brèche provient de l'érosion rapide des roches dont les fragments, puisqu'ils ne sont pas transportés, restent dentelés. Un exemple d'un endroit où un tel processus est à l'œuvre est le pied d'une falaise, soit un talus d'éboulis pierriers. Les fragments de roche s'empilent à la base et leur poids fait qu'éventuellement ils se compriment, tandis que les eaux minéralisées qui y circulent fournissent le ciment nécessaire.

Contenu minéral

Les fragments d'une brèche peuvent appartenir à une vaste gamme de types de roches ou de genres de minéraux, mais les fragments au sein d'une brèche donnée ont tendance à n'appartenir qu'à un seul type en raison du peu de transport en jeu.

Faits intéressants

Les marges continentales sont caractérisées par la formation de brèches aux points de jonction où deux plaques tectoniques en mouvement sont broyées et s'émiettent. Ce phénomène peut aussi se produire à plus petite échelle dans les zones de failles. Les structures d'impact météoritique sont aussi une

source intéressante de brèches aux endroits où l'impact ayant fracassé la roche, les fragments finissent par se consolider au fil des temps géologiques.

Utilisations : Les brèches sont très attrayantes et ont donc servi, chez les Égyptiens, de pierre ornementale depuis les temps les plus reculés.

Roches semblables

Les inclusions dans un conglomérat (p. 268) sont des galets (cailloux arrondis), alors qu'il s'agit de fragments anguleux et brisés dans le cas de la brèche.

Brèche (R251) : Brèche à fragments dentelés cimentés les uns aux autres. Ottawa, comté de Carleton, Ontario. Largeur du champ de prise de vue : 27 cm. Photo : R.A. Gault

ROCHES SÉDIMENTAIRES

GRÈS

Le nom « grès » est un terme d'ordre général utilisé pour décrire une roche presqu'essentiellement composée de quartz. Les variétés de grès se déterminent à partir de leur couleur et de leur contenu minéral. En ayant recours au test du vinaigre, il est possible d'établir la présence ou l'absence de calcite dans le ciment matriciel. Le grès peut se former dans un grand nombre de milieux (lacs ou rivières d'eau douce, fonds marins ou rivages, dépôts glaciaires ou éoliens). Le contenu minéral, la gangue, la forme des grains (ronds ou anguleux) et le granoclassement ont tous joué un rôle dans la genèse de cette roche.

Apparence

Couleur : Le grès est souvent rouge ou brun. Parfois, sa couleur peut varier de gris clair à presque blanc lorsqu'il est très pur. Il peut même présenter une teinte verdâtre ou jaunâtre. Les couleurs jaune, rouge et brune sont causées par la présence d'oxydes de fer; la teinte verdâtre est probablement due à la présence de mica coloré. Les grès peuvent parfois se caractériser par la présence d'un rubanement coloré.

Texture : Habituellement, le grès est une roche à grain moyen dont les fragments sont arrondis et généralement de la même taille (définie comme étant « bien triée »).

Genèse de sa formation

L'altération des roches produit du sable quartzeux qui, lorsque déposé par l'action de l'eau ou du vent, peut former des flèches de sable, des plages ou des deltas à l'embouchure des rivières ou des dunes. L'enfouissement subséquent de ces dépôts les comprime davantage et les eaux riches en minéraux qui les traversent les cimentent. Ce ciment peut être de la calcite, de l'argile ou de la silice.

Contenu minéral

Le grès contient surtout du quartz (p. 218) et parfois de petites quantités de feldspath et de mica. Lorsque la teneur en feldspath atteint plus de 25 %, la roche prend alors le nom d'« arkose ».

Test : Il faut pouvoir distinguer des grains individuels arrondis ou anguleux. Il sera peut-être nécessaire d'avoir recours à une lentille grossissante.

Faits intéressants

Les formations de grès constituent d'importants aquifères qui permettent à l'eau de percoler à travers la structure plus ou moins poreuse de la roche. Ce type d'aquifère réussi mieux à filtrer les polluants que les aquifères où la percolation se fait à travers des roches fracturées, comme le calcaire.

La beauté du grès a été mise en valeur par la nature au parc national des Arches dans l'Utah, aux É.-U., ainsi que par l'homme, lors de la construction de certaines parties du Taj Mahal, en Inde.

Utilisations : Le grès est une pierre de construction de premier ordre. Il sert également dans la confection de meules à moudre et de pierres à aiguiser.

Roches semblables

Le siltstone (p. 274) est de granulométrie plus fine.
Le quartzite (p. 296) est plus compact et plus difficile à briser à l'aide d'un marteau.

*Grès (R638) : Grès à grain fin. Île-du-Prince-Édouard.
Largeur du champ de prise de vue : 21 cm*

ROCHES SÉDIMENTAIRES
SILTSTONE ou MUDSTONE

Le nom « siltstone » est un terme d'ordre général utilisé pour décrire des roches presqu'essentiellement composées de quartz. Les variétés se déterminent à partir de leur origine et de leur contenu minéral. Dans certaines régions, des matériaux calcaires sont mis en place en même temps que du quartz et du feldspath. Puisqu'il s'agit d'une roche habituellement cimentée par de la calcite, le recours au test du vinaigre permet d'établir la présence ou l'absence de calcite. De règle générale, le mudstone contient plus d'argile que le siltstone, mais il est néanmoins difficile de distinguer une espèce de l'autre.

Apparence

Couleur : Habituellement de couleur claire, soit grise, havane ou jaune; contient parfois des impuretés qui le rendent rouge ou noir.

Texture : Roche à granulométrie fine dans laquelle on ne peut pas distinguer les grains individuels. Son aspect stratifié ou laminé peut être causé par des variations dans la taille des grains de silt, la teneur en matières organiques ou la teneur en calcite ou en dolomite.

Genèse de sa formation

Le siltstone provient de la compaction de fragments fins de silt en milieux marin et d'eau douce. On dit qu'il s'agit d'une roche « immature », car elle n'a pas été suffisamment longtemps sujette aux processus d'altération pour permettre au feldspath de se décomposer en argile, de façon à ne laisser que de l'argile et du quartz.

Contenu minéral

Le siltstone contient surtout du quartz (p. 218), mais il peut aussi souvent renfermer du feldspath et parfois même de petites quantités de calcite ou de dolomite, d'argile et de matières organiques.

Test : La roche est sablonneuse au toucher lorsque mouillée. Elle peut produire une faible effervescence au contact d'un acide faible, en raison du fait qu'elle contient de la calcite et de la dolomite.

Fait intéressant

Les fossiles microscopiques qu'elle renferme peuvent servir à identifier son mode de formation, que ce dernier ait eu lieu en milieu marin ou en eau douce.

Utilisation : Pierres à aiguiser.

Roches semblables

Le shale (p. 282) est plus tendre et glissant au toucher lorsque mouillé en raison de sa teneur en argile. L'ardoise (p. 284) doit son plan de séparation ou de clivage à l'alignement du mica au cours de la phase de compaction.

Siltstone (R682) : Siltstone à grain très fin renfermant quelques grains de plus grande taille. Ottawa, comté de Carleton, Ontario. Largeur du spécimen : 18 cm

ROCHES SÉDIMENTAIRES
CALCAIRE

Le nom « calcaire » est un terme d'ordre général utilisé pour décrire des roches presqu'essentiellement composées de calcite. Les variétés de calcaire se déterminent à partir de leur origine, de leur contenu minéral et des fossiles qu'ils renferment. Le calcaire se forme le plus couramment dans des mers peu profondes à partir de dépôts de vestiges de plantes et d'animaux, en quelque sorte dans de grands cimetières où la faune marine décédée s'accumule. À certains endroits, les matériaux calcaires mis en place avec du sable et de la boue forment une roche composée, soit un calcaire argileux ou un grès calcaire. Puisque la roche se compose essentiellement de calcite, le recours au test du vinaigre permet d'établir la présence ou l'absence de calcite.

Apparence

Couleur : Habituellement blanc, gris, havane ou jaune; contient parfois des impuretés qui le rendent rouge ou noir.
Texture : Roche à grain fin à moyen qui contient souvent des fossiles d'origine marine.

Calcaire, fossile (R803) : Calcaire à brachiopodes fossiles, Amérique du Nord. Largeur du champ de prise de vue : 7,5 cm. Photo : R.A. Gault

Calcaire : Spécimen à grain fin de couleur havane.
Largeur du champ de prise de vue : 6 cm.
Photo : R.A. Gault

Genèse de sa formation

Le calcaire provient d'une réaction chimique dans l'eau de mer responsable de la formation d'une boue carbonatée qui se dépose sur le fond marin et se consolide. Des solutions dans des eaux chaudes et tièdes dans des cavernes peuvent aussi être à l'origine des dépôts de calcaire. À ces endroits, le calcaire forme des stalactites, qui pendent du plafond, et des stalagmites, qui se dressent du plancher pour former des colonnes. Le calcaire dit « travertin », qui ressemble à du fromage suisse, est une roche décorative qui se forme à mesure qu'une caverne se remplit de dépôts. Il est rare que les calcaires se forment en milieu d'eau douce et seuls les vestiges de fossiles qu'ils renferment pourraient attester de cette origine.

Contenu minéral

Le calcaire contient surtout de la calcite. (p. 138) et parfois de petites quantités de dolomite, de quartz et de feldspath.

Test : La roche pulvérisée produit une effervescence au contact du vinaigre blanc.

Faits intéressants

Le calcaire est un élément essentiel du cycle du carbone (CO_2). Il agit aussi bien à titre de source que de réservoir du CO_2. On peut déterminer en partie la quantité de CO_2 dans l'atmosphère à partir de la quantité de calcaire soumise aux effets de l'altération à la surface de la Terre. Lorsque les niveaux marins sont bas, la plus grande quantité de calcaire exposé entraîne une augmentation de la quantité de CO_2 dans l'atmosphère et le climat se réchauffe. Il ne s'agit ici que d'un exemple de la façon dont les roches et les minéraux touchent à tous les aspects de la vie sur Terre.

Utilisations : Largement utilisé dans le domaine de la construction en tant que pierre de taille et sert d'ingrédient principal dans la production du ciment. La pierre de Tyndall est un calcaire provenant d'une carrière située au nord de Winnipeg, au Manitoba. On en trouve des exemples dans des édifices comme l'Assemblée législative du Manitoba et le Parlement du Canada, à Ottawa.

Roches semblables

Le marbre (p. 294) possède des cristaux plus gros et plus visibles.

La dolomie (p. 280) peut lui ressembler, mais contient plus de dolomite. De la dolomie broyée ne produit aucune effervescence au contact du vinaigre.

*Calcaire pisolitique (R423) : Ibex Hills, comté de San Bernardino, Californie.
Largeur du champ de prise de vue : 8 cm.
Photo : R.A. Gault*

ROCHES SÉDIMENTAIRES

DOLOMIE

La dolomie se compose de grains de dolomite et d'autres minéraux, tels que le quartz et la calcite, qui se trouvent cimentés ensembles. Certains géologues anglophones préfèrent utiliser le nom « dolostone » afin de ne pas confondre le nom de la roche avec celui du minéral qui, en anglais, est le même pour les deux.

Apparence

Couleur : La dolomie est habituellement grise, havane ou brun crème.
Texture : Il s'agit d'une roche à granulométrie fine à moyenne.

Genèse de sa formation

La dolomie se forme dans des milieux marins. Certains géologues prétendent que la dolomie remplace le calcaire suite à un changement chimique.

Contenu minéral

La dolomie se compose surtout de dolomite (p. 142) et contient parfois de petites quantités de calcite, de quartz et de feldspath.
Test : Elle est légèrement effervescente au contact de l'acide.

Faits intéressants

Des recherches en cours cherchent à établir l'origine exacte de la dolomie. Bien qu'il s'agisse d'une roche fort commune en termes géologiques et que presque 10 % de toutes les roches sédimentaires sont de la dolomie, il n'y a pourtant aucune formation contemporaine de cette roche. Des températures minimales de 100 ºC sont requises en laboratoire pour obtenir de la dolomie par synthèse, mais les preuves géologiques amassées à date indiquent que la formation de plusieurs vastes formations s'est faite à des températures beaucoup plus basses. À partir d'observations toutes récentes, on a avancé l'hypothèse selon laquelle la dolomie peut se former à de basses températures du moment que des bactéries sulfatoréductrices soient présentes.

Un exemple remarquable de dolomie est l'escarpement du Niagara, dans le sud de l'Ontario.

Utilisations : La dolomie provenant d'une carrière dans la péninsule Bruce (qui fait partie de l'escarpement du Niagara) a servi à la construction de l'Ambassade du Canada à Washington, D.C. On compte au nombre d'autres édifices célèbres faits de dolomie le Musée royal de l'Ontario, à Toronto, et les édifices Whitney et MacDonald de l'Assemblée législative, à Toronto. On peut utiliser la dolomie plutôt que du calcaire dans la production du ciment et elle

Dolomie (R220) : Cristaux bombés avec, au-dessus, des cristaux complexes incolores plus jeunes. Carrière St.-Eustache, Saint-Eustache, comté de Deux-Montagnes, Québec. Largeur du champ de prise de vue : 5 cm

peut servir de fondant dans le procédé de fusion du minerai de fer. On s'en sert aussi pour réduire le niveau d'acidité dans le sol et pour neutraliser l'effet des acides utilisés dans la fabrication du papier. La dolomie s'avère souvent une roche réservoir pour le pétrole.

Roches semblables

Le calcaire (p. 276) est habituellement de couleur plus claire que la dolomie et, à la différence de la dolomie, contient des fossiles.

Le grès (p. 272) n'est pas aussi effervescent que la dolomie au contact de l'acide.

ROCHES SÉDIMENTAIRES
SHALE

Le nom « shale » est un terme d'ordre général utilisé pour décrire des roches presqu'essentiellement composées de particules d'argile. Les variétés de shale se déterminent à partir de leur couleur et des minéraux ou des fossiles qu'elles renferment. Il s'agit d'une roche très commune et sa présence peut nous révéler bien des détails au sujet des conditions qui prévalaient dans le passé.

Apparence

Couleur : Le shale peut être rouge, noir, brun, vert foncé ou même bleuâtre. La présence de matières organiques le fait paraître de couleur noire, tandis que la présence de fer, selon son état d'oxydation, lui confère une couleur rouge ou verte.

Texture : Le shale est une roche à granulométrie très fine dont les particules individuelles ne sont pas visibles à l'œil nu ou même à l'aide d'une lentille grossissante.

Genèse de sa formation

Un milieu d'eau stable et calme est le berceau des formations de shale. Elles peuvent se former dans des conditions marines ou d'eau douce, telles les lagunes, les milieux marins profonds ou des lacs tranquilles. La présence de pyrite est un indice de la formation de shale dans des conditions réductrices (sans oxygène).

Contenu minéral

Le shale contient surtout de l'argile (p. 212) et parfois de petites quantités de calcite, de dolomite, de quartz et de feldspath. Il peut également renfermer de la pyrite ou des fossiles.

Test : En raison de sa teneur en argile, le shale est glissant au toucher lorsqu'il est mouillé et il a l'odeur de la boue. En outre, on peut rayer ou entailler le shale mouillé avec son ongle.

Shale (pyrite 46449) : Coquille de brachiopode remplacée par de la pyrite dans du shale noir. Région du mont Saint-Bruno, comté de Chambly, Québec. Largeur du champ de prise de vue : 5 cm

Faits intéressants

Le shale de Burgess, de réputation mondiale, est situé près de Field, en Colombie-Britannique; il contient des fossiles vieux de 540 millions d'années, vestiges des êtres qui évoluaient dans les eaux des mers équatoriales à cette époque.

Utilisation : Une quantité considérable de déchets organiques, principalement des algues, s'est accumulée au cours de la formation du shale dans certaines régions. L'extraction du pétrole contenu dans ces roches peut se faire par distillation à une température d'environ 500 °C; cependant, le procédé est coûteux et engendre des problèmes de nature environnementale.

Roches semblables

Le siltstone (p. 274) est une roche plus dure et, lorsque mouillé, il est plus sablonneux au toucher que le shale. Le clivage de l'ardoise (p. 284) est lamellaire en raison de la formation de mica au cours de la phase de compaction.

Shale huileux : Manuels River, comté de Harbour Main, Terre-Neuve. Largeur du champ de prise de vue : 5 cm. Photo : R.A. Gault

ROCHES MÉTAMORPHIQUES
ARDOISE

L'ardoise représente la première étape dans le processus de métamorphisme régional; elle se forme dans des conditions de pression et de température plus basses que le schiste. Le fait que cette roche se débite de façon fissile selon des plans de séparation préférentiels est l'indice principal qui permet d'établir que cette roche a été métamorphisée. Dans certaines ardoises, on peut observer l'alignement des cristaux de mica ou de chlorite.

Apparence
Couleur : Habituellement noir ou gris, avec parfois une teinte verdâtre ou bleuâtre. Elle peut aussi être rouge ou brun rougeâtre.

Texture : Roche à grain fin et à couches plates et lisses apparentes. L'ardoise se débite facilement le long de ces plans (propriété connue sous le nom de « fissilité ») et les plaques individuelles qui en résultent peuvent être très minces (définies comme étant « ardoisières »).

Genèse de sa formation
Un événement de métamorphisme régional de faible degré est à l'origine de la formation de l'ardoise. Des sédiments constitués de shale ou d'argile sont soumis à des conditions de chaleur et de pression moyennes de grande envergure. Les fossiles, bien que conservés, peuvent être déformés.

Contenu minéral
L'ardoise contient surtout des minéraux argileux (p. 212) et des quantités variables de quartz, de feldspath et de mica ou de chlorite (p. 208). Le mica et la chlorite s'alignent perpendiculairement à la direction dans laquelle s'est exercée la pression à l'échelle régionale. Cet alignement des minéraux planaires confère à l'ardoise son clivage parfait. La pyrite (p. 46) peut former des cristaux parfaits au cours de la phase de formation de l'ardoise.

Test : La roche se débite facilement en plaques minces le long des plans de séparation.

Faits intéressants
Un morceau d'ardoise noire dans lequel ressortent des cristaux de pyrite dorés est un article de choix pour le collectionneur.

Utilisations : L'ardoise sert à façonner des carreaux pour le sol et des bardeaux sur toiture.

Roches semblables
Le shale (p. 282) et le siltstone (p. 274) ne se débitent pas en feuillets à la manière de l'ardoise. Cette dernière est plus dure que le shale ou le siltstone.

*Ardoise (R39) : Ardoise à grain fin se débittant le long des plans de séparation. Bethesda, Pays-de-Galles septentrional, Royaume-Uni.
Largeur du champ de prise de vue : 11 cm*

ROCHES MÉTAMORPHIQUES
SCHISTE

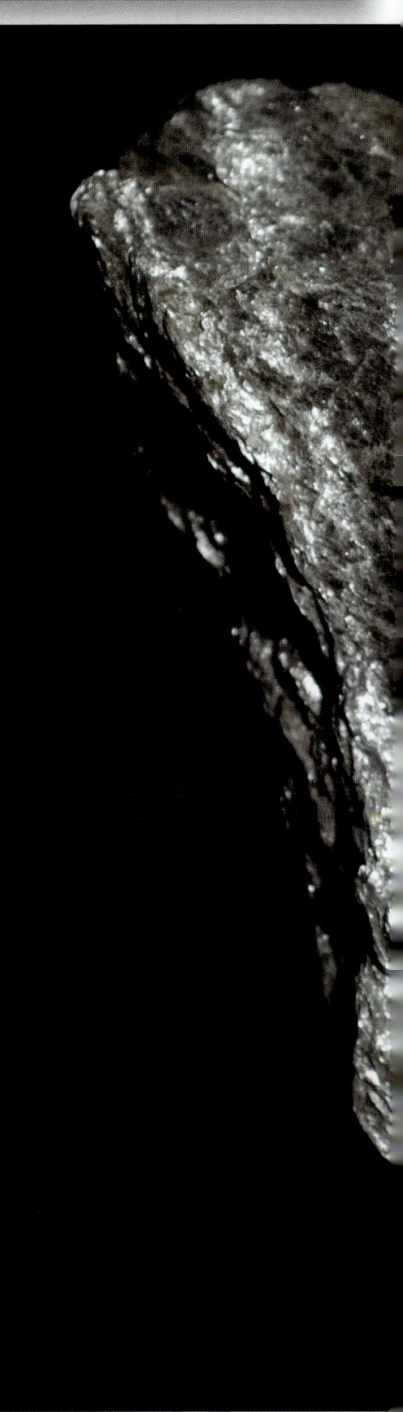

Le schiste est une roche commune formée dans un contexte de métamorphisme régional; il témoigne de la présence, lors de sa formation, de conditions de température et de pression modérées, comme celles à l'œuvre au cours d'un épisode d'édification de montagnes. Un schiste a été soumis a un degré de métamorphisme plus élevé que l'ardoise, mais moins élevé que le gneiss. Les noms que l'on donne au schiste sont fonction de la nature du minéral dont il est principalement composé, par ex. schiste à muscovite, schiste à biotite, schiste à grenat ou schiste à kyanite.

Apparence

Couleur : La couleur du schiste peut varier du blanc argenté du schiste à muscovite à la teinte plus foncée, voire presque noire, du schiste à biotite.

Texture : Le schiste est une roche à grain moyen qui se brise facilement, de façon à produire des surfaces inégales et ondulées (phénomène connu sous le nom de « schistosité »). La schistosité est due à l'alignement planaire des micas qu'entraîne la contrainte à laquelle la roche à été soumise. Ce sont ces structures planaires de mica qui font que le schiste produit ces reflets brillants si caractéristiques, effet auquel on a donné le nom de « schillérisation ».

Genèse de sa formation

Le schiste est le produit de régimes de pression modérée et de température faible à moyenne qui se sont manifestés à l'échelle régionale. Au départ, les conditions touchent habituellement des roches sédimentaires, mais des roches volcaniques peuvent aussi y être sujettes. La composition chimique globale ne change pas, mais les effets de la température et de la pression sont suffisants pour susciter la croissance de nouveaux minéraux comme le mica, le grenat ou la kyanite.

Contenu minéral

Le schiste contient généralement du mica, du quartz et du feldspath. Il peut aussi contenir différents types d'inclusions, comme des amphiboles (hornblende ou actinote), de la kyanite et du grenat de variété « almandin ». Par définition, le schiste renferme plus de 50 % de minéraux en feuillets ou allongés.

Schiste (schiste à quartz et à muscovite 18-1-74) : Schiste à muscovite à grain fin montrant les effets de la foliation (petits plis). District de Thunder Bay, Ontario. Largeur du champ de prise de vue : 10 cm. Photo : R.A. Gault

Test : La schistosité, ou le fait de se débiter selon des plans de séparation ondulés, du mica à grain moyen à grossier est la propriété la plus caractéristique.

Faits intéressants

Le mot « schiste » vient du grec *skhistos*, qui signifie « fendu ».

Utilisations : Il s'agit d'une source commerciale de grenat utilisés dans la fabrication d'abrasifs. Le schiste a servi à la construction de nombreux édifices, mais sa nature lamellaire inhérente le rend susceptible à la saturation par l'eau et les faiblesses qui en découlent.

Roches semblables

L'ardoise (p. 284) à granulométrie plus fine a tendance à se débiter en plaques minces et plates, alors que le schiste à grain plus grossier se débite en feuillets ondulés.

Le gneiss (p. 290) ne se débite pas le long de plans de séparation comme le schiste. Ceci s'explique par le fait que l'alignement des minéraux dans le schiste, et plus particulièrement le mica, est planaire, alors que le rubanement des minéraux dans le gneiss n'est pas continu.

Schiste (R994) : Un schiste à quartz et muscovite. Les feuillets de muscovite « miroitent ». District de Thunder Bay, en Ontario. Largeur du champ de prise de vue: 12 cm

Schiste, grenat, mica (R146) : Chisel Lake, région de Snow Lake, au Manitoba. Largeur du champ de prise de vue : 10 cm. Photo : R.A. Gault

ROCHES MÉTAMORPHIQUES
GNEISS

Le nom « gneiss » est un terme d'ordre général utilisé pour décrire une roche qui a subi des changements métamorphiques associés à des conditions de température et de pression élevées. Le mot « gneiss » vient d'un vieux terme slave qui veut dire « nid ». Le « nid » en question fait allusion aux couches ou aux foliations dans les roches qui renfermaient les minerais qui faisaient l'objet d'exploitation minière au cours du Moyen Âge. Le terme « gneiss » s'applique aux roches métamorphiques qui ont subi des épisodes plus extrêmes que le schiste. Ce terme n'implique pas une minéralogie ou une composition spécifique, mais décrit plutôt une texture qui reflète les effets d'un haut degré de métamorphisme.

Apparence

Couleur : Habituellement de couleur claire, mais il y a aussi des gneiss plus foncés.
Texture : Une roche à grain moyen à grossier reconnaissable à son rubanement distinctif caractérisé par la ségrégation et l'alignement des minéraux clairs et foncés. Les couches ou rubans clairs et foncés ne sont pas

Gneiss, granitique, variété « à augen » (R343) : Ce « gneiss à augen » doit son nom à la présence de feldspath orange de forme lenticulaire. Grass Lake, au sud de South Hammond, New York, É.-U.
Largeur du spécimen : 20 cm. Photo : R.A. Gault

*Gneiss, mylonite (R843) : Gneiss plissé.
Au nord de Kingston, canton de Loughborough,
comté de Frontenac, Ontario.
Largeur du spécimen : 20 cm.
Photo : R.A. Gault*

continus et leur patron interrompu forme une série de traits. Dans certains cas, des inclusions en forme de nœuds ou d'yeux se groupent à part au sein de la roche. Le produit de ce phénomène porte le nom de « gneiss à augen », ce qui signifie « yeux », car les nœuds sont lenticulaires ou en forme de lentille. Le gneiss est souvent plissé, mais cette propriété n'est souvent visible qu'à grande échelle sur le terrain.

Genèse de sa formation

Le gneiss est le produit d'un métamorphisme intense causé par des températures et pressions élevées qui se manifestent au sein de la Terre (à quelques kilomètres de profondeur). Les roches ignées tout aussi bien que les roches sédimentaires peuvent subir ce type de métamorphisme, ce qui a pour conséquence de favoriser la diversité sur le plan minéralogique.

Contenu minéral

Le contenu minéral du gneiss s'apparente souvent à celui du granite : surtout du quartz et du feldspath et souvent du mica et du pyroxène ou de l'amphibole. On peut compter parmi les minéraux accessoires le grenat et la kyanite.

Test : Le gneiss se brise dans le sens transversal ou oblique au rubanement puisque la roche n'a pas de schistosité (cette tendance qu'on les minéraux du groupe des micas de se briser selon des plans de séparation à surface onduleuse).

Faits intéressants

On entend souvent parler de la prépondérance du granite dans le Bouclier précambrien du Canada, alors qu'une grande proportion des roches du Bouclier sont effectivement des gneiss granitiques. À l'intérieur du Bouclier, les provinces géologiques de Grenville et de Churchill ont été métamorphisées et « retravaillées » bien des fois, ce qui a donné lieu à la formation de gneiss granitiques; la province géologique du Supérieur, par contre, est demeurée très stable et renferme donc un grand nombre de massifs granitiques.

Utilisations : Plusieurs types de gneiss servent aujourd'hui de pierre de construction décorative. Le gneiss d'Acasta

est la roche crustale la plus ancienne que l'on connaisse. Des analyses ont établi qu'il date de quatre milliards d'années. Il s'agit d'un gneiss à quartz et à feldspath provenant d'un endroit à proximité de la rivière Acasta, à l'est du Grand lac des Esclaves, à quelque 350 km au nord de Yellowknife.

Roches semblables

Le granite (p. 246), bien que son contenu minéral s'apparente à celui d'un grand nombre de types de gneiss, ne possède pas la texture rubanée du gneiss. Les cristaux ou les grains du granite sont orientés de façon aléatoire, alors que la ségrégation des minéraux dans le gneiss se traduit par un rubanement bien précis.

Le schiste (p. 286) a des rubans plus continus que le gneiss, ce qui fait qu'il se débite selon les plans de séparation du mica alors que le gneiss se brise transversalement aux couches.

Gneiss à amphibole et à mica (R649) : Passa san Giacomo, vallée d'Ossola, Piémont, Italie.
Largeur du spécimen : 15 cm.
Photo : R.A. Gault

ROCHES MÉTAMORPHIQUES

MARBRE

Le marbre est une des roches métamorphiques les mieux connues puisqu'elle sert depuis longtemps à des fins de construction et artistiques. Cette roche étant composée surtout de calcite ou de dolomite, le recours au test de l'acide permet d'établir la présence ou l'absence de calcite et de dolomite.

Apparence

Couleur : Le marbre est habituellement blanc pur, mais peut aussi être bariolé ou tacheté de gris, de jaune, de vert ou de rouge.

Texture : Roche à granulométrie moyenne à grossière. La taille des grains n'est souvent pas évidente en raison de la couleur uniforme de la roche. Toute trace de fossile ou de texture sédimentaire a habituellement été détruite au cours du métamorphisme.

Genèse de sa formation

Lorsque des conditions de chaleur et de pression agissent sur du calcaire ou de la dolomie, du marbre en résulte. Les grains fins du calcaire sont complètement recristallisés sous forme de cristaux entrecroisés plus grossiers. Les rubans et les tourbillons d'autres couleurs dans le marbre sont dûs aux impuretés qui sont présentes, comme des grains de sable et d'argile ou des oxydes de fer.

Contenu minéral

Le marbre contient surtout de la calcite (p. 138), parfois une quantité considérable de dolomite (marbre dolomitique) et, rarement, de la serpentine, du graphite et du diopside.

Test : Le test de l'acide sur un peu de marbre pulvérisé s'avère le meilleur. Une forte effervescence indique la présence de calcite, tandis qu'une effervescence plus faible est le signe de la présence de dolomite. Le marbre est une roche tendre et se taille facilement. Lorsqu'altéré, il devient gris foncé, voire presque noir.

Faits intéressants

Le mot marbre vient du grec *marmoros*, « roche qui reluit », car le marbre est très translucide. Il laisse passer la lumière jusqu'à une profondeur de quelques millimètres; cette dernière est alors réfléchie de façon diffuse hors de la pierre, ce qui lui donne une certaine luminosité ou cette apparence cireuse. C'est cette propriété qui a fait du marbre la pierre de choix des sculpteurs depuis plus de 2000 ans.

Utilisations : Les Grecs furent un des premiers peuples à se servir du marbre comme matériau de construction. Le temple d'Artémis à Éphèse, en Turquie, date de 350 av. J.-C.; on y trouve 125 énormes colonnes de marbre qui atteignent 20 m de hauteur. Les Grecs, ces maîtres d'œuvres de la construction, ont confirmé leur suprématie architecturale en érigeant des structures de marbre comme le Parthénon, le Théséion et le temple de Zeus. Ils furent aussi les premiers à utiliser le marbre dans les salles de bains à domicile où l'on s'en sert encore aujourd'hui.

Le marbre sert aussi à un grand nombre d'applications beaucoup plus ordinaires, mais toujours utiles. En tant que source de carbonate de calcium, il entre dans la fabrication du ciment, des matières plastiques, de la peinture et du dentifrice.

Roches semblables

Le quartzite (p. 296) est beaucoup plus dur que le marbre; on ne peut pas le rayer à l'aide d'un couteau, alors que le marbre peut facilement être rayé.

Le calcaire (p. 276) ressemble dans certains cas au marbre, mais il s'agit habituellement d'une roche à grain beaucoup plus fin. Le marbre ne présente pas le rubanement distinct que l'on observe dans les formations calcaires comme le travertin et les stalactites (p. 278).

Marbre (R528) : Marbre montrant des clivages de calcite à grain grossier. Newcomb, État de New York.
Longueur du spécimen : 20 cm.
Photo : R.A. Gault

ROCHES MÉTAMORPHIQUES
QUARTZITE

Le quartzite est une roche dure, très durable et résistante à l'érosion; c'est pourquoi elle forme souvent des crêtes et des sommets de collines. Ces accidents géographiques sont habituellement dénués de végétation, puisque le quartzite étant une roche peu sujette à l'érosion, trop peu de sol est disponible.

Apparence

Couleur : Habituellement blanc à gris, mais peut contenir des impuretés qui lui donne une couleur rouge ou rose.

Texture : On distingue difficilement les grains individuels à l'œil nu dans le quartzite. La roche est difficile à briser et, lorsqu'on y réussit, elle a tendance à voler en éclats. La cassure se produit transversalement aux joints de grains. Aucune caractéristique sédimentaire n'est apparente.

Genèse de sa formation

Le grès soumi aux régimes de température et de pression propres au métamorphisme devient du quartzite. Le métamorphisme est suffisamment intense pour fusionner les grains de sable et la gangue de façon à les transformer en une roche dure et cohérente.

Contenu minéral

Le quartzite contient surtout du quartz (p. 218) et, parfois, de petites quantités de feldspath, de mica, d'ilménite et de grenat.

Test : La roche se brise difficilement et tend à voler en éclats lorsqu'on lui porte un coup de marteau. Il s'agit d'une roche très dure.

Faits intéressants

Le gisement de quartzite vieux de 2,5 milliards d'années qui s'étend le long du rivage nord du lac Huron, en Ontario, porte le nom de « monts La Cloche ». Le nom vient de la légende selon laquelle ces roches servaient aux autochtones à envoyer des messages. Lorsqu'on le frappe, le quartzite produit un son de cloche qui se répercute sur une grande distance, d'où l'utilisation du mot « cloche ». Ces collines ou « monts » ont été immortalisés dans les tableaux crées par certains membres du Groupe des Sept, soit Franklin Carmichael et A.Y. Jackson.

Utilisations : Le quartzite est une roche très dure et pourrait ainsi servir de pierre de construction. Hélas, en raison de son apparence terne, le granite est habituellement choisi à sa place. La dureté et la durabilité du quartzite en font un excellent matériau pour la construction des talus sur lesquels on peut alors poser les voies de chemin de fer.

Roches semblables

Le marbre (p. 294) est beaucoup plus tendre et plus facile à broyer.
Le grès (p. 272) se brise entre les grains de sable de la gangue.

Quartzite avec du jaspe (R639) : Quartzite soudé, durable.
Carrière Lawson, district de Sudbury, Ontario.
Longueur du spécimen : 21 cm.
Photo : R.A. Gault

ROCHES MÉTAMORPHIQUES
SERPENTINITE

Le nom « serpentinite » est un terme d'ordre général utilisé pour décrire les roches qui se composent surtout de minéraux de serpentine (p. 214). Elle se manifeste le plus souvent sous forme de produit d'altération des silicates de fer et de magnésium. La présence de serpentinite dénote l'existence de types très spécifiques de milieu géologique.

Apparence

Couleur : Habituellement vert pomme à vert foncé ou vert grisâtre à presque noir. La surface porte souvent des taches de couleur vert foncé à vert clair. Une surface altérée est généralement brunâtre à beige.

Texture : La serpentinite peut être à grain fin, fibreuse ou lamellaire mais, le plus souvent, aucun grain n'est visible. La roche peut être glissante au toucher et avoir une apparence vitreuse ou cireuse.

Genèse de sa formation

La serpentinite provient de l'altération de roches telles la péridotite, le basalte (p. 262) ou le gabbro (p. 252). Cette altération se produit en présence de solutions hydrothermales chaudes qui transforment l'olivine et le py-

Serpentinite (R941) : Surface fraîchement brisée de l'échantillon paraissant à la p. 299. La croûte altérée de couleur crème est à remarquer.

Serpentinite (R941): Serpentinite altérée. Asbestos, canton de Shipton, conté Richmond, Québec. Largeur du champ de prise de vue : 21 cm

roxène en serpentine. Les conditions nécessaires à cette transformation ce manifestent à l'endroit où deux plaques continentales entrent en contact; on peut ainsi avancer l'hypothèse selon laquelle les serpentinites sont un produit d'altération de soit du régolite, soit des roches de la croûte océanique.

Contenu minéral

La serpentinite renferme surtout des minéraux du groupe de la serpentine (p. 214) et, parfois, de petites quantités de magnétite, de chromite, de chlorite et de talc.

Test : Elle peut vous sembler glissante au toucher en raison de la présence de talc et de chlorite. La présence de minéraux de nature fibreuse du groupe de la serpentine établirait son identité de façon concluante.

Faits intéressants

On reconnaît facilement les zones géologiques de serpentine sur le terrain puisque les plantes n'y croissent pas. Les sols minces, souvent non existants, contiennent peu de substances nutritives, tels que le calcium et le potassium; par contre, ils sont riches en éléments toxiques à la croissance des plantes, tels le nickel, le chrome et le magnésium. Les zones de serpentine se répartissent un peu partout à la surface du globe, mais il est curieux de voir que si peu d'entre elles renferment des gisements d'amiante de valeur économique.

Utilisations : La serpentinite est la source principale de minéraux du groupe de la serpentine, lesquels ont de nombreuses applications industrielles (p. 215). La serpentinite, sous forme de pierre de construction, sert à des fins de décoration. Son utilisation la plus reconnue tient du fait que les Inuits s'en servent pour sculpter.

Roches semblables

Le basalte (p. 262) est plus dur que la serpentinite en raison de sa teneur en verre.

La granulométrie du gabbro (p. 252) est grossière, alors que l'on ne peut pas distinguer les grains à l'œil nu dans la serpentinite.

GLOSSAIRE

Adamantin – un éclat non métallique, brillant, luisant et dont l'aspect rappelle celui du diamant.

Alliage – un mélange de deux ou de plusieurs métaux.

Amorphe – se caractérise par l'absence d'une structure atomique.

Batholite – un massif intrusif de grande dimension dont la cristallisation a eu lieu à une profondeur considérable au sein de la Terre.

Botryoïde – qui a les formes arrondies d'une grappe de raisins.

Chatoyant – décrit l'éclat qui s'apparente à la luminosité changeante que l'on observe dans les yeux des chats. Il est causé par la présence d'inclusions de fines fibres parallèles; par ex., le quartz « œil-de-chat », le béryl « œil-de-chat » ou le rubis étoilé.

Clivage – la tendance qu'ont les minéraux de se briser selon certains plans de séparation donnés, de façon à créer des surfaces plus ou moins lisses. Le clivage est facteur de la disposition des atomes au sein du minéral, puisqu'il correspond au plan auquel est associée la plus faible liaison atomique.

Conchoïdale – une surface arrondie, qui rappelle l'intérieur d'une coquille, formée lorsqu'un choc sur un minéral produit une cassure.

Concrétion – couches de croissance bombées se concentrant autour d'un noyau commun.

Cristal – un arrangement atomique à disposition régulière et croissance par additions successives qui se caractérise souvent par des faces planes symétriques.

Cristal prismatique – un cristal qui présente trois faces ou plus dont les intersections sont des lignes parallèles.

Cristal tabulaire – une forme cristalline décrite comme étant aplatie par rapport à deux faces parallèles.

Ductile – qui peut être étiré pour former un fil, comme l'or.

Élément – exemple d'une catégorie de substances qui ne peuvent pas être divisées en substances plus simples à l'aide de méthodes chimiques. Ils sont regroupés pour former le tableau périodique des éléments.

Extrusion ou effusive – une roche ignée produite par un magma qui s'est épanché ou qui a été projeté à la surface de la Terre.

Felsique – une roche formée de minéraux de teinte claire, comme le feldspath ou les feldspathoïdes (*fel*), le quartz (silice, donc *sic*) et la muscovite. Contraire de **mafique**.

Géode – roche concrétionnaire ou noduleuse creuse dont l'intérieur est souvent tapissé de cristaux.

Hydrothermal – se rapportant aux solutions aqueuses dont la température varie de tiède à chaude et qui se manifestent au sein ou à la surface de la Terre.

Inégale – (propre à la cassure) rugeuse ou dentelée, comme si elle avait été hachée.

Intrusion ou intrusive – une roche ignée mise en place au sein d'une roche encaissante plus ancienne.

Kimberlite – une roche composée principalement de micas (olivine et phlogopite) qui se forme à des profondeurs où la pression atteint un degré suffisamment élevé pour produire des diamants.

Lamellaire (propre au clivage) – qui se débite en minces feuillets plats.

Mafique – une roche composée de minéraux de teinte foncée riches en magnésium (*ma*) et en fer ou en minéraux ferreux (*f*), comme du pyroxène, de l'amphibole et de l'olivine. Contraire de **felsique**.

Malléable – qui peut être étiré ou mis en forme à l'aide d'un marteau ou de rouleaux compresseurs.

Massif (propre aux spécimens de minéraux) – sans forme cristalline extérieure, bien que possédant une structure interne à caractère cristallin.

Métamorphisme de contact – la transformation d'un corps rocheux en bordure d'une source de chaleur comme une chambre magmatique.

Métamorphisme régional – un épisode métamorphique de grande envergure impliquant et la chaleur, et la pression. Par exemple : l'altération des roches situées à l'endroit où deux plaques continentales entrent en collision.

Minerai – minéral ou roche renfermant des minéraux ou un métal natif (c.-à-d., d'origine naturelle) en concentration suffisante pour justifier une exploitation commerciale.

Minéral – un élément ou un composé chimique doté d'une structure cristalline dont la formation résulte d'un processus géologique.

Opaque – que la lumière ne peux pas traverser; non transparent ou translucide.

Pinacoïde – une forme cristalline définie par deux faces parallèles.

Placer – un gisement de gravier et de sable en surface qui contient des particules d'or ou d'autres minéraux précieux. L'action des rivières, des vents ou des glaciers est à l'origine de ce gisement.

Plaquettes, en (propre à l'habitus) – utilisé pour décrire des cristaux aplatis.

Polymorphe – un minéral qui, bien qu'il partage la même composition chimique qu'un autre minéral, possède une structure (cristalline) atomique différente.

Ponce – une roche volcanique, habituellement de la rhyolite, à aspect vitreux et criblée de trous laissés par des bulles de gaz.

Porphyre – une roche ignée dont la gangue à granulométrie fine renferme de gros grains ou cristaux.

Précipitation (cristallisation minérale) – processus grâce auquel un minéral cristallise à partir d'une solution. Ceci peut se produire aussi bien en milieu magmatique qu'en milieu aqueux.

Pseudomorphe – *pseudo* « faux », *morphë* « forme », un cristal dont la croissance est caractérisée par une forme cristalline spécifique peut être remplacé par une espèce minérale différente, tout en retenant la forme et les dimensions du minéral antérieur.

Résineux – aspect qui rappelle celui de la résine, une substance gluante sécrétée par certains conifères.

Rhombique – face cristalline de la forme d'un rhomboèdre ou d'un diamant.

Rhomboédrique – un système cristallin caractérisé par six faces identiques en forme de diamant. Ces faces, ou plans, sont symétriques les uns aux autres. Les carbonates, tels la calcite, la rhodochrosite et la sidérite, ont couramment cette forme.

Roche – un agrégat de grains minéraux (regroupant habituellement plus d'une espèce minérale) fondus ou cimentés ensembles.

Roche ignée – une roche formée à partir d'un magma silicaté.

Roche métamorphique – une roche dérivée de l'altération d'une roche pré-existante suite à des changements dans les conditions de température et de pression ou dans sa composition chimique.

Roche sédimentaire – particules de roches ou de minéraux provenant de l'altération ou de l'érosion et qui sont ensuite transportées, déposées et cimentées, ou une roche composée de particules minérales précipitées à partir d'une solution ou des secrétions de certains organismes.

Rose des sables – cristaux de gypse ou de barytine en forme de rosette qui ont incorporé des grains de sable au cours de leur croissance sur une surface sableuse.

Schistosité – une texture planaire ou plissée constituée de minéraux lamellaires ou allongés.

Sécabilité – que l'on peut couper régulièrement à l'aide d'un couteau.

Skarn – une roche métamorphique dont la couleur peut varier de verte à rouge, parfois, grise, noire, brune ou blanche. Sa formation est habituellement due à l'altération chimique des roches au cours du métamorphisme et se produit dans la zone de contact entre les intrusions magmatiques, comme les granites, et les roches riches en carbonate, comme le calcaire ou la dolomie.

Squelettique (trémie) – dans les cas où la croissance d'un cristal se fait rapidement, les arêtes peuvent se former parfaitement, alors que le centre reste partiellement vide. Le bismuth, l'or, la halite, la galène et le quartz en sont des exemples.

Translucide – le cristal laisse passer la lumière, mais ne transmet pas une image claire, un peu à la façon d'un morceau de verre dépoli.

Vacuole – une cavité dans une roche souvent remplie, ou partiellement remplie, par un minéral de nature massive ou cristalline.

Vitreux – décrit l'éclat d'un cristal qui réfléchit la lumière à la façon du verre.

TABLEAU DES ÉLÉMENTS CHIMIQUES TERRESTRES

Élément	Symbole	No atomique	Découvreur	Année	Autre nom
Actinium	Ac	89	Debierne/Giesel	1899/1902	
Aluminium	Al	13	Wöhler	1827	
Antimoine	Sb	51	—		stibium
Argent	Ag	47	préhistorique	—	argentum
Argon	Ar	18	Rayleigh et Ramsay	1894	
Arsenic	As	33	Albert le Grand	1250	
Astate	At	85	Corson et al.	1940	
Azote	N	7	Rutherford	1772	
Baryum	Ba	56	Davy	1808	
Béryllium	Be	4	Vauquelin	1798	
Bismuth	Bi	83	Geoffroy, le jeune	1753	
Bore	B	5	Gay-Lussac et Thénard; Davy	1808	
Brome	Br	35	Balard	1826	
Cadmium	Cd	48	Stromeyer	1817	
Calcium	Ca	20	Davy	1808	
Carbone	C	6		—	
Cérium	Ce	58	Berzelius et Hisinger; Klaproth	1803	
Césium	Cs	55	Bunsen et Kirchoff	1860	
Chlore	Cl	17	Scheele	1774	
Chrome	Cr	24	Vauquelin	1797	
Cobalt	Co	27	Brandt	c.1735	
Cuivre	Cu	29		—	cuprum
Curium	Cm	96	Seaborg et al.	1944	
Dubnium	Db	105	Ghiorso et al.	1970	
Dysprosium	Dy	66	de Boisbaudran	1886	
Einsteinium	Es	99	Ghiorso et al.	1952	
Erbium	Er	68	Mosander	1843	
Étain	Sn	50		—	stannum
Europium	Eu	63	Demarcay	1901	
Fer	Fe	26		—	ferrum
Fermium	Fm	100	Ghiorso et al.	1953	
Fluor	F	9	Moissan	1886	
Francium	Fr	87	Perey	1939	
Gadolinium	Gd	64	de Marignac	1880	
Gallium	Ga	31	de Boisbaudran	1875	

Élément	Symbole	No atomique	Découvreur	Année	Autre nom
Germanium	Ge	32	Winkler	1886	
Hafnium	Hf	72	Coster et von Hevesy	1923	
Hélium	He	2	Janssen	1868	
Holmium	Ho	67	Delafontaine et Soret	1878	
Hydrogène	H	1	Cavendish	1766	
Indium	In	49	Reich et Richter	1863	
Iode	I	53	Courtois	1811	
Iridium	Ir	77	Tennant	1804	
Krypton	Kr	36	Ramsay et Travers	1898	
Lanthane	La	57	Mosander	1839	
Lithium	Li	3	Arfvedson	1817	
Lutécium	Lu	71	Urbain/ von Welsbach	1907	
Magnésium	Mg	12	Black	1755	
Manganèse	Mn	25	Gahn, Scheele, et Bergman	1774	
Mercure	Hg	80		—	hydrargyrum
Molybdène	Mo	42	Scheele	1778	
Néodyme	Nd	60	von Welsbach	1885	
Néon	Ne	10	Ramsay et Travers	1898	
Nickel	Ni	28	Cronstedt	1751	
Niobium	Nb	41	Hatchett	1801	columbium
Or	Au	79		—	aurum
Osmium	Os	76	Tennant	1803	
Oxygène	O	8	Priestley/Scheele	1774	
Palladium	Pd	46	Wollaston	1803	
Phosphore	P	15	Brand	1669	
Platine	Pt	78	Ulloa/Wood	1735/1741	
Plomb	Pb	82		—	plumbum
Plutonium	Pu	94	Seaborg et al.	1940	
Polonium	Po	84	Curie	1898	
Potassium	K	19	Davy	1807	kalium
Praséodyme	Pr	59	von Welsbach	1885	
Prométhéum	Pm	61	Marinsky et al.	1945	
Protactinium	Pa	91	Hahn et Meitner	1917	
Radium	Ra	88	Pierre et Marie Curie	1898	
Radon	Rn	86	Dorn	1900	

Élément	Symbole	No atomique	Découvreur	Année	Autre nom
Rhénium	Re	75	Noddack, Berg, et Tacke	1925	
Rhodium	Rh	45	Wollaston	1803	
Rubidium	Rb	37	Bunsen et Kirchoff	1861	
Ruthenium	Ru	44	Klaus	1844	
Samarium	Sm	62	Boisbaudran	1879	
Scandium	Sc	21	Nilson	1878	
Sélénium	Se	34	Berzelius	1817	
Silicium	Si	14	Berzelius	1824	
Sodium	Na	11	Davy	1807	natrium
Soufre	S	16		—	
Strontium	Sr	38	Davy	1808	
Tantale	Ta	73	Ekeberg	1801	
Technetium	Tc	43	Perrier et Segré	1937	
Tellure	Te	52	von Reichenstein	1782	
Terbium	Tb	65	Mosander	1843	
Thallium	Tl	81	Crookes	1861	
Thorium	Th	90	Berzelius	1828	
Thulium	Tm	69	Cleve	1879	
Titane	Ti	22	Gregor	1791	
Tungstène	W	74	J. et F. d'Elhuyar	1783	wolfram
Uranium	U	92	Peligot	1841	
Vanadium	V	23	del Rio	1801	
Xénon	Xe	54	Ramsay et Travers	1898	
Ytterbium	Yb	70	Marignac	1878	
Yttrium	Y	39	Gadolin	1794	
Zinc	Zn	30		—	
Zirconium	Zr	40	Klaproth	1789	

Index

Les numéros de pages en *italique* réfèrent à des images ou à des photographies.
En gras, ils indiquent que le sujet y est traité de façon approfondie.

A
abrasifs
   corindon, 114
   schiste, 288
   ulexite, 163
acide
   minéraux résistants, 26
   préparation d'une solution, 4
   sulfurique, 49
acier inoxydable, 80-81
   pentlandite, 53
actinote, 196
   dans le schiste, 286
   minéraux semblables, 94
   voir aussi amphibole
aegirine, 192
aérospatiale
   amiante, 215
   béryl, 186
   borax, 160
   dolomite, 144
   ilménite, 79
   or, 19
   pentlandite, 53
   rutile, 119
   titanite, 177
   ulexite, 163
   zircon, 179
agate, 218, *222*
   basalte comme source, 264
   mousseuse, 82
   voir aussi quartz
agrégat pisolithique, 72
Agricola, Georg Bauer dit
   appellation de la chalcocite, 34
   appellation du bismuth, 29
   béryl, 186
   fluorite, 108
agriculture
   arsénopyrite, 55
   sphalérite, 94
   sylvite, 104, 105
   zéolite, 238
aimants, 74
   diamagnétiques, 28
airain de Chypre, 21, 116
Albert le Grand, 55
   malachite, 159
   soufre, 90
Alberta
   gypse, *126*
   quartz, 222

albite, 226
   blanche, *226*
   granite avec de l', 248, *249*
   minéraux associés, 172, 180, 208
   sidérite sur de l', *150*
   voir aussi feldspath
alimentation, 66
aliments pour animaux, 210
alliages, 301
   chalcopyrite, 45
   pentlandite, 53
   pyrolusite, 84
almandin, 166
aluminium
   élément, 304
   minéraux associés, 213
amazonite, *226,* 229, 230-231
   voir aussi feldspath
amiante
   minéraux associés, 211
   origine du mot *asbestos,* 215
   terme générique, 214
amphibole, ***196-201***
   dans la diorite, *251*
   dans l'andésite, 261
   dans le gneiss, 292, *292-293*
   dans le schiste, 286
   minéraux associés, 208, 250
   minéraux semblables, 94, 165, 190, 194
   roches associées, 250
amphibolite, 200
analcime, 238, *238*
   voir aussi zéolite
Anatolie, 71
andalousite, 170
Andes, 261
andésine, 226
   dans l'andésite, 260, 261
   voir aussi feldspath
andésite, **260-***261*
   équivalents chimiques, 250
andradite, 166
Angleterre, 106
anhydrite, **122-***123*
   minéraux associés, 100, 104
   minéraux semblables, 124
anorthite, 226
   voir aussi feldspath
anthophyllite, 196
   voir aussi amphibole

antimoine
   élément, 304
   minerais d', 62
antimoine en poudre. *Voir* stibine
antiquité
   cassitérite, 121
   cinabre, 96
   gypse, 126
   mica, 206
   soufre, 90, 91
Antiquité romaine
   amiante, 215
   béryl, 186
   cuivre, 21, 116
   halite, 100
   olivine, 165
   pyrolusite, 84
apatite, ***128-129,* 130,** *131*
   minéraux semblables, 184
Appalaches, 15, *16*
appareils optiques
   béryl, 186
   calcite, 141
   fluorite, 108
aquifère, 272
aragonite, ***146-149***
   minéraux semblables, 134, 140, 220
ardoise, **284-***285*
   minéraux associés, 30
   roches semblables, 275, 282, 288
ardoisière, 284
arfvedsonite, 196
   voir aussi amphibole
argent, ***22-25***
   élément, 304
   minerais d', 59
   minéraux associés, 28, 40, 64
   minéraux semblables, 26, 28
   natif, 22
   origine du symbole chimique, 24
   roches associées, 258, 261
   sterling, 24
argentan, 45
Argentine, 154
argile, ***212-213***
   dans le grès, 272
   dans le marbre, 294
   dans le shale, 282
   dans le siltstone, 274
   formation de l'ardoise, 284

argile (suite)
   minéraux associés, 48, 150
   minéraux semblables, 210
arkose, 272
armes
   à feu, 29
   nucléaires, 66
arsenic, 55
   élément, 304
   minerais d', 54
arséniures, 6
arsénopyrite, *54-55*
   minéraux associés, 120
   minéraux semblables, 24, 62, 64
asbestos, 215
astérisme, 118
audiovisuel, 179
augite, 192
   dans le gabbro, 252
   dans le granite, 248
   voir aussi pyroxène
Australie, 72
Autochtones
   jade (néphrite), 200
   sylvite, 105
   turquoise, 136
automobile (industrie)
amiante, 215
   basalte, 264
   dolomite, 144
   kyanite, 171
   platine, 26
   stibine, 62
azurite, *156-157*
   minéraux associés, 116, 158, 217
   minéraux semblables, 236

B

bactéries
   cuivre, 21
   formation de la dolomie, 280
barytine, *132-135*
   fluorite sur de la, *107*
   minéraux associés, 144
   minéraux semblables, 91, 106
baryum
   dans la barytine, 132
   élément, 304
basalte, *262-265*
   formation de la serpentinite, 298
   minéraux associés, 110, 165, 194, 200, 241
   mordénite dans du, *242*
   olivine dans du, *165*
   ressemblance chimique avec le gabbro, 252
   roches semblables, 252, 300
   zéolite dans du, *242*

basses-terres de la baie d'Hudson, 14, *16*
basses-terres de l'Arctique, 14, *16*
basses-terres du Saint-Laurent, 14, *16*
batholite, 250, 301
batteries, 32
Bauer, Georg. *Voir* Agricola
béryl, *184-187*
   minéraux semblables, 130
béryllium, 186
   élément, 304
Bible, 169
bijouterie
   apatite, 128
   argent, 22
   azurite, 156
   bornite, 40
   chalcopyrite, 45
   covellite, 36
   diamant, 86
   émeraude (béryl), 186
   feldspath, 231
   grenat, 169
   hématite, 71
   ilménite, 79
   lazurite, 236
   marcasite, 49
   obsidienne, 267
   rhodochrosite, 152, 154
   rhodonite, 202
   titanite, 177
   turquoise, 137
biologie, 165
biotite, 204
   dans la rhyolite, 256
   dans l'andésite, 261
   dans le granite, 248
   dans le schiste, 286
   minéraux associés, 208, 250
   voir aussi mica
bismuth, *28-29*
   élément, 304
Black Prince, 111
bleu
   de cobalt, 237
   de Prusse, 156
   d'outremer, 237
Blue John, 106
bois d'étain, 120
bois pétrifié, 218, *223*
   voir aussi quartz
borax, *160-161*
   minéraux associés, 163
   minéraux semblables, 162
bore
   borax, 160
   élément, 304
   minerais de, 163

Born, Ignaz Edler von, 40
bornite, *38, 39-41*
   minéraux associés, 36, 42
   minéraux semblables, 36, 42
bort, 86
botryoïde, 301
Bouclier canadien, 14, *16*
   gneiss granitique, 292
brasage (soudage), 217
brèche, *270-271*
   roches semblables, 268
Brésil
   béryl, 186
   sodalite, 235
   topaze, 172
brimstone. Voir soufre
bronze d'aluminium, 45
bytownite, 226
   voir aussi feldspath

C

calcaire, *276-279*
   apatite sur du, *131*
   carboné, 184
   minéraux associés, 48, 91, 106, 140, 165, 182, 184, 194, 236
   roches semblables, 281, 295
   sphalérite sur du, *92*
calcédoine, 217, 218
   minéraux associés, 136
   voir aussi quartz
calcite, *138-141*
   amphibole sur de la, *196*
   arsénopyrite avec de la, *55*
   blanche, 55, *58-59*, 73
   bornite et chalcopyrite dans de la, *41*
   chalcopyrite sur de la, *44-45*
   dans la dolomie, 280
   dans l'appellation du calcaire, 276
   dans le calcaire, 278
   dans le marbre, 294
   dans le quartz, *220*
   dans le shale, 282
   épidote avec de la, *180*
   galène avec de la, 56, *58-59*
   goethite sur de la, *73*
   grès dans de la, 272
   minéraux associés, 100, 122, 156, 158, 236
   minéraux semblables, 106, 122, 124, 134, 144, 146, 150, 220
   olivine, *164*
   orange, 179
   pyroxène avec de la, *193*
   rose, *180, 193, 196*
   siltstone dans le, 274
   spinelle dans de la, *111*

calcite (suite)
    tourmaline avec de la, *190*
    zéolite (stilbite) avec de la, *240*
    zircon avec de la, *179*
californite. *Voir* vésuvianite
camouflage militaire, 81
caoutchouc
    argile, 213
    feldspath, 231
    halite, 102
    molybdénite, 61
    stibine, 62
carat
    diamant, *89*
    or, 19
carbonatite, 140
carbone
    diamant, **86-89**
    élément, 304
    graphite, **30-33**
    pyrolytique, 32
    synthétique, 32
carburant, 160
Carmichael, Franklin (peintre), 296
cassitérite, **120-121**
    minéraux associés, 172
    minéraux semblables, 80
cassure, 10
catalogage, 5
cendres volcaniques, 256
céramique
    argile, 213
    chromite, 81
    feldspath, 231
    halite, 102
    néphéline, 233
cercle de feu, 260
chabazite, 238, *238, 240*
    voir aussi zéolite
chalcocite, **34-35**
    minéraux associés, 36
    minéraux semblables, 20, 36
chalcopyrite, **42, 43-45**
    arsénopyrite avec de la, *54*
    dolomite sur de la, *143*
    minéraux associés, 36, 38, 51, 52, 58, 64, 94
    minéraux semblables, 18, 38, 46, 48, 51, 52
    pentlandite avec de la, *53*
    substituts, 34
    sur de la barytine, *133*
charbon, 150
chaussée des Géants, 264
chemin de fer, 296
chimie (utilisation industrielle)
    arsénopyrite, 55
    bismuth, 29
    chromite, 81

fluorite, 108
galène, 59
ilménite, 79
molybdénite, 61
platine, 26
pyrite, 4 *l*
soufre, 91
zéolite, 243
zircon, 179
Chine
    argile, 213
    cinabre, 96
    kaolin de, 213
    pyroxène, 195
    rouge de, 96
chlorapatite, 128
chlorite, **208-209**
    dans la pierre de savon, 211
    dans la serpentinite, 300
    dans l'ardoise, 284
    minéraux associés, 180
    minéraux semblables, 204, 210
chlorure
    de potassium, **104-105**
    de sodium, **100, 101-103**
chrome
    dans la chlorite, 209
    dans l'appellation de la chromite, 80
    élément, 304
    minerais de, 80
    roches associées, 252, 300
chromite, **80-81**
    dans la serpentinite, 300
    minéraux semblables, 120
chrysocolle, **216-217**
    minéraux associés, 156, 158
    minéraux semblables, 136, 137, 158
chrysoprase, 218
    minéraux semblables, 217
    voir aussi quartz
chrysotile, **214-215**
    minéraux semblables, 200
Chypre, 21
ciment
    calcaire, 278
    dolomie, 280
    marbre, 294
    syénite, 254
cinabre, **96, *97-99***
    minéraux semblables, 116
circuits imprimés, 24
ciseau, 3
citrine, *224*
    voir aussi quartz
clinoptilolite, 238
    voir aussi zéolite
clivage, 10, 301

CO_2, 278
cobalamine, 66
cobalt
    élément, 304
    minerais de, 64
cobalt-60, 66
cobaltite, **64, 65-67**
    minéraux associés, 28
    minéraux semblables, 54
Code d'Hammourabi, 250
coésite, 218
    voir aussi quartz
collecte des spécimens, 4
collection, 1, 5
Colombie, 186
Colombie-Britannique
    amphibole (actinote), *198*
    argent, *22*
    arsénopyrite, *55*
    azurite, *156*
    barytine, *132,* 135
    basalte vésiculaire, *263*
    calcite, 140, *140*
    chrysocolle, *217*
    cinabre, *98*
    covellite, 36
    cuivre, *20*
    diorite, *251*
    fluorite, 108
    goethite, *72*
    magnétite, 76
    olivine, *165*
    or, *19*
    pépite d'or, *19*
    pyrrhotite, *50,* 51
    quartz, *220*
    rhodonite, *203*
    rhyolite, *258*
    shale, 282
    syénite, *255*
    vésuvianite, 182
    zéolite (mordénite), *242*
    zéolite (natrolite), *243*
concrétion, 301
conglomérat, **268-269**
    de base, 268
    roches semblables, 271
    turquoise dans du, 136
construction
    amiante, 215
    andésite, 261
    anhydrite, 123
    ardoise, 284
    argile, 213
    basalte, 264
    calcaire, 278
    calcite, 141
    chalcopyrite, 45
    cuivre, 21

construction (suite)
   diorite, 250
   gabbro, 252
   gneiss, 292
   granite, 248
   grès, 272
   gypse, 126
   magnétite, 76
   marbre, 294
   schiste, 288
   serpentinite, 300
construction navale
   basalte, 264
   cuivre, 21
coquillage, 146, 148
   voir aussi fossiles
Coran, 169
Cordillière, 15, *16*
corindon, *112-113*, **114**, ***115***
   minéraux associés, 80
   minéraux semblables, 110
cornélienne, 218
   voir aussi quartz
cosmétiques
   chromite, 81
   hématite, 68, 71
   talc, 210
couleur des minéraux, 7, 12
Covelli, Niccolo, 36
covellite, **36-*37***
   minéraux semblables, 34, 38
   substituts, 34
crayons, 30, 32
cristaux, 301
   formes, *9,* 158
   morphologie, 8
cristobalite, 218
   dans l'obsidienne, 266
   voir aussi quartz
croûte océanique. *Voir* croûte terrestre
croûte terrestre, 226, 248, 252, 300
croyances. *Voir* mythes et mythologie
cuivre, **20-*21***
   dans l'appellation de la chalcopyrite, 45
   dans l'argent, 24
   dans le conglomérat, 268
   élément, 304
   minerais de, 34, 36, 38, 42, 50, 116
   minéraux associés, 38, 156, 192, 217
   minéraux indicateurs, 216
   natif, 20
   panaché, 42
   roches associées, 250, 252, 258, 261
   teneur des minerais, 42

Cullinan I, 89
Cullinan II, 111
cuprite, **116-*117***
   minéraux associés, 156, 158
   minéraux semblables, 20, 96
cycle du carbone, 278

D
De Long, 114
décoration
   fluorite, 106
   sodalite, 234
densité, 10
dentifrice, 294
dentine, 130
dentisterie, 98
dentritique, 20
détection d'incendies, 29
diabase, 252
diamant, ***86-89***
   d'Alaska, 71
   minéraux indicateurs, 166
   substituts, 119, 169, 179
   synthétique, 1
diopside, 192
   dans le marbre, 294
   minéraux associés, 166, 180
   minéraux semblables, 180, 182
diorite, **250-*251***
   minéraux associés, 78
   minéraux semblables, 248
   roches semblables, 252
dioxyde de zirconium. *Voir* zircon
dolomie, 142, **280-*281***
   roches semblables, 279
Dolomieu, Déodat Gratet de, 144
dolomite, **142-*145***
   dans la dolomie, 280
   dans le calcaire, 278
   dans le marbre, 294
   dans le siltstone, 274
   minéraux semblables, 138, 146, 150, 220
dolostone. Voir dolomie
dravite, 188
dunite, 165
dureté
   minéraux métalliques, 11
   minéraux non métalliques, 12
   vérification de la, 5, 10

E
eau
   absorption par l'argile, 212
   coloration de la rhyolite, *258*
   dans la zéolite, 241, 242
   dans l'obsidienne, 267
   filtration, 76, 215, 243
   fonte de la goethite, 73

formation de la brèche, 270
formation de l'anhydrite, 122, 123
formation du calcaire, 278
formation du grès, 272
formation du shale, 282
solubilité de la sylvite, 104
solubilité de l'ulexite, 162
solubilité du borax, 160
échelle de dureté de Mohs, 5, 10
éclairage
   arsénopyrite, 55
   cinabre, 98
éclat
   types, 7-8
   utilisation pour l'identification, 7
écologie, 61
Écosse, 242
écrans solaires, 119
édénite, 196
   voir aussi amphibole
édifices célèbres
   dolomie, 280
   grès, 272
   mica, 206
Égypte ancienne
   azurite, 156
   brèche, 271
   diorite, 250
   halite, 100
   hématite, 68, 71
   lazurite, 236-237
   malachite, 159
   or, 18
   pyrolusite, 84
   stibine, 62
   turquoise, 136
elbaïte, 188
   rose, 191
électricité
   basalte, 264
   béryl, 186
   bismuth, 28
   cassitérite, 121
   cuivre, 21
   kyanite, 171
   tourmaline, 191
électronique
   argent, 24
   cuivre, 21
   galène, 59
   grenat fer-yttrium synthétique, 169
   hématite, 71
élément, 301
éléments natifs, 6
   tableau des, 304-306
émail, 130
émeraude. *Voir* béryl

épidote, *180-181*
   minéraux associés, 208
   minéraux semblables, 194, 200
équipement
   de sport, 32
   de terrain, 2-3, *3*
   d'identification, *4,* 4-5
éruption trempée, 266
érythrite, 64, *66*
escarboucle, 166
Espagne, 47
étain
   élément, 304
   minerais d', 120
   usages, 121
étalon-or, 19
États-Unis
   chrysocolle, 217
   cuivre, 21
   galène, 58
   goethite, 72
   or, 18
Étoile de l'Inde, 114
évaporites, 122
exploitation minière
   cuivre, 21
extrusion, 301

F
fantôme, *139*
fausse forme, 157
fayalite, 164
feldspath, *226-231*
   dans la dolomie, 280
   dans la rhyolite, 256
   dans la syénite, 254
   dans l'ardoise, 284
   dans le calcaire, 278
   dans le gneiss, *290,* 292, 293
   dans le granite, 246, 248, *249*
   dans le granite rose, *247*
   dans le quartzite, 296
   dans le schiste, 286
   dans le shale, 282
   dans le siltstone, 274
   dans l'obsidienne, *266*
   graphite sur du, *33*
   grenat dans du, *167*
   grès dans le, 272
   minéraux associés, 172, 208
   minéraux semblables, 91, 138, 220, 233, 241
   potassique, 226
   rutile sur du, *119*
feldspath plagioclase, 226, 230
   dans l'andésite, 260, 261
   dans le basalte, 264
   dans le gabbro, 252
   minéraux associés, 250

fer
   dans la pyrrhotite, 50
   dans le grès, 272
   dans le marbre, 294
   dans le shale, 282
   dans l'obsidienne, 266
   élément, 304
   extraction par la fonte de la goethite, 73
   minerais de, 51, 68, 72, 74, 151
   minéraux associés, 47
ferrites, 71
fibre optique, 162, 224
filtration d'eau
   amiante, 215
   magnétite, 76
   zéolite, 243
fissilité, 284
flocons de neige, *266*
   voir aussi obsidienne
fluorapatite, 128, 130
fluorite, *106-109*
   barytine sur de la, *132*
   minéraux associés, 120, 144
   minéraux semblables, 91, 138
   substituts, 48
fonderie, 32
forstérite, 164, 165
fossiles, 13
   calcite dans, *139*
   dans l'ardoise, 284
   dans le calcaire, *276*
   dans le marbre, 294
   dans le shale, 282
   dans le siltstone, 275
   dans les roches sédimentaires, 13
   de pyrite, 46, *47*

G
gabbro, *252-253*
   formation de la serpentinite, 298
   minéraux associés, 78, 194, 204
   minéraux semblables, 248
   roches semblables, 250, 300
galène, **56-59**
   arsénopyrite sur de la, *55*
   grise, *55*
   minéraux associés, 28, 48, 51, 91, 94
   minéraux semblables, 22, 28, 54, 60, 62
galets, 268
gemmes
   apatite, 128
   béryl, 186
   corindon, *112-113*, 114, **115**, 118
   diamant, 86-89
   épidote, 181
   olivine, 165

pyroxène, 195
rhodolite, 166
sources de, 248, 264
spinelle, *110-111*
synthétiques, 169
titanite, 176, 177
topaze, 172, *173*
tourmaline, 188, 191
vésuvianite, 183
génie mécanique, 186
géode, 132, 301
Gilson (produit), 237
gneiss, *290-293*
   à augen, *290,* 292
   granitique, 248, 292
   grenat sur du, *168*
   minéraux associés, 30, 118, 170, 190, 200
   minéraux semblables, 248
   roches semblables, 288
Goethe, Johann Wolfgang von, 73
goethite, *72-73,* 151
Golden Jubilee, 89
goshénite. *Voir* béryl
granite, *246-249*
   minéraux associés, 106, 118, 166, 176, 190, 200, 204
   roches semblables, 254, 293
   tourmaline dans du, *188*
granite noir. *Voir* diorite; gabbro
graphite, **30,** *31-33*
   dans le marbre, 294
   minéraux semblables, 60, 62, 82
gravier, 78, 120
Grèce antique
   halite, 100
   marbre, 294
grenat, *166-169*
   dans le gneiss, 292
   dans le quartzite, 296
   dans le schiste, 286, 288, *289*
   minéraux associés, 180, 208
   synthétique, 1
grès, *272-273*
   formation du quartzite, 296
   roches semblables, 258, 281, 296
   sédimentaire, 258
grossulaire, 166
Groupe des Sept, 296
gypse, *124-127*
   minéraux associés, 91, 100, 104, 122
   minéraux semblables, 100, 122
   substituts, 48

H
habitus, 8
halite, 100, **101-103**
   minéraux associés, 104, 122

halite (suite)
    minéraux semblables, 104
halogénures, 6
haute technologie
    arsénopyrite, 55
    grenat fer-yttrium synthétique, 169
    platine, 26
    quartz, 224
héliodore. *Voir* béryl
hématite, **68, 69-71**
    diamant d'Alaska, 71
    formation, 151
    minéraux associés, 74
    minéraux semblables, 72, 78, 96, 116, 118
    spéculaire, 118
heulandite, 238
    voir aussi zéolite
hornblende, 196
    dans l'andésite, *260*
    dans le granite, 248
    dans le schiste, 286
    minéraux associés, 180, 250
    minéraux semblables, 94, 180
    voir aussi amphibole
horseflesh ore. Voir bornite
hydrargyprum, 98
hydroxyapatite, 128, 130
hydroxylapatite.
    Voir hydroxyapatite

I
identification
    minéraux, 11-12
    roches, 13
idocrase, 182
Île-du-Prince-Édouard
    conglomérat, *269*
    grès, *273*
îles de la Reine-Élisabeth.
    Voir région Innuitienne
îles Féroé, 242
illite, 212, 213
    voir aussi argile
ilménite, **78-79**
    dans le quartzite, 296
    minéraux semblables, 68, 118, 176, 178
imprimerie
    molybdénite, 61
    stibine, 62
Inde
    diamant, 89
    grès, 272
    mica, 206
    saphir, 114
    zéolite, 242
indicolite, 191

industrie nucléaire. *Voir* nucléaire
instruments d'optique.
    Voir appareils optiques
intrusion, 301
Inuits, 300
Iran, 137
Irlande du Nord, 264
Islande, 242
isolants
    amiante, 215
    basalte, 264
    mica, 206
    talc, 211
isotopes, 66
Italie
    gabbro, 252
    pyrite, 47

J
Jackson, A. Y. (peintre), 296
jade, 195, *198*
jadéite, 192, 195
    minéraux semblables, 201
    voir aussi pyroxène
jaspe, 218
    quartzite avec du, *297*
    voir aussi quartz
jeton de poker, *139*
    voir aussi calcite
joyaux célèbres
    corindon (rubis), 114
    corindon (saphir), 114
    diamant, 89
    spinelle, 111
Just-Haüy, abbé René, 8

K
kammérérite, 209
kaolin de Chine, 213
kaolinite, 212, 213
    voir aussi argile
karst, 122
kimberlite, 301
    diamant sur de la, *87*
    minéraux associés, 166
Klaproth, Martin Heinrich, 179
kyanite, **170-171**
    dans le gneiss, 292
    dans le schiste, 286

L
labrador, 231
    voir aussi feldspath
labradorite, 226
    voir aussi feldspath
lapis lazuli, 236-237
larmes d'Apache, 266
lasers, 55, 169

lave
    andésite, 260, 261
    obsidienne, 266
    rhyolite, 256, 257, 258, 266
lavement baryté, 135
lazulite, 236
lazurite, **236-***237*
    minéraux semblables, 156, 234, 235
    néphéline, 235
lieux de collecte, choix, 4
limonite
    minéraux associés, 116, 136, 217
    minéraux semblables, 72
lubrifiants
    graphite, 32

M
machinerie lourde, 76
Madagascar
    béryl, 186
    spinelle, 111
magma
    formation de la diorite, 250
    formation de l'andésite, 260
    formation du gabbro, 252
    formation du granite, 246
magnésie, 144
magnésium
    dolomite, 144
    élément, 305
    roches associées, 300
magnétisme
    grenat fer-yttrium synthétique, 169
magnétite, 74, 76
    pyrrhotite à carence en fer, 50
magnétite, **74, *75-77***
    dans la serpentinite, 300
    dans le gabbro, 252
    dans le granite, 248
    formation, 151
    minéraux associés, 42, 46, 78, 80
    minéraux semblables, 68, 78, 80, 118, 176
    pierre d'aimant, 74, 76
malachite, **158-159**
    azurite dans de la, *156*
    minéraux associés, 116, 156, 157, 217
    minéraux semblables, 136
    verte, 116
maladie de la pyrite, 49
manganèse
    élément, 305
    minerais de, 154
    minéraux associés, 82, 84, 202
Manitoba
    cuivre, 20

Manitoba (suite)
   gypse, 124
   kyanite, 171
   pyrite, 47
   quartz, *223*
   schiste, *289*
marbre, **294-295**
   dolomitique, 142
   minéraux associés, 110, 130, 140, 166, 176, 180, 190, 194, 200
   minéraux semblables, 168
   roches semblables, 279, 296
marbre onyx, *138,* 141, 148
   voir aussi calcite
marcasite, 46, **48-49**
marchasita, 55
marine, 74
Mars, 73
marteau, 3
matériaux inflammables, 215
matières organiques
   dans le shale, 282
   dans le siltstone, 274
médecine
   arsénopyrite, 55
   barytine, 135
   borax, 160
   cobalt, 66
   galène, 58
   graphite, 32
   ilménite, 79
   obsidienne, 267
   olivine, 165
   rutile, 119
   sphalérite, 94
   stibine, 62
   titanite, 177
   ulexite, 163
   voir aussi santé
mercure
   élément, 305
   minerais de, 98
   minéraux associés, 96
Méso-Amérique, 267
Mésopotamie
   diorite, 250
   or, 18
métallurgie
   cassitérite, 121
   dolomie, 281
   fluorite, 108
   halite, 102
   molybdénite, 61
   pyrolusite, 84
   sphalérite, 94
métamorphisme de contact, 2, 60, 302
métamorphisme régional, 2, 302

métaux nobles, 26
météorites, 51, 218
   formation de la brèche, 270-271
   minéraux associés, 165
meules, 272, 275
mica, **204,** ***205-207***
   à rubis, 206
   dans la néphéline, *233*
   dans l'ardoise, 284
   dans le gneiss, 292, *292-293*
   dans le granite, 246, 248
   dans le grès, 272
   dans le quartzite, 296
   dans le schiste, 286, *289*
   grenat sur du, *168*
   minéraux associés, 170, 172, 208, 235
   minéraux semblables, 208, 212, 213
micaschiste
   grenat sur du, *168*
   kyanite dans du, 171
   minéraux associés, 170, 184
   minéraux semblables, 168
microbalances, 224
microcline, 226, *226,* 229
   dans le granite, 248, *249*
   titanite sur du, *177*
   voir aussi feldspath
Millenium Star, 89
minerai, 302
   en rognons, 68
minéraux
   caractéristiques, 7-9
   classification, 6-7
   de phase tardive, 34
   définition, 1, 302
   formation, 1
   identification, 11-12
   polymorphes, 30, 48
   propriétés physiques, 10
   pseudomorphes, 34
minéraux métalliques
   classification, 6
   éclat, 7
   grille d'identification, 11
minéraux non métalliques
   classification, 6
   éclat, 7
   grille d'identification, 12
Mohs, échelle de dureté de, 5, 10
molybdène, 61, 305
molybdénite, **60-61**
   minéraux semblables, 22, 24, 30, 58
monnaie
   argent, 22, 24
   cuivre, 21
   or, 19

montmorillonite, 212, 213
   voir aussi argile
monts La Cloche, 296
monuments
   diorite, 250
   gabbro, 252
   granite, 248
mordénite, 238
   voir aussi zéolite
morganite. *Voir* béryl
moteurs électriques, 32
moulages, 29
Moyen Âge
   azurite, 156
   bismuth, 29
   chalcopyrite, 45
   gneiss, 290
   lazurite, 237
mudstone, 274
muscovite, 204
   dans le granite, 248
   dans le schiste, 286, *286-287,* 288
   minéraux semblables, 210
   voir aussi mica
Myanmar, 114
mythes et mythologie
   bismuth, 29
   cobalt, 66
   grenat, 169
   ilménite, 79
   nickel, 52-53

N
Namibie, 235
natrolite, 238, *239*
   voir aussi zéolite
Néolithique, 20
néphéline, ***232-233***
   blanche, *46, 195*
   corindon dans de la, *115*
   dans la syénite, 254
   minéraux associés, 235
   minéraux semblables, 222, 229, 234
   pyrite dans de la, *46*
   pyroxène dans de la, *195*
nickel
   élément, 305
   minerais de, 50, 52
   minéraux associés, 192
   roches associées, 252, 300
nitrure de bore, 163
Nouveau-Brunswick
   arsénopyrite, *54*
   granite rose, *247*
   hématite, *69*
   sylvite, 104
   ulexite, 163

Nouvelle-Écosse
  analcime, *238*
  chabazite, *238*
  cuivre, *21*
  gypse, 124, *125*
  heulandite, *243*
  natrolite, *242*
  quartz, *222*
  stilbite, *240*
  zéolite, *238, 240, 242, 243*
nuage brûlant, 258
nucléaire
  argile, 213
  béryl, 186
  graphite, 32
  pentlandite, 53
  zéolite, 244
  zircon, 179
nuée ardente, 258
Nunavut
  calcite, *140*
  feldspath, *230*
  galène, *57*
  graphite, *32*
  grenat, *167*
  hématite, 68
  lazurite, *237*
  mica, *207*
  phlogopite, *207*
  pyrite, *47*
  sphalérite, *95*

O
obsidienne, **266-267**
oligoclase, 226
  dans l'andésite, 260, 261
  voir aussi feldspath
olivine, **164-165**
  chromite dans de l', *81*
  dans le basalte, 264
  dans le gabbro, 252
  formation de la serpentinite, 298
  minéraux associés, 80
  minéraux semblables, 130, 174
once troy, 19
Ontario
  améthyste, *223*
  amphibole, *196, 197,* 200, *200-201*
  anhydrite, 122, *123*
  apatite, 128, *128,* 130
  aragonite, 148
  argent, *23,* 24, *25*
  barytine, 135, *135*
  basalte, *262,* 264-265
  bismuth, 28, *29*
  bornite, *39, 41*
  brèche, *270-271*
  calcite, *139,* 140-141

chalcocite, *34*
chalcopyrite, *41, 43*
chlorite, *209*
chrysotile, *214*
cobaltite, *67*
corindon, *113, 115*
dolomie, 280
dolomite, *143*
édénite, *196, 197, 200-201*
feldspath, *226, 230*
fluorite, *107,* 108, *108, 109*
galène, *58-59*
gneiss, *291*
goethite, *73*
hématite, 68
hornblende, 200
ilménite, 78, *78-79*
magnétite, 74, *75,* 76, *76-77*
marcasite, *49*
mica, *206*
néphéline, *232, 233*
or, 18, *18*
pentlandite, *53*
pyroxène, *194*
pyrrhotite, *51*
quartz, *219, 221, 223, 225*
quartzite, 296
schiste, *286-287*
sidérite, 151
siltstone, *274-275*
sodalite, *234*
sphalérite, *92, 93*
talc, *211*
titanite, 176, *177*
tourmaline, *188, 190*
zircon, *178, 179*
onyx, 141, 218
  voir aussi quartz
opale, 218, *224*
  voir aussi quartz
or, **18-20**
brasage (soudage), 217
  dans le conglomérat, 268
  élément, 305
  minéraux associés, 26, 40, 54
  minéraux semblables, 42, 46, 204
  origine du symbole chimique, 19
  roches associées, 258, 261
or des fous, 42, 46-47
orthoclase, 226, 229
  dans le granite, 248
  voir aussi feldspath
os, 130
outils portatifs, 144
oxydation
  de la marcasite, 49
  du fer, 72

oxyde
  d'aluminium, 254
  de chrome, 81
oxydes, 6

P
paléolithique
  mica, 206
  obsidienne, 267
pâtes et papiers
  argile, 213
  dolomie, 281
  halite, 102
  rutile, 119
  talc, 210
pêche
  bismuth, 29
  graphite, 32
pegmatite granitique, 246, *248*
  minéraux associés, 118, 150, 172
peinture
  argile, 213
  azurite, 157
  barytine, 135
  feldspath, 231
  galène, 59
  marbre, 294
  molybdénite, 61
  rutile, 119
  talc, 210
  titane, 79
Pentland, Joseph Barclay, 52
pentlandite, **52-53**
  chalcopyrite avec de la, 43
  minéraux associés, 42, 51, 91
  minéraux semblables, 51
péridot, 165
  minéraux semblables, 130
  voir aussi olivine
péridotite
  formation de la serpentinite, 298
  minéraux associés, 80, 165, 166, 194, 204, 210
péristérite, 226
perle, 146, 148
perlite, 267
Pérou, 47
Perse antique
  hématite, 71
  turquoise, 137
pétrole
  argile, 213
  barytine, 135
  minéraux associés, 91
  roches associées, 281, 282
  zéolite, 243, 244
phénocristaux, 262
phlogopite, 204
  voir aussi mica

photographie
   argent, 24
   fluorite, 108
pierre
   d'aimant, 74, 76
   de lune, 226, 229, 231
   de savon, 211
   de Tyndall, 278-279
   ponce, 256, *259*, 302
   « télévision », 162
piézoélectricité, 191
pinchbeck. *Voir* bornite
placer, 302
Plaines intérieures, 14, *16*
plancher océanique, 264
   wad, 82, 84
plastique
   argile, 213
   bismuth, 29
   feldspath, 231
   graphite, 32
   marbre, 294
   molybdénite, 61
   rutile, 119
Plate-forme, 14
platine, **26-27**
   élément, 305
   minéraux associés, 192
   roches associées, 252
Pline l'Ancien, 215, 224
   or, 18
plomb
   élément, 305
   minerais de, 56, 58
   minéraux semblables, 60
   roches associées, 261
   substituts, 79
plomberie
   basalte, 264
   cassitérite, 121
   chalcopyrite, 45
ponce, 256, *259*, 302
porcelaine
   argile, 213
   fluorite, 108
potasse, 105, 163
potin, 62
précipitation, 302
préhistoire
   argile, 213
   cuivre, 20
   mica, 206
   or, 18
produits pharmaceutiques, 210
pseudomorphe, 157
pyrite, **46-47**
   appellation de la chalcopyrite, 45
   dans la goethite, *73*
   dans l'ardoise, 284

   dans le shale, *282*
   minéraux associés, 36, 38, 42, 51, 52, 58, 64, 94, 236
   minéraux semblables, 18, 42, 48, 51, 52, 64
   roches associées, 282
   substituts, 48
   sur de la sphalérite, *95*
pyroélectricité, 191
pyrolusite, **82, *83-84***
pyrope, 166
pyrotechnie
   arsénopyrite, 55
   stibine, 62
pyroxène, ***192-195***
   dans la sodalite, *235*
   dans l'andésite, *261*
   dans le basalte, 264
   dans le gabbro, 252, *253*
   dans le gneiss, 292
   formation de la serpentinite, 298, 300
   minéraux associés, 208, 250
   minéraux semblables, 165, 190, 200
pyroxénite, 204, 210
pyrrhotite, ***50-51***
   minéraux associés, 38, 42, 52
   minéraux semblables, 52

Q

quartz, **218-225**
   chlorite dans du, 209
   chrysocolle utilisé avec le, 217
   cinabre sur du, *97*
   dans la dolomie, 280
   dans la rhyolite, 256
   dans la syénite, 254
   dans l'ardoise, 284
   dans l'argile, *212*
   dans le calcaire, 278
   dans le conglomérat, 268
   dans le gneiss, 292, 293
   dans le granite, 246, *246, 247*, 248, *248, 249*
   dans le grès, 272
   dans le quartzite, 296
   dans le schiste, 286, *286-287, 288*
   dans le shale, 282
   enfumé, *248*
   grenat dans du, *167*
   kyanite dans du, *171*
   minéraux associés, 54, 82, 180, 208, 216, 217, 250
   minéraux semblables, 89, 114, 138, 172, 184, 229, 241
   molybdénite sur du, *61*
   pyrrhotite sur du, *50*

   siltstone dans le, 274
   soufre sur du, *90-91*
   synthétique, 1
   turquoise dans du, *137*
   variété citrine, 172
   variété enfumée, 172
   variété onyx, 141
quartzite, **296-297**
   roches semblables, 272, 295
Québec
   amphibole, 200
   apatite, 128, *129*, 130, *131*
   aragonite, *147*, 148, *149*
   barytine, *133*, 135
   calcite, 141
   chabazite, *240*
   chrysotile, *215*
   dolomite, *144-145*
   épidote, *180, 181*
   feldspath, *229*
   fluorite, 108
   gabbro, *253*
   granite, *246,* 248
   graphite, *31*
   grenat, *166, 169*
   jaspe, *225*
   kyanite, *171*
   magnétite, 74
   mica, *205*
   molybdénite, *60, 61*
   natrolite, *239*
   olivine, *164*
   pyrite, *46, 47*
   pyroxène, *192, 193, 195*
   quartz, *225*
   rhodochrosite, *153, 154-155*
   rutile, *119*
   scolécite, *243*
   serpentinite, *299*
   shale, *282*
   sidérite, 150, *150*
   sodalite, *235*
   spinelle, *111*
   stilbite, *240, 241*
   tourmaline, *191*
   trémolite, 200
   vésuvianite, *182, 183*
   zéolite, *239, 240, 241, 243*

R

rangement, 5
redruthite. *Voir* chalcocite
région Innuitienne, 15, *16*
régions physiographiques, 14-15, *16*
régolite, 300
Renaissance
   azurite, 156
   lazurite, 237
repas baryté, 135

rhodochrosite, *152-155*
    minéraux semblables, 202
rhodonite, *202-203*
    minéraux semblables, 152, 154
rhyolite, *256-259*
    minéraux associés, 166, 172, 230
    roches semblables, 261
richtérite, 196
    voir aussi amphibole
riébeckite, 196
    minéraux semblables, 215
    voir aussi amphibole
roche
    à dessins, *258*
    basaltique, 20
    basique, 52
    calcaire sédimentaire, 134
    cycle, *2*
    définition, 1, 302
    effusive, *2*
    granitique, 120, 184
    identification, 13
    intrusive, *2*
    mafique, 80
    porphyritique, 260
    ultrabasique altérée, 215
roche plutonique. *Voir* roches ignées
roches ignées, 302
    formation, 1-2
    identification, 13
    magnétite, 74
    minéraux associés, 26, 78, 80, 110, 114, 130, 140, 172, 176, 178, 190, 192, 194, 200, 208
roches métamorphiques, 302
    formation, 2
    identification, 13
    magnétite, 74
    minéraux associés, 30, 114, 118, 140, 170, 176, 180, 182, 190, 192, 194, 200, 202, 208
roches sédimentaires, 302
    formation, 2
    identification, 13
    magnétite, 74
    minéraux associés, 68, 122, 140, 144, 146, 178
Rocheuses, 15, *16*
Rome. *Voir* Antiquité romaine
rose des sables, 132, 302
roses de fer, 68
rouge de Chine, 96
routes
    andésite, 261
    anhydrite, 123
    diorite, 250
    sel, 103
    syénite, 254
rubellitte, 191

Rubens, Pierre Paul (peintre), 84
rubis, 112, *112-113*
    étoilé, 118
    minéraux semblables, 110
Rubis Edward, 114
ruée vers l'or, 46
Russie
    ilménite, 78
    malachite, 159
rutile, *118-119*
    minéraux semblables, 68, 74, 78, 178

S
sable
    dans le marbre, 294
    minéraux associés, 78
sanidine, 226, 229
    voir aussi feldspath
santé
    bismuth, 29
    cuivre, 21
    platine, 26
    zéolite, 238
    voir aussi médecine
saphir, 112, *112, 113*
    étoilé, 112, 118
Saskatchewan
    dolomite, 144
    halite, *102-103*
    sel, 100
    sylvite, 104, *104-105*
Sawyer, Charles, 224
schillérisation, 286
schiste, *286-289*
    métamorphique, 204
    minéraux associés, 30, 118, 166, 176, 200, 204
    roches semblables, 293
schistosité, 286, 288, 302
schorl, 188
scolécite, 238
    voir aussi zéolite
sculpture
    cuivre, 21
    marbre, 294
    serpentinite, 300
    vésuvianite, 183
sécabilité, 302
sel, **100**, *101-103, 104-105*
    minéraux associés, 91
    usages industriels, 102-103
semiconducteurs, 224
serpentine
    dans la pierre de savon, 211
    dans la serpentinite, 298, 300
    dans le marbre, 294
    minéraux associés, 80

serpentinite, *298-299*, **300**
    minéraux associés, 80, 110, 166
    roches semblables, 252
shale, *282-283*
    de Burgess, 282
    formation de l'ardoise, 284
    minéraux associés, 48, 150
    noir, *47*
    pyrite dans du, *47*
    roches semblables, 275, 284
sidérite, *150-151*
silicates, 6-7
silice
    grès dans la, 272
    minéraux associés, 165, 172
silicium, 213
sillimanite, 170
silt, 274
siltstone, *274-275*
    roches semblables, 264, 272, 282, 284
skarn, 303
sodalite, *234-235*
    minéraux semblables, 156, 236
sodium
    appellation de la sodalite, 235
    élément, 306
soufre, *90-91*
    dans la marcasite, 48
    dans la pyrrhotite, 51
    élément, 306
    minéraux associés, 46
spath
    d'Islande, *138,* 141
    satiné, 124, 126, *127*
    voir aussi calcite
spécularite, 68, 71, 74
spessartine, 166
sphalérite, *92-93*, **94**, **95**
    dans de la galène, *56*
    minéraux associés, 42, 48, 58, 91
sphène. *Voir* titanite
spinelle, *110-111*
    minéraux associés, 74, 80
Spode, Josiah, 213
stalactites
    calcaire, 278
    marcasite, 48
    minéraux associés, 146
    rhodochrosite, *152*
    roches semblables, 295
stalagmites
    calcaire, 278
    minéraux associés, 146
stéatite, 211
Steno, Nicolas, 224
stibine, *62-63*
    minéraux semblables, 24, 30, 54, 58

stilbite, 238, *240*
  voir aussi zéolite
stishovite, 218
  voir aussi quartz
Sudbury (Ontario), 51, 52
sulfure de cuivre, **34-37**
sulfures, 6, 21, 46
superalliages, 53
sûreté
  équipement de terrain, 3
  équipement d'identification, 4
syénite, **254-255**
  minéraux associés, 114, 118, 150, 176, 200, 233, 235
  néphélinique, 150
sylvite, *104-105*
  minéraux associés, 100
  minéraux semblables, 100
Sylvius, Franciseus de la Boë, 105

T
Taj Mahal, 272
talc, **210-211**
  dans la serpentinite, 300
  minéraux semblables, 208, 213
tannerie
  arsénopyrite, 55
  halite, 102
télécommunications, 186
ternissement de l'argent, 22
terre d'ombre, 84
Terre-Neuve-et-Labrador
  feldspath, *228, 231*
  fluorite, 108
  hématite, *70*
  shale, *283*
Territoires du Nord-Ouest
  argent, *24*
  diamant, *86, 88-89*, 89
  gneiss, *292-293*
textile, 102
titane
  élément, 306
  minerais de, 78
  origine du nom, 79
  polymorphes de dioxyde de, 118
  roches associées, 252
Titania, 119
titanite, **176-177**
  minéraux semblables, 78, 118, 178
topaze, *172-175*
  dans le granite, 248
  de Madère, 172
  enfumée, 172
  minéraux associés, 120
  minéraux semblables, 91
tourmaline, **188-191**
  dans le granite, 248, *249*

minéraux associés, 47, 120, 172
minéraux semblables, 184
trait
  minéraux métalliques, 11
  minéraux non métalliques, 12
  utilisation pour l'identification, 7
transparence, 8
travertin, 148, 278
  roches semblables, 295
  voir aussi calcaire; marbre onyx
trémolite, 196
  voir aussi amphibole
tridymite, 218
  voir aussi quartz
troïlite, 51
Turquie, 294
turquoise, **136-137**
  minéraux semblables, 217
  substituts, 217

U
Ulex, Georg Ludwig, 163
ulexite, **162-163**
  minéraux associés, 160
  minéraux semblables, 160
uranium
  dans le conglomérat, 268
  élément, 306
usinage
  corindon, 114
  kyanite, 171
uvarovite, 166

V
vacuole, 303
Valentin, Basile, 29
vermillion, 96
verre, fabrication du
  borax, 160
  cobalt, 66
  feldspath, 231
  fluorite, 108
  galène, 59
  néphéline, 233
  rhyolite, 256
vésuvianite, **182-183**
  minéraux associés, 166, 180
  minéraux semblables, 168, 190
vitamine B^{12}, 66
volcans
  andésite, 260
  basalte, 262
  diorite, 250
  éruptions célèbres, 258, 261
  minéraux associés, 91, 96, 100, 241
  obsidienne, 266
  pyroxène, 195
  rhyolite, 256, 257-258

W
wad, 82, 84
Wermeer, Johannes (peintre), 84
Werner, Abraham Gottlob, 30, 183

Y
Yukon
  barytine, *134*
  cobaltite, *66*
  granite gris, *248*
  or, 18
  topaze, *173*

Z
zéolite, **238-243**, **244**
  basalte comme source de, 264
Zimbabwe, 80
zinc
  élément, 306
  minerais de, 94
  roches associées, 261
zircon, **178-179**
  minéraux semblables, 118, 176